北京大学化学基础实验教材系列

物 理 化 学 实 验

（第 4 版）

北京大学化学学院物理化学实验教学组

北京大学出版社

PEKING UNIVERSITY PRESS

图书在版编目(CIP)数据

物理化学实验/北京大学化学学院物理化学实验教学组. —4 版. —北京:北京大学出版社,
2002.4

ISBN 978-7-301-02866-7

Ⅰ. 物…　Ⅱ. 北…　Ⅲ. 物理化学-化学实验-高等学校-教材　Ⅳ. O64-33

书　　　　名:**物理化学实验(第 4 版)**
著作责任者:北京大学化学学院物理化学实验教学组
责 任 编 辑:赵学范
标 准 书 号:ISBN 978-7-301-02866-7/O·0362
出 版 发 行:北京大学出版社
地　　　　址:北京市海淀区成府路 205 号　100871
网　　　　址:http://www.pup.cn
电　　　　话:邮购部 62752015　发行部 62750672　编辑部 62767347　出版部 62754962
电 子 信 箱:zpup@pup.pku.edu.cn
印 　刷 　者:北京宏伟双华印刷有限公司
经 　销 　者:新华书店
　　　　　　787 毫米×1092 毫米　16 开本　17.75 印张　450 千字
　　　　　　2002 年 4 月第 4 版　2019 年 11 月第 10 次印刷
定　　　　价:43.00 元

内 容 简 介

　　物理化学实验是北京大学化学学院本科生的一门重要的必修实验基础课。本书是我校化学学院物理化学实验课的传统教材。自 1981 年以来,已经再版三次。1987 年曾获全国优秀教材国家教委二等奖。

　　修订后的第 4 版,内容涉及物理化学的各个分支:热力学,动力学,电化学,胶体化学,结构化学和表面化学等诸方面。与第 3 版相比,在"实验部分"中,增加了振荡反应、循环伏安法和 NH_4Cl-NH_4NO_3-H_2O 二盐水相图等实验,并对部分实验(如丙酮碘化等)的体系、内容、思考题和参考资料进行了较大的修改和更新。在"仪器和方法"部分,以较大的篇幅将物理化学实验中的重要仪器和典型的实验方法介绍给读者,并提供实验安全操作、物理化学实验文献资料的查阅方法和常用数据等内容。

　　本书除可供大专院校师生作教材外,还可作为实验技术方面的参考书。

第 4 版前言

本书是北京大学化学学院物理化学实验课的传统教材,自 1981 年以来,该教材已再版三次。与第 3 版相比,第 4 版在内容方面做了较大改动和补充。

在实验内容方面,增加了振荡反应、循环伏安法和 NH_4Cl-NH_4NO_3-H_2O 二盐水相图等实验;针对物理化学教学与科研的需要,我们将恒温槽调节与温度控制作为一个独立实验安排在本书中。同时,基于化学学院实验安排的整体考虑,将氢原子光谱的测定和微机接口与控制实验从本书中删除。另外,对部分实验的内容,如丙酮碘化等实验的体系、思考题和参考资料也进行了修改、补充和精选。

在仪器和方法部分,根据当前科技发展的水平,对部分内容也进行了修改和更新。

全书的修订工作由北京大学化学学院物理化学实验教学组完成。参加本版修改工作的同志有杨华铨,李支敏,王保怀,杨德胜,李经建,吴忠云和齐利民。

限于我们的水平,书中的缺点和错误在所难免,恳请读者批评指正。

本书的出版和修订工作得到了北京大学教材建设委员会和北京大学出版社的大力支持和帮助。北京大学化学学院叶宪曾教授认真细致地审校了全部清样,并提出了许多宝贵的修改意见。责任编辑赵学范编审为本书的顺利出版,付出了艰苦的劳动。在此谨向他们表示衷心感谢。

编　者

2001 年 12 月于北京大学

第 3 版前言

本书为适应教学的需要,在第 2 版的基础上,对内容做了一些改动和删补。

在实验内容上,删去了 4 个实验(蒸气密度及分子量的测定,合成氨反应平衡常数的测定,差热分析,摩尔折射度的测定),同时增补了 4 个新实验(NMR 谱测定丙酮酸水解反应速率常数及平衡常数,微机接口和微机测控 pH,微机测控循环伏安图,微机测控差热分析)。

在"仪器和方法"部分中,删去了仪器使用方法的大部分内容。虽然这部分内容是十分重要的,但考虑到在学生已学过的其他实验课教材中对此已做过详细介绍,故不再重复以节省篇幅。

同时也删去了"TI-58 型可编程序计算器的使用"、"用电子计算机处理实验数据"等内容。删去这些内容,不是降低这方面的要求,而是考虑随着微机应用的普及,学生已具备使用计算机处理实验数据的能力。

在这部分内容中,增加了"实用电子技术"的内容,重点介绍传感器技术、运算放大器基本原理、微机接口和微机测控等内容。这部分内容在安排上侧重于实际运用,而不过多做理论上的阐述。

另外,文献资料和常用数据部分也有相应的修订和删补。

全书修订工作仍由林秋竹和刘万祺同志负责。杨德胜、徐嘉祥、高盘良和化学系、生物系物化实验课教学小组的同志们参加了本次修订工作。

本书的出版得到了北京大学教材建设委员会和北京大学出版社的大力支持和帮助,谨向他们表示衷心的感谢。

由于我们的水平有限,存在的缺点和错误在所难免,希望读者批评指正。

编　者

1995 年 2 月 15 日于北京大学

第 2 版前言

同第 1 版相比,本书在内容方面做了一些改动和补充。

在实验内容上,增加了偏摩尔体积的测定、色谱法测定无限稀释活度系数、二组分溶液活度系数的测定、硫氰化铁的快速反应、铁的极化和钝化曲线的测定等。同时删除部分仪器的使用内容。

在数据处理中,增加了微型计算机处理数据的内容,以适应我国当前普及计算机的需要,并为本课程进一步使用计算机提供一些方便。

物理化学实验的数据处理和误差分析一直是本实验课的重点和难点之一。为加强学生在这方面的训练,增加了系统误差的一些内容,补充了这方面的习题和实例。同时加强了线性回归的误差讨论的内容。

在"仪器和方法"中有些内容,如:密度的测定、表面张力的测定、恒温槽原理等内容,均可作为独立的实验内容来安排实验;在"实验部分"中有些实验包括了几个独立的实验内容,如:三组分体系等温相图的绘制、离子迁移数的测定、电动势的测定和应用、胶体体系电性的研究等。

对部分实验内容、思考题、参考资料和文献数据也进行了一些修改、补充和精选。有些实验还增加了提示的内容。

限于我们的水平,难免还存在错误和不当之处,恳请读者批评指正。

自第 1 版发行以来,收到了一些兄弟院校的老师、同学的来信,对本书内容提出不少有益的建议和批评,这对我们修改本书帮助很大。在此,我们深表感谢。

编 者

1984 年 12 月于北京大学

第 1 版前言

本书是在北京大学化学系物理化学实验讲义(周公度、杨惠星等编)基础上,参考了目前国内外物理化学实验教材,由林秋竹和刘万祺同志负责整理编写的。

全书分为误差和数据处理、实验、仪器和方法以及附录四个部分。误差和数据处理部分主要介绍了物理化学实验中常用的误差计算和作图方法。实验部分是本书的主要内容,包括化学热力学、化学动力学、电化学、表面性质和胶体化学、结构化学五个方面共 35 个实验。一般选做 20~25 个实验。仪器和方法部分介绍一些通用的仪器及部分实验技术。但后者只限于一般性的介绍,目的是为了扩大学生的知识面。本书中一部分实验数据处理采用可编程序计算器处理,这不但可以节省大量的运算时间,还可以增加学生使用计算机方面的知识。

附录部分介绍实验室的安全防护文献资料以及有关的物理化学数据等。物理化学实验是一门独立的课程,除了主要学时用于做实验外,还必须有一部分学时用于讲授误差原理、计算机程序和部分重要的实验技术等。

参加本书编写和实验工作的还有:郝润蓉,王学欣、凌渭源、王骊、倪朝烁、李支敏、王保怀、杨德胜、徐嘉祥、郁晓路等同志。韩德刚、杨文治,刘瑞麟、周公度、蔡生民、杨惠星等同志分别对本书初稿的相应部分进行了修改和审阅。另外,化学系有关教研室的一些同志对本书的编写和实验工作也给予了热情的帮助。在此,一并表示感谢。

由于我们的水平有限,书中存在的缺点和错误在所难免,热情希望读者给予批评指正。

编　者
1981 年 1 月于北京大学

目　录

A. 绪　论

B. 实　验

C. 仪 器 装 置

D. 附 录

A. 绪　　论

A.1 目的和要求

物理化学实验是化学专业一门重要的课程,它综合了化学领域中各分支所需的基本研究工具和方法.物理化学实验的主要目的是使学生掌握物理化学实验的基本方法和技能;培养学生正确记录实验数据和现象、正确处理实验数据和分析实验结果的能力;掌握有关物理化学的原理,提高学生灵活运用物理化学原理的能力.

认真做好物理化学实验,对培养学生独立从事科学研究工作的能力具有重要的作用.在实验过程中,学生应以提高自己实际工作的能力为目的,要勤于动手、开动脑筋、钻研问题,做好每个实验.

(一) 实验预习

在实验前要充分预习,预先了解实验的目的和原理,所用仪器的构造和使用方法,对实验操作过程和步骤,做到心中有数.在认真预习的基础上写出实验预习报告,其内容包括:实验目的和原理;主要的实验步骤;设计一个原始数据记录表,以便记录实验时所要记录的数据;画出必要的实验装置图。

实践证明,有无充分的预习对实验效果的好坏和对仪器的损坏程度影响极大.因此,一定要坚持做好实验前的预习工作,提高实验效果.为了提高预习效率,每次实验完毕之后,应到下一轮实验室熟悉一下仪器设备.

(二) 实验记录

记录实验数据和现象必须忠实、准确.不能用铅笔记录数据,不能只拣"好"的数据记,不能随意涂抹数据.如发现某个数据确有问题,应该舍弃时,可用笔轻轻圈去.所有数据都应记录在编有页码和日期的实验记录本上.

实验过程中出现的现象应认真观察和真实地记录.这样有助于深入了解实验内容和发现问题.对培养学生敏锐洞察力也是大有益处的.

实验条件也是必须记录的内容.实验的结果与实验条件是紧密相关的,它提供了分析实验中所出现问题和误差大小的重要依据.实验条件一般包括环境条件和仪器药品条件:前者,如室温、大气压和湿度等;后者,包括使用药品的名称、纯度、浓度和仪器的名称、规格、型号和实际精度等.

数据记录要表格化,字迹要整齐清楚.保持一个良好的记录习惯是物理化学实验的基本要求之一.

(三) 实验报告

完成实验报告是本课程的基本训练,它将使学生在实验数据处理、作图、误差分析、问题归纳等方面得到训练和提高.实验报告的质量在很大程度上反映了学生的实际水平和能力.

物理化学实验报告的内容大致可分为:实验目的和原理、实验装置、实验条件、实验步骤、原始实验数据、数据的处理和作图、结果和讨论等.

在写报告时,要求开动脑筋、钻研问题、耐心计算、认真作图,使每次报告都合乎要求.重点应放在对实验数据的处理和对实验结果的分析讨论上.

实验报告的讨论可包括:对实验现象的分析和解释、对实验结果的误差分析、对实验的改进意见、心得体会和查阅文献情况等.学生可在教师指导下,用一两个实验作为典型,解剖麻雀,深入进行数据的误差分析.

一份好的实验报告应该符合实验目的明确、原理清楚、数据准确、作图合理、结果正确、讨论深入和字迹清楚等要求.

此外,对实验室的安全操作应予以高度重视,其具体内容请见 D.1 部分.

学生应严格按照仪器操作规程(见 C 中的有关部分及普化、分析、有机实验书中有关仪器部分)使用仪器.在实验过程中,应保持台面的整洁和遵守实验室的各有关规定.

A.2 误差和数据处理

由于外界条件的影响、仪器的优劣以及感觉器官的限制,实验测得的数据只能达到一定的准确度.对于完成每一个实验,如能事先了解测量所能达到的准确程度,并在实验后科学地分析和处理数据的误差,对提高实验水平有很大的帮助.首先,对于准确度的要求,在各种情况下是很不相同的.要把测量的准确度提高一点,对仪器药品的要求往往要大大提高,付出较大的代价,故不必要的提高会造成人力和物力的浪费;然而,过低的准确度又会大大降低测量的价值.因此,对于测量准确度的恰当要求是极其重要的.另外,了解误差的种类、起因和性质,就可帮助我们抓住提高准确度的关键,集中精力突破难点.通过对实验过程的误差分析,还可以帮助我们挑选合适条件.可见,在测量过程中误差问题是十分重要的.如缺乏误差的观点,实验者在测量过程中将带有一定的盲目性,往往得不到合理的实验结果.

根据误差的性质和来源,测量误差一般可分为系统误差、偶然误差和过失误差.

(一) 系统误差

在相同条件下多次测量同一物理量时,测量误差的大小和符号都不变;在改变测量条件时,它又按照某一确定规律而变化的测量误差称为系统误差.系统误差和偶然误差不同,它不具有抵偿性,即在相同条件下重复多次测量,系统误差无法相互抵消.系统误差的另一特点是产生系统误差的诸因素是可以被发现和加以克服的.

系统误差在测量过程中绝不能忽视,因为有时它比偶然误差要大出一个或几个数量级.因此在任何实验中,都要求我们深入地分析产生系统误差的各种因素,并尽力加以排除,最好使它减少到无足轻重的程度.

1. 产生系统误差的因素

(1) 仪器构造不完善:如温度计、移液管、压力计、电表的刻度不够准确而又未经校正.

(2) 测量方法本身的影响:如采用了近似的测量方法和近似公式.例如,根据理想气体状态方程计算被测蒸气的摩尔质量时,由于实际气体对理想气体的偏差,不用外推法求得的摩尔质量总比实际的摩尔质量为大.

(3) 环境方面的影响:在测折射率、旋光、光密度时,体系没有恒温,由于环境温度的影响,测量数据不是偏大就是偏小.

(4) 化学试剂纯度不够的影响.

(5) 测量者个人操作习惯的影响:如有的人对某种颜色不敏感,滴定时终点总是偏高或偏低等.

2. 系统误差的种类

系统误差大致可分为不变系统误差和可变系统误差.

(1) 不变系统误差

在整个测量过程中,符号和大小固定不变的误差称为不变的系统误差.例如,使用某个 250 mL(其实际体积为 252 mL)容量瓶,在使用中由于未加校正而引入固定的 +2 mL 的系统误差.又如,天平砝码未经校正等,均将引入不变的系统误差.

(2) 可变系统误差

可变性的系统误差是随测量值或时间的变化,误差值和符号也按一定规律变化的误差.请注意,这种系统误差和偶然误差不同.前者变化有规律,并可以被发现和克服;而后者则相反,它变化无规律,是无法克服的随机误差.可变的系统误差在测量中是经常存在的.例如,在精密测量中,温度对测高仪刻度的影响是线性的:当温度越高时,测量结果的系统误差就越大;另外,当偏高的温度一定时,测量值越大,由于温度系数所造成的系统误差也将按比例地增大.又如,电表指针回转中心和刻度盘中心不同心,温度计的毛细管不均匀等,所造成的误差均属于可变的系统误差.

3. 系统误差的判断

在系统误差比偶然误差更为显著的情况下,可根据下列方法判断是否存在系统误差.

(1) 实验对比法

如改变产生系统误差的条件,进行对比测量,可用以发现系统误差.这种方法适用于发现不变的系统误差.例如,在称量时存在着由于砝码质量不准而产生的不变系统误差.这种误差多次重复测量不能被发现,只有用高一级精度的砝码进行对比称量时,才能发现它.在测量温度、压力、电阻等物理量中都存在着同样的问题.

(2) 数据统计比较法

对同一物理量进行二组(或多组)独立测量,分别求出它们的平均值和标准偏差,判断是否满足偶然误差的条件来发现系统误差.

设第一组数据的平均值和标准偏差为:$\bar{x}_1$、σ_1,第二组数据的平均值和标准偏差为:$\bar{x}_2$、σ_2.当不存在系统误差时,有下列关系

$$|\bar{x}_1 - \bar{x}_2| < 2\sqrt{\sigma_1^2 + \sigma_2^2} \tag{1}$$

【例 A-1】 瑞利(Rayleigh)用不同方法制备氮气,发现有不同的结果.采用化学法(热分解氮的氧化物)制备的氮气,其平均密度及标准偏差为

$$\bar{\rho}_1 = 2.29971 \pm 0.00041$$

由空气液化制氮所得的平均密度及标准偏差为

$$\bar{\rho}_2 = 2.31022 \pm 0.00019$$

由于 $$\Delta\rho = |\bar{\rho}_1 - \bar{\rho}_2| = 0.01051$$

且 $$\Delta\rho > 2\sqrt{0.00041^2 + 0.00019^2} = 0.0009$$

根据(1)式判断,两组结果之间必存在着系统误差;而且由于操作技术引起系统误差的可能性很小.当时,瑞利并没有企图使两者之差变小,相反他强调两种方法的差别,从而导致了瑞利等人后来发现了惰性气体的存在.

4. 系统误差的估算

在有些实验中,可估算由于改变某一因素而引入的系统误差,这对于分析系统误差的主要来源有参考价值.例如,在测定气体摩尔质量时,可推算由于采用理想气体状态方程所引入的系统误差;用凝固点降低法测摩尔质量时(B.6),可推算由于加入晶种而引起的系统误差;在蔗糖转化(B.16)的动力学实验中,可推算由于反应温度偏高所造成的系统误差等.

【例 A-2】 在凝固点降低法测摩尔质量的实验中,估算由于累计加入晶种 0.1 g 所造成的

系统误差.

$$M_2 = K_f \frac{1000}{\Delta T_f} \frac{m_2}{m_1}$$

式中:M_2 为溶质萘的摩尔质量,m_2 为溶质的质量,m_1 为溶剂苯的质量.微分上式,得

$$dM_2 = -M_2 \frac{dm_1}{m_1}$$

M_2 的理论值为 128,实验中 $m_1 = 22\,g$,$dm_1 = -0.1\,g$,则

$$dM_2 = -128 \times \left(\frac{-0.1}{22}\right) = 0.6$$

即由于加入 0.1 g 晶种,使摩尔质量 M_2 产生 +0.6 的系统误差.而该实验摩尔质量 M_2 的实际测量结果在 124~126 之间.在实际测量中存在着 -3 左右的系统误差.由此可见,加入溶剂晶种不是本实验的系统误差的主要来源.

【例 A-3】 在蔗糖转化的实验中,估算由于温度偏高 1 K 对速率常数 k 所引起的系统误差.

由阿伦尼乌斯(Arrhenius)公式

$$k = A\exp\left(-\frac{E_a}{RT}\right)$$

实验时温度由 298 K 偏高 1 K,活化能 $E_a = 46024\,J\cdot mol^{-1}$,常数 $R = 8.314\,J\cdot K^{-1}\cdot mol^{-1}$,则

$$\frac{\Delta k}{k} = \frac{A\exp\left(-\frac{E_a}{RT_2}\right) - A\exp\left(\frac{-E_a}{RT_1}\right)}{A\exp\left(\frac{-E_a}{RT_1}\right)}$$

$$= \exp\left[-\frac{E_a}{R}\left(\frac{1}{T_2} - \frac{1}{T_1}\right)\right] - 1$$

$$= \exp\left[-\frac{46024}{8.314}\left(\frac{1}{298} - \frac{1}{299}\right)\right] - 1$$

$$= 6.4\%$$

即由于温度偏高 1 K,将引起 k 值 6% 的系统误差.可见,在动力学实验中,恒温十分重要,否则将引入较大的系统误差.

5. 系统误差的减小和消除

在测量过程中,如存在着较大的系统误差,必须认真找出产生系统误差的因素,并应尽力设法消除或减小之.

(1) 消除产生系统误差的根源

从产生误差的根源上消除系统误差是最根本的方法.它要求实验者,对测量过程中可能产生系统误差的各种环节作仔细分析,找出原因并在测量前加以消除.如为了防止仪器的调整误差,在测量前要正确和严格地调整仪器.例如,天平的水平调整、测高仪的垂直度调整等.又如,为了防止测量过程中仪器零点变动,在测量开始和结束时,都需检查零点.再如,为了防止经长期使用导致仪器精度降低,就要定期进行严格的检定与维护.

如果系统误差是由外界条件变化引起的,应在外界条件比较稳定时进行测量.

(2) 采用修正法消除系统误差

这种方法是预先将仪器的系统误差检定出来或计算出来,做出误差表或误差曲线,然后取与误差数值大小相同、符号相反的值作为修正值,进行误差修正.即

$$x_{真} = x_{测} + x_{修} \tag{2}$$

如天平砝码不准,应采用标准砝码进行校核,确定每个砝码的修正值.在称量时就应加上相应砝码的修正值,这就克服了称量所造成的系统误差.容量瓶、滴定管、移液管等容量仪器均可用水重量法求出各自的修正值.电阻、电容、电表、温度计、压力计等,也可用相应的办法求得修正值.

(3) 对消法消除系统误差

这种方法要求进行两次测量,使两次读数时出现的系统误差大小相等、符号相反.两次测量值的平均值作为测量结果,以消除系统误差.例如.由于仪器灵敏度的限制,测量仪器的旋钮由右边调近测量值与由左边调近测量值的结果往往不同.这时,可取两个读数的平均值作为测量值.

和系统误差的计算一样困难,很难找到一个普遍有效的方法来消除系统误差.这是因为造成系统误差的各个因素,没有内在的联系.要克服它们,只能采用各个击破的方法.

(二) 偶然误差

在实验时即使采用了最完善的仪器、选择了最恰当的方法、经过了十分精细的观测,所测得的数据也不可能每次重复,在数据末尾的一或两位上仍会有差别,即存在着一定的误差.

例如,酸碱滴定时,各次滴加碱的毫升数为:38.37,38.34,38.40,38.35,38.36.在滴加碱量的末位数上不能重复,这是由于观察滴定终点颜色的变化、滴定的快慢、读数时的光线和位置等许多偶然因素所造成的.

偶然误差虽可通过改进仪器和测量技术、提高实验操作的熟练程度来减小,但有一定的限度.所以说,偶然误差的存在是不可避免的.偶然误差是由于相互制约、相互作用的一些偶然因素所造成的,它有时大、有时小、有时正、有时负,方向不一定,大小和符号一般服从正态分布规律.偶然误差可采取多次测量,取平均值的办法来消除,而且测量次数越多(在没有系统误差存在的情况下),平均值就越接近于"真值".

1. 偶然误差表示法

(1) 算术平均偏差

算术平均偏差是单次测定值与多次测定平均值的偏差的绝对值的平均值.

$$\delta = \frac{\sum |d_i|}{n} \quad i = 1, 2, 3, \cdots, n \tag{3}$$

d_i 为测量值与平均值 $\bar{x}$ 的偏差

$$d_1 = x_1 - \bar{x}, d_2 = x_2 - \bar{x}, \cdots, d_n = x_n - \bar{x} \tag{4}$$

其中,$\bar{x}$ 为多次测定算术平均值

$$\bar{x} = \frac{x_1 + x_2 + x_3 + \cdots + x_n}{n}$$

式中 $x_1, x_2, \cdots, x_n$ 为测量值, n 为测量次数.

(2) 标准偏差

标准偏差又称均方根偏差,其定义为

$$\sigma = \sqrt{\frac{\sum d_i^2}{n-1}} \tag{5}$$

式中

$$\sum d_i^2 = (x_1 - \bar{x})^2 + (x_2 - \bar{x})^2 + \cdots + (x_n - \bar{x})^2$$

（3）或然误差

或然误差 p，它的意义是：在一组测量中若不计正负号，误差大于 p 的测量值与误差小于 p 的测量值，将各占测量次数的 50%，即误差落在 $+p$ 与 $-p$ 之间的测量次数，占总测量数的一半.

以上三种误差之间的关系为

$$p : \delta : \sigma = 0.675 : 0.799 : 1.00$$

或

$$p = 0.675 \sqrt{\frac{\sum d_i^2}{n-1}} \tag{6}$$

平均偏差的优点是计算简便，但用这种误差表示时，可能会把质量不高的测量掩盖住.标准偏差对一组测量中的较大误差或较小误差感觉比较灵敏，因此它是表示精度的较好方法，在近代科学中多采用标准偏差.

2．过失误差

除了系统误差和偶然误差之外，还有所谓"过失误差".这种误差是由于实验者犯了某种不应犯的错误所引起的，如标度看错、记录写错等.这种错误在测量中应尽力避免.

3．测量结果表示法

测量结果的精度可表示为

$$\bar{x} \pm \sigma \quad 或 \quad \bar{x} \pm \delta$$

σ、δ 越小，表示测量的精度越高.也可用相对偏差来表示

$$\sigma_{相对} = \frac{\sigma}{\bar{x}} \times 100\% \quad 或 \quad \delta_{相对} = \frac{\delta}{\bar{x}} \times 100\%$$

测量结果表示为

$$\bar{x} \pm \sigma_{相对} \quad 或 \quad \bar{x} \pm \delta_{相对}$$

【例 A-4】　连续测定某酸溶液的 $mol \cdot dm^{-3}$ 浓度，得到下列表中数据.请据此计算平均值、平均偏差、标准偏差.

表 A.2-1　某酸溶液浓度的测定数据

样品号	$c/(mol \cdot dm^{-3})$	$x_i - \bar{x}$	$(x_i - \bar{x})^2$
1	0.1025	0.0000	0.00000000
2	0.1026	+0.0001	0.00000001
3	0.1025	0.0000	0.00000000
4	0.1027	+0.0002	0.00000004
5	0.1026	+0.0001	0.00000001
6	0.1023	−0.0002	0.00000004
7	0.1024	−0.0001	0.00000001
8	0.1022	−0.0003	0.00000009
9	0.1025	+0.0000	0.00000000
10	0.1023	−0.0002	0.00000004
		$\sum |x_i - \bar{x}| = 0.0012$	$\sum (x_i - \bar{x})^2 = 0.00000024$

算术平均值 $\qquad \bar{x} = 0.1025$

平均偏差 $\qquad \delta = \pm \dfrac{0.0012}{10} = \pm 0.00012$

标准偏差 $\qquad \sigma = \pm \sqrt{\dfrac{0.00000024}{9}} = \pm 0.00016$

4. 系统误差与偶然误差之间的辩证关系

系统误差与偶然误差之间虽有着本质的不同,但在一定条件下它们可以互相转化.实际上,我们常把某些具有复杂规律的系统误差看为偶然误差,采用统计的方法来处理.不少系统误差的出现均带有随机性.例如,在用天平称量时,每个砝码都存在着大小不等、符号不同的系统误差.这种系统误差的综合效果,对每次称量是不相同的,它具有很大的偶然性.因此,在这种情况下,我们也可把这种系统误差作为偶然误差来处理.

对按准确度划分等级的仪器来说,同一级别的仪器中每个仪器具有的系统误差是随机的,或大或小、或正或负,彼此都不一样.如一批容量瓶中,每个容量瓶的系统误差不一定相同,它们之间的差别是随机的.这种误差是属于偶然误差.当使用其中某一个容量瓶时,这种随机的偶然误差又转化为系统误差.我们可通过校核,确定其系统误差的大小.如不校核或未被发现,仍然当做偶然误差来处理也是常有之事.

有时,系统误差与偶然误差的区分也取决于时间因素.在短期间内是基本不变的系统误差,但时间一长,则可能出现随机变化的偶然误差.

与此相仿,在数据弃、舍的处理中,有时也很难区分到底是一项偶然误差还是一个差错.

5. 精确度与准确度

精确度是指测量值重复性的大小.偶然误差小,数据重复性就好,测量的精确度就高.准确度是指测量值与真值符合的程度.系统误差和偶然误差都小,测量值的准确度就高.在一组测量中,尽管精确度很高,但准确度并不一定很好;反之,若准确度好,则精确度一定高.换句话说,高的精确度不能保证有高的准确度,但高的准确度必须有高的精确度来保证.

(三) 偶然误差的统计规律

1. 误差的正态分布

如果用多次重复测量的数值作图,以横坐标表示偶然误差 σ,以纵坐标表示各个偶然误差出现的次数 N,则可得到如图 A.2-1 的曲线,图中两条曲线(1,2)代表用同一方法、在相同条件下的测量结果.当测量条件改变后,测量的误差 σ 也就随之改变,这时曲线的形状也就不同了.由图可见,σ 越大,即测量的精确度越差时,曲线越扁平;反之,曲线越陡峭.

只有当测量次数非常多时,才能得到图 A.2-1 的曲线.但一般测量次数不可能很多,在此情况下只能作比较粗略的图,其作图步骤见例 A-5.

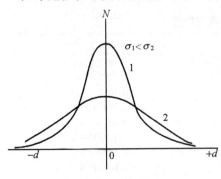

图 A.2-1　偶然误差分布图

【例 A-5】　用卡尺测量同一个钢球的直径,其测量值、平均值和偏差 d 列于表 A.2-2.

表 A.2-2　同一钢球的直径测量值、平均值和偏差

直径/cm	偏差 d/cm	直径/cm	偏差 d/cm
1.25	0.00	1.26	+0.01
1.26	+0.01	1.25	0.00
1.24	−0.01	1.24	−0.01
1.23	−0.02	1.24	−0.01
1.27	+0.02	1.28	+0.03
1.26	+0.01	1.25	0.00
1.26	+0.01	1.28	+0.03
1.24	−0.01	1.22	−0.03
1.25	0.00	1.27	+0.02
1.21	−0.04	1.23	−0.02
1.27	+0.02	1.24	−0.01
1.23	−0.02	1.22	−0.03
1.30	+0.05	1.25	0.00
1.22	−0.03	1.26	+0.01
1.29	+0.04	1.27	+0.02

(1) 作测量数据的布散图

即以钢球的直径为纵坐标、以实验的次序为横坐标,把相应的测量值标在图上;通过平均值 1.25 cm 作一平行于横轴的直线,最后由各个测量值的点作垂线与直线连接起来,如图 A.2-2所示.

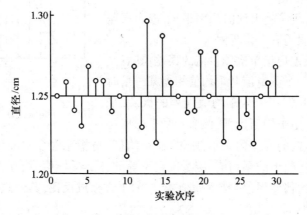

图 A.2-2　布散图

(2) 作带区间的布散图

在图 A.2-2 中,把全部数据点分成 10 个等距的区间,如图 A.2-3 所示.在划分区间时必须注意两条原则:(i) 平均值所在的区间包含的测量点不能少于其他区间;(ii) 各区间的宽度必须相同.

(3) 作方框分布图

即以每个区间所包含的测量次数为纵坐标、以区间宽度为横坐标作图,如图 A.2-4 所示.

方框分布图很接近于正态分布.可以设想,如果实验次数不止 30 次,而是 3000 次或者更

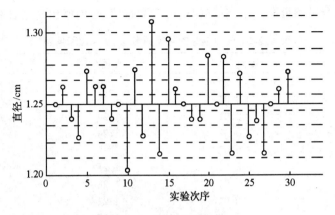

图 A.2-3　带区间的布散图

多,这时可把区间不断细分,方框图的形状将逐渐趋于一条曲线——正态分布曲线.若把纵坐标的偶然误差出现的测量次数 N 改为相对测量数 Y,即 $\left(N_i \Big/ \sum N_i \right)$ [①]时,则纵轴可视为测量值所出现的几率,横轴可视为该测量值误差的大小.

图 A.2-4 中的算术平均值为 1.25 cm(即 $\sigma = 0$),非常接近于正态分布曲线上的最可几值.因此,算术平均值也就叫做"最佳值".此外,从曲线形状还可见:

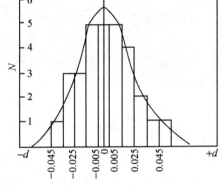

　① 误差小的数据出现的几率大;

　② 由于曲线呈对称,故大小相等、符号相反的正、负误差数目近于相等;

　③ 极大的正、负误差出现的几率很小,故大误差一般不会出现,即大误差有一定界限.

前面所讨论的误差均指单次测量值的误差,其意义是在一组测量中,某一个测量值与平均值相差某一量时的几率的大小.下面我们将引入平均值误差的概念.平

图 A.2-4　方框分布图

均值的误差是指在一组平均值中,随便取一个平均值与总平均值相差某一量时的几率的大小.所谓"总平均值"是指无限多次测量的平均值,而"平均值"是指在有限测量次数下的平均值.测量次数不等的各类平均值,均存在与总平均值有不同程度的误差.平均值的偶然误差是与测量次数 n 的平方根成反比,其公式如下

$$\delta_{\text{平}} = \pm \frac{\sum |d_i|}{n} \frac{1}{\sqrt{n}} = \pm \frac{\delta}{\sqrt{n}} \tag{7}$$

$$\sigma_{\text{平}} = \pm \sqrt{\frac{\sum d_i^2}{n(n-1)}} = \pm \frac{\sigma}{\sqrt{n}} \tag{8}$$

$$p_{\text{平}} = \pm 0.675 \frac{\sigma}{\sqrt{n}} \tag{9}$$

---

　① 正态分布函数的具体形式为 $Y = \dfrac{1}{\sigma \sqrt{2\pi}} \exp \dfrac{-d^2}{2\sigma^2}$,可参阅有关参考书.

可见,取 4 个测量值平均后,它的准确度比单个测量值高 2 倍.9 个测量值平均的准确度比单个测量值高 3 倍.一般取 4 个测量值平均就够了.因为对一个物理量作更多次测量,对其准确度的提高不起明显作用.

2．可疑测量值的舍弃

在测量过程中,经常发现有个别数据很分散,如果保留它,则计算出的误差将较大,初学者多倾向于舍弃这些数据,企图获得数据较好的重复性,这种任意舍弃不合心意的数据是不科学的.在实验过程中,只有当能充分证明称量时砝码加减有错误、样品在实验中被玷污、溅失或在实验中有其他过失误差时,才能舍弃某一坏数据.如果没有充分的理由,则只有根据误差理论决定数据的取舍,才是正确的做法.

由正态分布曲线的积分计算可知,一组数据包含偏差大于 3σ 的点的可能性(概率)小于 1%.所以在一组相当多的数据中,偏差大于 3σ 的数据,可以认为是由于过失误差所造成的,应予舍弃.并有 99% 以上的把握认为这个数据是不合理的.

另一个舍弃可疑值的近似方法是肖维涅(Chauvenet)原理.该原理指出,某数据与包括这个数据在内的平均值的偏差,大于这组数据或然误差的 K 倍时,此数据可舍弃.这个原理只有当包括可疑值在内,至少有 4 个以上数据时才能应用.K 的数值列于表 A.2-3 中.

表 A.2-3　不同测量次数的 K 值

测量次数	K	测量次数	K
5	2.44	20	3.32
6	2.57	22	3.38
7	2.68	24	3.43
8	2.76	26	3.47
9	2.84	30	3.55
10	2.91	40	3.70
12	3.02	50	3.82
14	3.12	100	4.16
16	3.20	200	4.48
18	3.26	500	4.88

【例 A-6】　测定各铁矿样品中 Fe_2O_3 的质量分数列于表 A.2-4 中,请判断最后一个数据(50.55%)能否舍弃?

算术平均值　　　　　　　　　　　$\bar{x} = 50.34$

偏差　　　　　　　　　　　　　　$d_6 = 50.55 - 50.34 = 0.21$

表 A.2-4　各铁矿样品中 Fe_2O_3 的质量分数及其与平均值的偏差

样品号	$w(Fe_2O_3)/(\%)$	与平均值的偏差
1	50.30	-0.04
2	50.25	-0.09
3	50.27	-0.07
4	50.33	-0.01
5	50.34	0.00
6	50.55	$+0.21$

单次测量值的或然误差

$$p = 0.675 \sqrt{\frac{0.04^2 + 0.09^2 + 0.07^2 + 0.01^2 + 0.21^2}{5}} = 0.073$$

由表 A.2-3 知,当 $n = 6$ 时,$K = 2.57$,即

$$pK = 0.073 \times 2.57 = 0.19$$

因为 $0.21 > pK$,所以应该舍弃 50.55 这个数据.在舍弃可疑值之后,重新计算留下 5 个数据的 $\bar{x}$ 和 p,它们分别为 50.30% 和 0.061.

(四) 间接测量结果的误差计算

在多数情况下,要对几个物理量进行测量,通过函数关系加以运算,才能得到所需的结果,这就称为间接测量. 在间接测量中,每个直接测量值的精确度都会影响最后结果的精确度.下面将分别讨论从直接测量的误差来计算间接测量的平均偏差和标准偏差.

1. 间接测量结果的平均偏差

设直接测量的数据为 x 及 y,其绝对偏差为 $\mathrm{d}x$ 及 $\mathrm{d}y$,而最后结果为 u,其函数关系可表示为

$$u = F(x, y)$$

微分后,得
$$\mathrm{d}u = \left(\frac{\partial F}{\partial x}\right)_y \mathrm{d}x + \left(\frac{\partial F}{\partial y}\right)_x \mathrm{d}y \tag{10}$$

因此在运算过程中,测量误差 $\mathrm{d}x$、$\mathrm{d}y$ 就会影响最后的结果 u,使函数 u 具有 $\mathrm{d}u$ 的误差.式(10)是计算间接测量值误差(即函数误差)的基本公式.部分函数的平均偏差列于表 A.2-5.

表 A.2-5　不同函数关系间接测量结果的绝对平均偏差和相对平均偏差

函数关系	绝对平均偏差	相对平均偏差
$u = x + y$	$\pm(\vert \mathrm{d}x \vert + \vert \mathrm{d}y \vert)$	$\pm\left(\dfrac{\vert \mathrm{d}x \vert + \vert \mathrm{d}y \vert}{x + y}\right)$
$u = x - y$	$\pm(\vert \mathrm{d}x \vert + \vert \mathrm{d}y \vert)$	$\pm\left(\dfrac{\vert \mathrm{d}x \vert + \vert \mathrm{d}y \vert}{x - y}\right)$
$u = xy$	$\pm(x\vert \mathrm{d}y \vert + y\vert \mathrm{d}x \vert)$	$\pm\left(\dfrac{\vert \mathrm{d}x \vert}{x} + \dfrac{\vert \mathrm{d}y \vert}{y}\right)$
$u = \dfrac{x}{y}$	$\pm\left(\dfrac{y\vert \mathrm{d}x \vert + x\vert \mathrm{d}y \vert}{y^2}\right)$	$\pm\left(\dfrac{\vert \mathrm{d}x \vert}{x} + \dfrac{\vert \mathrm{d}y \vert}{y}\right)$
$u = x^n$	$\pm(nx^{n-1}\mathrm{d}x)$	$\pm\left(n\dfrac{\mathrm{d}x}{x}\right)$
$u = \ln x$	$\pm\left(\dfrac{\mathrm{d}x}{x}\right)$	$\pm\left(\dfrac{\mathrm{d}x}{x\ln x}\right)$

有关百分偏差的计算,可参考表 A.2-5 进行运算,例如

$$u = \frac{x}{y}$$

① 相对偏差为
$$\frac{\Delta u}{u} = \frac{\Delta x}{x} + \frac{\Delta y}{y}$$

② 百分偏差则为

$$\frac{\Delta u}{u} \times 100 = \frac{\Delta x}{x} \times 100 + \frac{\Delta y}{y} \times 100$$

下面将举例加以说明.

【例 A-7】 在实验 B.5 中以溶剂的凝固点降低测摩尔质量时,有

$$M = \frac{1000\,K_f m_B}{m_A \Delta T_f} = \frac{1000\,K_f m_B}{m_A (T_f^* - T_f)}$$

这里直接测量的数值为 m_B, m_A, T_f^*, T_f.

令溶质质量 $m_B = 0.3\,g$,在分析天平上的绝对偏差 $\Delta m_B = 0.0002\,g$,溶剂质量 $m_A = 20\,g$,在粗天平上称量的绝对偏差 $\Delta m_A = 0.05\,g$.

测量凝固点用贝克曼(Beckmann)温度计或者是精密温差测量仪,精确度为 $0.002℃$,测出溶剂的凝固点 T_f^*,3 次分别为 $5.801℃$,$5.790℃$,$5.802℃$,则

$$\overline{T_f^*} = \frac{(5.801 + 5.790 + 5.802)℃}{3} = 5.798℃$$

每次测量的绝对偏差为

$$\Delta T_f^* = |5.798 - 5.801|℃ = 0.003℃$$
$$\Delta T_f^* = |5.798 - 5.790|℃ = 0.008℃$$
$$\Delta T_f^* = |5.798 - 5.802|℃ = 0.004℃$$

平均绝对偏差为

$$\overline{T_f^*} = \frac{(0.003 + 0.008 + 0.004)℃}{3} = 0.005℃$$

同样测量出溶液的凝固点 T_f,3 次分别为 $5.500℃$,$5.504℃$,$5.495℃$.按上述方法计算,得 $\overline{T_f} = 5.500℃$,$\Delta \overline{T_f} = 0.003℃$.这样,凝固点降低数值为

$$\Delta T_f = T_f^* - T_f = (5.798 \pm 0.005)℃ - (5.550 \pm 0.003)℃ = 0.298 \pm 0.008℃$$

由上述数据得相对偏差为

$$\frac{\Delta(\Delta T_f)}{\Delta T_f} = \frac{0.008}{0.298} = 0.027$$

$$\frac{\Delta m_B}{m_B} = \frac{0.0002}{0.3} = 6.6 \times 10^{-4}$$

$$\frac{\Delta m_A}{m_A} = \frac{0.05}{20} = 25 \times 10^{-4}$$

而测定摩尔质量 M 的相对偏差将为

$$\frac{\Delta M}{M} = \frac{\Delta m_A}{m_A} + \frac{\Delta m_B}{m_B} + \frac{\Delta(\Delta T_f)}{\Delta T_f} = \pm(6.6 \times 10^{-4} + 25 \times 10^{-4} + 2.7 \times 10^{-2}) = \pm 0.03$$

因此,测定摩尔质量时最大相对偏差为 3%.这一计算表明,凝固点降低法测摩尔质量时,相对偏差决定于测量温度的精确度.若溶质之量较多,ΔT_f 可较大,相对偏差可以减小,但计算公式只是在稀溶液下才是正确的.这是由于溶液浓度增加,偶然误差虽然减小,却同时增大了系统误差,实际上不能使摩尔质量测得更准确些.

计算结果表明,提高称量的精确度并不能增加测定摩尔质量的精确度,过分精确的称量(如像用分析天平称溶剂的质量 m_A)是不适宜的.而实验的关键在于温度的读数.因此,在实际操作中,有时为了避免过冷现象的出现,影响温度读数,而加入少量固体溶剂作为晶种,反而能获得较好结果.可见,事先了解各个所测之量的误差及其影响,就能指导我们选择正确的实

验方法,选用精密度相当的仪器,抓住测量的关键,得到较好的结果.

【例 A-8】 在实验 B.22 中利用惠斯登电桥测量电阻时,电阻 R_x 可由式

$$R_x = R_0 \frac{l_1}{l_2} = R_0 \frac{l - l_2}{l_2}$$

算得.式中 R_0 是已知电阻,l 是滑线电阻的全长,l_1、l_2 是滑线电阻的两臂之长.间接测量 R_x 之绝对偏差决定于直接测量 l_2 的误差,即

$$dR_x = \left(\frac{\partial R_x}{\partial l_2}\right) dl_2 = \frac{\partial \left(R_0 \frac{l - l_2}{l_2}\right)}{\partial l_2} dl_2 = \frac{R_0 l}{l_2^2} dl_2$$

相对偏差为

$$\frac{dR_x}{R_x} = \frac{(R_0 l / l_2^2) dl_2}{R_0(l - l_2)/l_2} = \frac{l}{(l - l_2)l_2} dl_2$$

因为 l 是常数,所以当 $(l - l_2)l_2$ 为最大时,相对偏差最小,即

$$\frac{d}{dl_2}(l - l_2)l_2 = 0$$

得

$$l - 2l_2 = 0$$

即 $l_2 = l/2$ 时分母最大,所以在 $l_1 = l_2$ 时,可得最小的相对偏差,即电桥滑线电阻的读数 A 应选在 500 左右最合适.这一结论能帮助我们选择最有利的实验条件.当然在用电桥测电阻时,除读数本身引起的误差外,尚有其他因素.

对误差进行分析,还能指导我们正确地选取处理数据的方法,使在同样的实验条件下,得到较可靠的结果.

【例 A-9】 用 X 射线粉末法求立方晶系晶胞常数 a,是先通过测衍射角 θ 的数值,依据公式 $2d\sin\theta = n\lambda$ 求出晶面间距离 $d(hkl)$,则

$$a = d(hkl)\sqrt{h^2 + k^2 + l^2}$$

设测定时衍射角的绝对偏差为 $\Delta\theta$,其对 a 的结果影响如何?

由于

$$a = \frac{n\lambda}{2\sin\theta}\sqrt{h^2 + k^2 + l^2}$$
$$da = -a\,\mathrm{ctg}\theta\,d\theta$$

则

$$\left|\frac{da}{a}\right| = \mathrm{ctg}\theta\,d\theta$$

由此可见,虽然测定衍射角的误差同样都为 $\Delta\theta$,但在不同的角度(θ)下,对晶胞常数 a 的相对偏差的影响不同:θ 小时,$\mathrm{ctg}\theta$ 大,而 θ 大时,$\mathrm{ctg}\theta$ 小,相对偏差也小;当 $\theta = 90^0$ 时,$\mathrm{ctg}\theta$ 为 0,相对偏差最小.因此,为了准确地求出晶胞常数 a,常常选取 θ 比较大的衍射线来计算 a.或者作图 $a\text{-}\cos\theta$,外推至 $\cos\theta$ 为 0 时,求出 a 的数值来.

2. 间接测量结果的标准偏差

设直接测量的数据为 x 和 y,间接测量数据为 u,其函数关系为

$$u = F(x, y)$$

则函数 u 的标准偏差为

$$\sigma_u = \sqrt{\left(\frac{\partial u}{\partial x}\right)_y^2 \sigma_x^2 + \left(\frac{\partial u}{\partial y}\right)_x^2 \sigma_y^2} \tag{11}$$

对于部分函数,其标准偏差列于表 A.2-6.

表 A.2-6　不同函数关系间接测量结果的绝对标准偏差和相对标准偏差

函数关系	绝对标准偏差	相对标准偏差
$u = x \pm y$	$\pm \sqrt{\sigma_x^2 + \sigma_y^2}$	$\pm \dfrac{1}{\mid x \pm y \mid} \sqrt{\sigma_x^2 + \sigma_y^2}$
$u = xy$	$\pm \sqrt{y^2 \sigma_x^2 + x^2 \sigma_y^2}$	$\pm \sqrt{\dfrac{\sigma_x^2}{x^2} + \dfrac{\sigma_y^2}{y^2}}$
$u = \dfrac{x}{y}$	$\pm \dfrac{1}{y} \sqrt{\sigma_x^2 + \dfrac{x^2}{y^2} \sigma_y^2}$	$\pm \sqrt{\dfrac{\sigma_x^2}{x^2} + \dfrac{\sigma_y^2}{y^2}}$
$u = x^n$	$\pm n x^{n-1} \sigma_x$	$\pm \dfrac{n}{x} \sigma_x$
$u = \ln x$	$\pm \dfrac{\sigma_x}{x}$	$\pm \dfrac{\sigma_x}{x \ln x}$

【例 A-10】　溶质的摩尔质量 M 可由溶液的沸点升高值 ΔT_b 测定. 设以苯为溶剂,萘为溶质,用贝克曼温度计或者精密温差测量仪测得纯苯的沸点为 2.975 ± 0.003℃,而溶液中含苯 $87.0 \pm 0.1\,g(m_A)$,含萘 $1.054 \pm 0.001\,g(m_B)$,溶液沸点为 3.210 ± 0.003℃,试由下列公式计算萘的摩尔质量及估算其标准偏差.

$$M = 2.53 \times \frac{1000\, m_B}{m_A \Delta T_b}$$

由函数标准偏差的公式,可得

$$\sigma_M = \sqrt{\left(\frac{\partial M}{\partial m_B}\right)^2 \sigma_B^2 + \left(\frac{\partial M}{\partial m_A}\right)^2 \sigma_A^2 + \left(\frac{\partial M}{\partial \Delta T_b}\right)^2 \sigma^2(\Delta T_b)}$$

$$\frac{\partial M}{\partial m_B} = \frac{2.53 \times 1000}{m_A \Delta T_b} = \frac{2.53 \times 1000}{87.0 \times 0.235} = 124$$

$$\frac{\partial M}{\partial m_A} = \frac{2.53 \times 1000\, m_B}{\Delta T_b}\left(\frac{1}{m_A^2}\right) = \frac{2.53 \times 1000 \times 1.054}{0.235 \times (87.0)^2} = 1.50$$

$$\frac{\partial M}{\partial \Delta T_b} = \frac{2.53 \times 1000\, m_B}{m_A}\left(\frac{1}{\Delta T_b^2}\right) = \frac{2.53 \times 1000 \times 1.054}{87.0 \times (0.235)^2} = 555$$

$$\sigma_M = \sqrt{124^2 \times 0.001^2 + 1.50^2 \times 0.1^2 + 555^2 \times (0.003^2 + 0.003^2)} = \pm 2.4$$

$$M = 2.53 \times \frac{1000 \times 1.054}{87.0 \times 0.235} = 130$$

萘的摩尔质量最后应表示为: 130 ± 2.

(五) 测量结果的正确记录和有效数字

测量的误差问题紧密地与正确记录测量结果联系在一起,由于测得的物理量或多或少都有误差,那么一个物理量的数值和数学上的数值就有着不同的意义. 例如

　　数学上　　　　　　　 $1.35 = 1.35000\cdots$

　　物理上　　　　　　　 $(1.35 \pm 0.01)\,m \neq (1.3500 \pm 0.0001)\,m$

因为物理量的数值不仅能反映出量的大小、数据的可靠程度,而且还反映了仪器的精确程度和实验方法. 如 $(1.35 \pm 0.01)\,m$ 可用普通米尺测量,而 $(1.3500 \pm 0.0001)\,m$ 则只能采用更精密

的仪器才成.因此,物理量的每一位都是有实际意义的.有效数字的位数就指明了测量精确的幅度,它包括测量中可靠的几位和最后估计的一位数.

现将与有效数字相关的一些规则和概念综述如下.

(1) 误差(绝对偏差和相对偏差)一般只有一位有效数字,至多不超过二位.

(2) 任何一物理量的数据,其有效数字的最后一位,在位数上应与误差的最后一位划齐,如

　　　　1.35±0.01(正确)

　　　　1.351±0.01(缩小了结果的精确度)

　　　　1.3±0.01(夸大了结果的精确度)

(3) 有效数字的位数越多,数值的精确程度也越大,即相对偏差越小,如

　　　　(1.35±0.01)m,三位有效数字,相对偏差 0.7%.

　　　　(1.3500±0.0001)m,五位有效数字,相对偏差 0.007%.

(4) 有效数字的位数与十进位制单位的变换无关,与小数点的位数无关,如

(1.35±0.01)m 与(135±1)cm 二者完全一样,反映了同一个实际情况,都有 0.7% 的误差.但在另一种情况下,例如 158 000 这个数值就无法判断后面 3 个"0"究竟是用来表示有效数字的,还是用以标志小数点位置的.为了避免这种困难,我们常常采用指数表示法.例如 158000 若表示三位有效数字,则可写成 $1.58×10^5$,若表示四位有效数字,则可写成 $1.580×10^5$.又如 0.000000135 只有三位有效数字,则可写成 $1.35×10^{-7}$.

所以指数表示法不但避免了与有效数字的定义发生矛盾,也简化了数值的写法,便于计算.

(5) 若第一位的数值等于或大于8,则有效数字的总位数可以多算一位,例如 9.15 虽然实际上只有三位有效数字,但在运算时,可以看做四位.

(6) 计算平均值时,若为 4 个数或超过 4 个数相平均,则平均值的有效数字位数可增加一位.

(7) 任何一个直接量度值都要记到仪器刻度的最小估计读数,即记到第一位可疑数字.如用滴定管时,最小刻度数为 0.1 mL,它的最后一位估读数要记到 0.01 mL.

(8) 加减运算时,将各位数值列齐,对舍去的数,可先按四舍五入进位,后进行加减运算,如

```
    0.254
   21.2              21.21
+ ) 1.23          - ) 0.2234
   22.7             20.99
```

乘除运算时,所得的积或商的有效数字,应以各值中有效数字位数最少的值为标准,如

$$2.3×0.524 = 1.2$$
$$5.32÷2.801 = 1.90$$

用对数作运算时,对数尾部的位数应与真数的有效数字相等.

(六) 数据的表达

实验结果的表示法主要有三种方式:列表法、作图法和方程式法.现分述其应用及表达时

应注意的事项.

1．列表法

做完实验后,所获得的大量数据,应该尽可能整齐地、有规律地列表表达出来,使得全部数据能一目了然,便于处理、运算,容易检查而减少差错.列表时应注意以下几点:

(1) 每一个表都应有简明而又完备的名称;

(2) 在表的每一行或每一列的第一栏,要详细地写出名称、单位;

(3) 在表中的数据应化为最简单的形式表示,公共的乘方因子应在第一栏的名称下注明;

(4) 在每一列中数字排列要整齐,位数和小数点要对齐;

(5) 原始数据可与处理的结果并列在一张表上,而把处理方法和运算公式在表下注明.

2．作图法

(1) 作图法的应用

利用图形表达实验结果有许多好处:首先它能直接显示出数据的特点,像极大、极小、转折点等;其次能够利用图形作切线、求面积,可对数据作进一步处理.作图法用处极为广泛,其中重要的有:

① 求内插值.根据实验所得的数据,作出函数间相互关系的曲线,然后找出与某函数相应的物理量的数值.例如,在溶解热的测定中,根据不同浓度下的积分溶解热曲线,可以直接找出该盐溶解在不同量的水中所放出的热量.

② 求外推值.在某些情况下,测量数据间的线性关系可外推至测量范围以外,求某一函数的极限值,此种方法称为外推法.例如,强电解质无限稀释溶液的摩尔电导率 Λ_m 的值,不能由实验直接测定,但可直接测定浓度很稀的溶液的摩尔电导率,然后作图外推至浓度为 0,即得无限稀释溶液的摩尔电导率.

③ 作切线,以求函数的微商.从曲线的斜率求函数的微商在数据处理中是经常应用的.例如,利用积分溶解热的曲线作切线,从其斜率求出某一指定浓度下的微分冲淡热,就是很好的例子.

④ 求经验方程.若函数和自变数有线性关系

$$y = mx + b$$

则以相应的 x 和 y 的实验数值(x_i, y_i)作图,作一条尽可能连结诸实验点的直线,由直线的斜率和截距,可求出方程式中 m 和 b 的数值来.对指数函数可取其对数作图,则仍为线性关系.例如,反应速率常数 k 与活化能 E_a 的关系式(阿伦尼乌斯公式)

$$k = Z\exp\left(-\frac{E_a}{RT}\right)$$

若根据不同温度 T 下的 k 值,作 $\lg k$ 对 $1/T$ 的图,则可得一条直线,由直线的斜率和截距,可分别求出活化能 E_a 和碰撞频率 Z 的数值.其他的非线性函数关系经过线性变换,也可作类似的处理.

⑤ 求面积计算相应的物理量.例如,在求电量时,只要以电流和时间作图,求出曲线所包围的面积,即得电量的数值.

⑥ 求转折点和极值.这是作图法最大的优点之一,在许多情况下都应用它.例如,最低恒沸点的测定、相界的测定等都用此法.

（2）作图的步骤与规则

作图法的广泛应用,要求我们认真掌握作图技术.下面列出作图的一般步骤及作图规则.

⨋ 坐标纸和比例尺的选择.直角坐标纸最为常用;有时半对数坐标纸或全对数(lg-lg)坐标纸也被选用;在表达三组分体系相图时,使用三角坐标纸.

在用直角坐标纸作图时,以自变数为横轴,因变数为纵轴,横轴与纵轴的读数一般不一定从 0 开始,视具体情况而定.坐标轴上比例尺的选择极为重要.由于比例尺的改变,曲线形状也将跟着改变,若选择不当,可使曲线的某些相当于极大、极小或转折点的特殊部分看不清楚,比例尺的选择应遵守下述规则:

● 要能表示出全部有效数字,以使从作图法求出的物理量的精确度与测量的精确度相适应;

● 图纸每小格所对应的数值应便于迅速、简便地读数,便于计算,即坐标的分度要合理.如 1,2,5 等,切忌 3,7,9 或小数;

● 在上述条件下,考虑充分利用图纸的全部面积,使全图布局匀称、合理;

● 若作的图线是直线,则比例尺的选择应使其斜率接近于 1.

② 画坐标轴.选定比例尺后,画上坐标轴,在轴旁注明该轴所代表变数的名称及单位.在纵轴之左面及横轴下面每隔一定距离写下该处变数应有之值,以便作图及读数.但不应将实验值写于坐标轴旁或代表点旁,横轴读数自左至右,纵轴自下而上.

③ 作代表点.将相当于测得数量的各点绘于图上,在点的周围画上圆圈、方块或其他符号,其面积之大小应代表测量的精确度.若测量的精确度很高,圆圈应作得小些,反之就大些.在一张图纸上如有数组不同的测量值时,各组测量值之代表点应用不同符号表示,以资区别.并须在图上注明.

④ 连曲线.作出各代表点后,用曲线板或曲线尺,连出尽可能接近于诸实验点的曲线.曲线应光滑均匀,细而清晰,曲线不必也不可能通过所有各点.但各点在曲线两旁之分布,在数量上和远近程度应近似于相等.代表点和曲线间的距离表示了测量的误差,曲线与代表点间的距离应尽可能小,并且曲线两侧各代表点与曲线间距离之和亦应近于相等.在作图时也存在着作图误差,所以作图技术的好坏,也将影响实验结果的准确性.

⑤ 写图名.写上清楚完备的图名及坐标轴的比例尺.图上除图名、比例尺、曲线、坐标轴外,一般不再写其他的文字及作其他辅助线,以免使主要部分反而不清楚.数据亦不要写在图上,但在报告上应有相应的完整的数据.有时图线为直线而欲求其斜率时,应在直线上取两点,平行坐标轴画出虚线,并加以计算.

作好一张图,另一个关键是正确地选用绘图仪器,"工欲善其事,必先利其器".绘图所用的铅笔应该削尖,才能使线条明晰清楚,画线时应该用直尺或曲线尺辅助,不能光凭手来描绘.选用的尺子应该透明,才能全面地观察实验点的分布情况,作出合理的线条来.

在曲线上作切线,通常应用下述两个方法:

● 若在曲线的指定点 Q 上作切线,可应用镜像法,先作该点法线,再作切线.方法是取一平而薄的镜子,使其边缘 AB 放在曲线的横断面上,绕 Q 转动,直到镜外曲线与镜像中曲线成一光滑曲线时,沿 AB 边画出直线就是法线,通过 Q 作 AB 的垂线即为切线[图 A.2-5(a)].

● 在所选择的曲线段上作两条平行线 AB 及 CD,作两线段中点的连线,交曲线于 Q,通过 Q 作与 AB 或 CD 之平行线即为 Q 点之切线[图 A.2-5(b)].

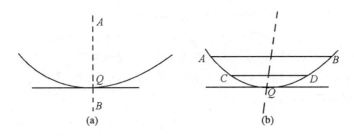

图 A.2-5 作切线的方法

最后,图是用形象来表达科学的语言,作图时应注意联系基本原理.例如,恒沸混合物,其组成随外界条件而变化,在 T-x 图上并不出现奇异点,因此这时气相线和液相线在恒沸点时是光滑地相切,而不是突变地相交.

3. 方程式法

一组实验数据用数学方程式表示出来,不但表达方式简单、记录方便,也便于求微分、积分或内插值.经验方程式是客观规律的一种近似描写,它是理论探讨的线索和根据.许多经验方程式中的系数的数值与某一物理量是相应的,因此为了求得某一物理量,将数据归纳总结成经验方程式,也是非常必要的.

求方程式有两类方法:

(1) 图解法

在 x-y 的直角坐标图纸上,用实验数据作图,若得一直线,则可用方程

$$y = mx + b \tag{12}$$

表示.而 m, b 可用下法求出:

① 截距斜率法.将直线延长交于 y 轴,截距为 b,而直线与 x 轴的夹角为 θ,则 $m = \tan\theta$.

② 端值法.在直线两端选两点:(x_1, y_1), (x_2, y_2),将其代入(12)式,即得

$$\begin{cases} y_1 = mx_1 + b \\ y_2 = mx_2 + b \end{cases}$$

解此方程组,即得 m 和 b.

在许多情况下,直接用原来变数作图,并非直线;而需加以变换,另选变数,使其成直线.例如,表示液体或固体的饱和蒸气压 p 与温度 T 并非线性关系,只有它的克劳修斯-克拉贝龙方程的积分形式

$$\lg(p/p^{\ominus}) = -\frac{\Delta H_m}{2.303R}\frac{1}{T} + b$$

才是线性关系,作 $\lg(p/p^{\ominus})$-$1/T$ 图,由直线斜率可求得 $-\dfrac{\Delta H_m}{2.303R}$,这样就可求气化热或升华热.

又如,固体在溶液中吸附,吸附量 Γ 和吸附物的平衡浓度 c 有

$$\frac{c}{\Gamma} = \frac{c}{\Gamma_\infty} + \frac{1}{\Gamma_\infty K}$$

关系.作 $\dfrac{c}{\Gamma}$-c 图,即得直线.由直线斜率可求 Γ_∞,进一步求算每个分子的截面积或吸附剂的比表面积.

指数方程 $y = b\mathrm{e}^{mx}$ 或 $y = bx^m$，可取对数，使其成为

$$\ln y = mx + \ln b \quad \text{或} \quad \ln y = m\ln x + \ln b$$

这样，若以 $\ln y$(或 $\lg y$)对 x 作图，或以 $\ln y$ 对 $\ln x$ 作图，均可得直线方程，进而求出 m 和 b.

若不知曲线的方程形式，则可参看有关资料，根据曲线的类型，确定公式的形式，然后将曲线方程变换成直线方程或表达成多项式.

（2）计算法

不用作图而直接由所测数据计算.设实验得到几组数值.

$$(x_1, y_1), (x_2, y_2), (x_3, y_3), \cdots, (x_n, y_n)$$

代入(12)式，得

$$\begin{cases} y_1 = mx_1 + b \\ y_2 = mx_2 + b \\ \vdots \qquad \vdots \\ y_n = mx_n + b \end{cases} \tag{13}$$

由于测定值各有偏差，若定义

$$\delta_i = b + mx_i - y_i \qquad i = 1, 2, 3, \cdots$$

δ_i 为第 i 组数据的残差.对残差的处理有不同的方法：

① 平均法：这是最简单的方法.令经验公式中残差的代数和等于零，即

$$\sum_{i=1}^{n} \delta_i = 0$$

计算时把方程组(13)分成数目相等的两组，按下式叠加起来，得到下面两个方程，解之，即得 m 和 b

$$\sum_{1}^{k} \delta_i = kb + m\sum_{1}^{k} x_i - \sum_{1}^{k} y_i = 0$$

和

$$\sum_{k+1}^{n} \delta_i = 0$$

② 最小二乘法：这是较为准确的处理方法.其根据是使残差的平方和为最小，即

$$\Delta = \sum_{1}^{n} \delta_i^2 = \text{最小}$$

在最简单情况下

$$\Delta = \sum_{1}^{n} (b + mx_i - y_i)^2 = \text{最小}$$

由函数有极值的条件可知，必有 $\dfrac{\partial \Delta}{\partial b}$ 和 $\dfrac{\partial \Delta}{\partial m}$ 等于零，由此得出两个方程式

$$\begin{cases} \dfrac{\partial \Delta}{\partial b} = 2\sum_{1}^{n} (b + mx_i - y_i) = 0 \\ \dfrac{\partial \Delta}{\partial m} = 2\sum_{1}^{n} x_i(b + mx_i - y_i) = 0 \end{cases}$$

亦即

$$\begin{cases} nb + m \sum_{1}^{n} x_i = \sum_{1}^{n} y_i \\ b \sum_{1}^{n} x_i + m \sum_{1}^{n} x_i^2 = \sum_{1}^{n} x_i y_i \end{cases}$$

解之,可以得到 m 和 b

$$m = \frac{n \sum x_i y_i - \sum x_i \sum y_i}{n \sum x_i^2 - \left(\sum x_i \right)^2} \tag{14}$$

$$b = \frac{\sum y_i}{n} - m \frac{\sum x_i}{n} \tag{15}$$

求出方程式后,最好能选择一二个数据代入公式,加以核对验证.若相距太远,还可改变方程的形式或调整常数,重新求更准确的经验方程式.

(七) 直线斜率和截距的误差分析

在很多实验中要对测量数据进行线性回归处理(即直线拟合),由回归直线的斜率和截距求算实验最终结果.例如,液体饱和蒸气压的测定(B.4)中求蒸发热、交流电桥法测电解质溶液的电导(B.22)、静态重量法测定固体比表面积(B.33)等,均属于这类的处理方法.这种数据的处理方法和由函数关系直接计算实验结果是不同的.显然,它们的误差计算方法也不同.后者的误差可由函数的误差传递公式进行直接计算,而前者的误差只能通过回归直线的误差来推算.

设测得一组 x, y 数据,它们分别为

$$x_1, x_2, x_3, \cdots, x_i$$
$$y_1, y_2, y_3, \cdots, y_i$$

其直线回归方程为

$$\hat{y} = mx + b$$

若 x 没有误差或 x 的误差比 y 的误差小很多时,则剩余标准偏差 $\sigma_{\hat{y}}$ 为

$$\sigma_{\hat{y}} = \sqrt{\frac{\sum (mx_i + b - y_i)^2}{n - 2}} \tag{16}$$

$\sigma_{\hat{y}}$ 值越小,说明回归直线的精度越高.该回归直线的斜率和截距的误差分别为

$$\sigma_m = \sqrt{\frac{n \sigma_{\hat{y}}^2}{n \sum x_i^2 - \left(\sum x_i \right)^2}} \tag{17}$$

$$\sigma_b = \sqrt{\frac{n \sigma_{\hat{y}}^2 \sum x_i^2}{n \sum x_i^2 - \left(\sum x_i \right)^2}} \tag{18}$$

如果 y 没有误差或 y 的误差比 x 的误差小很多时,则回归直线方程的形式应改变为

$$\hat{x} = m'y + b'$$

则 $\sigma_{m'}, \sigma_{b'}$ 的误差表达式也相应变化.

这里所讨论的斜率和截距的误差,是指由最小二乘法的直线拟合的误差.如果是通过直线作图来求直线的斜率和截距,这时直线斜率和截距的误差将分别大于 σ_m, σ_b.这是因为在作图

时又引入了人为的作图误差.

【例 A-11】　在液体的饱和蒸气压的测定实验中,测得蒸气压 p 和沸点 T,按下式进行直线拟合,并由直线的斜率求取蒸发热 $\Delta_{vap}H_m$.

$$\ln(p/p^{\ominus}) = -\frac{\Delta_{vap}H_m}{RT} + b = \frac{m}{T} + b$$

$$\Delta_{vap}H_m = -mR$$

设有下表所列实验实据

T/K	p/kPa
349.00	99.04
345.30	88.39
343.00	82.26
337.90	69.89
335.00	63.56
332.70	58.88
327.60	49.51
323.00	42.15

在实验中求得:$dT = 0.01\,K$,$dp = 66.65\,Pa$

首先应对 x,y 的误差进行比较,以确定误差计算公式.

设 $x = 1/T$,$y = \ln(p/p^{\ominus})$

则

$$dx = d\left(\frac{1}{T}\right) = \frac{dT}{T^2} = \frac{0.01}{(349)^2} = 8 \times 10^{-8}$$

$$dy = d[\ln(p/p^{\ominus})] = \frac{dp}{p} = \frac{66.65}{99040} = 1 \times 10^{-3}$$

由于

$$dy \gg dx$$

则拟合方程形式采用

$$\ln(p/p^{\ominus}) = \frac{m}{T} + b$$

由最小二乘法求出斜率 m 和 $\Delta_{vap}H_m$

$$m = \frac{n\sum x_iy_i - \sum x_i \sum y_i}{n\sum x_i^2 - \left(\sum x_i\right)^2} = -3705\,K$$

$$\Delta_{vap}H_m = -mR = 3705\,K \times 8.314\,kJ \cdot mol^{-1} \cdot K^{-1} = 30.80\,kJ \cdot mol^{-1}$$

由公式(16)~(18),分别得

$$\sigma_{\hat{y}} = 7.5 \times 10^{-3}$$

$$\sigma_m = 40\,K$$

$$\sigma(\Delta_{vap}H_m) = R\sigma_m = 0.33\,kJ \cdot mol^{-1}$$

则实验结果可表示为

$$\Delta_{vap}H_m = (30.80 \pm 0.33)kJ \cdot mol^{-1}$$

习　题

1. 计算下列各值,注意有效数字.

(1) 乙醇相对分子质量为 $2 \times 12.01115 + 15.999 + 6 \times 1.00797$

(2) $(1.2760 \times 4.17) - (0.2174 \times 0.101) + 1.7 \times 10^{-2}$

(3) $\dfrac{13.25 \times 0.00110}{9.740}$

2. 下列数据是用燃烧热分析,测定碳元素的相对原子质量的结果:

12.0085	12.0101	12.0102
12.0091	12.0106	12.0106
12.0092	12.0095	12.0107
12.0095	12.0096	12.0101
12.0095	12.0101	12.0111
12.0106	12.0102	12.0112

(1) 请判断有没有需要舍弃的数据,并说明判断依据.

(2) 求碳元素的相对原子质量的平均值和标准偏差.

3. 设一钢球质量为 10.00 mg, 钢球密度为 $7.85 \, \mathrm{g \cdot cm^{-3}}$, 设测定半径时,其标准偏差为 0.015 mm, 测定质量标准偏差为 0.05 mg, 问测定此钢球密度的精确度(标准偏差)是多少?

4. 在 629 K 测定 HI 的解离度 α 时,得到下列数据:

0.1914	0.1953	0.1968	0.1956	0.1937
0.1949	0.1948	0.1954	0.1947	0.1938

解离度 α 与平衡常数的关系为

$$2\mathrm{HI} \Longrightarrow \mathrm{H_2} + \mathrm{I_2} \qquad K = \left[\frac{\alpha}{2(1-\alpha)}\right]^2$$

试求在 629 K 时平衡常数 K 及其标准偏差.

5. 利用苯甲酸的燃烧热测定氧弹的热容 C, 可用下式求算:

$$C = \frac{2.6460 \times 10^4 G + 6.694 \times 10^3 g}{t} - 4.184 D$$

式中, 2.6460×10^4 和 6.694×10^3 分别代表苯甲酸和燃烧丝的燃烧热 $\mathrm{J \cdot g^{-1}}$.

实验所得数据如下:苯甲酸质量 1.1800 ± 0.0003 g(即 G);燃烧丝质量 0.0200 ± 0.0003 g(即 g);量热器中含水 $(1.995 \pm 0.002) \times 10^3$ g(即 D);测得温度升高值为 3.140 ± 0.005 ℃(即 t). 试计算氧弹的热容及其标准偏差,并讨论引起实验的主要误差是什么?

6. 物质的摩尔折射度 R, 可按下式计算:

$$R = \frac{n^2 - 1}{n^2 + 2} \frac{M}{\rho}$$

已知苯的摩尔质量 $M = 78.08 \, \mathrm{g \cdot mol^{-1}}$, 密度 $\rho = 0.879 \pm 0.001 \, \mathrm{g \cdot cm^{-3}}$, 折射率 $n = 1.498 \pm 0.002$, 试求苯的摩尔折射度及其标准偏差.

7. 下表给出同系列中的 7 个碳氢化合物的沸点(T_b)数据:

碳氢化合物	沸点(T_b/K)
C_4H_{10}	273.8
C_5H_{12}	309.4
C_6H_{14}	342.2
C_7H_{16}	368.0
C_8H_{18}	397.8
C_9H_{20}	429.2
$C_{10}H_{22}$	447.2

且,其摩尔质量 M 和沸点 T_b 符合下列公式:

$$T_b = aM^b$$

(1) 用作图法确定常数 a 和 b;

(2) 用最小二乘法确定常数 a 和 b,并与(1)中结果比较.

参 考 资 料

1. 黄子卿. 化学通报, 1, 52(1978)

2. 冯师颜. 误差理论与实验数据处理, 北京:科学出版社(1964)

3. 沙定国. 误差分析与数据处理, 北京理工大学出版社(1993)

4. H. D. Crockford et al. Laboratory Manual of Physical Chemistry, John Wiley, New York (1975)

5. 费业泰. 误差理论与数据处理(第 2 版), 北京:机械工业出版社(1987)

B. 实　　　　验

B.1 恒温槽调节与温度控制

了解恒温槽的构造和工作原理,学会水浴恒温槽的正确装配和调节,测绘恒温槽的灵敏度曲线,掌握贝克曼温度计的调节技术和正确使用方法.

(一) 原理

物质的物理性质和化学性质,如折射率、粘度、蒸气压、表面张力、化学反应速率等等,均与温度有关.许多物理化学实验都需在一定温度下恒温进行.

利用物质相变温度的恒定性来控制温度是恒温的重要方法之一.如水和冰的混合物,各种蒸气浴等,都是非常简便又实用的方法.该法的最大限制是可选择的温度很有限.

恒温槽法是实验室常用的恒温方法.根据恒温的程度,可以利用不同的工作物质:一般,0~100℃多采用水浴.为避免水分的蒸发,50℃以上的恒温水浴常在水面上加一层石蜡油;100℃以上的恒温槽往往采用液体石蜡、甘油或豆油来代替水;高温的恒温槽则可采用沙浴、盐浴、金属浴或空气恒温槽.

1. 恒温槽的装置与结构

恒温槽由温度控制器、继电器、加热器、搅拌器和温度计组成.控制温度的简单原理如图 B.1-1所示.被测量的容器放在恒温槽内,当浴槽的温度低于恒定的温度时,温度控制器通过继电器的作用,使加热器工作;当浴槽的温度高于所恒定的温度时,即停止加热.因此,浴槽的温度在一个微小的区间内波动,而被测物质的温度也限制在相应的微小区间内.

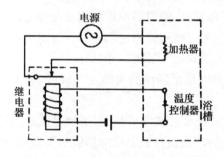

图 B.1-1　恒温槽控制温度的原理图

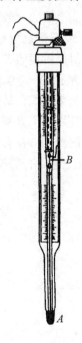

图 B.1-2　水银接点温度计

(1) 温度控制器.这是恒温槽的感觉中枢,是决定恒温程度的关键.温度控制器的种类很多,如:可以利用热电偶的热电势、两种不同金属的膨胀系数、物质受热体积膨胀等不同性质来控制温度.

水银接点温度计(图 B.1-2)是实验室常用的一种温度控制器.图中 A 为水银球,B 为金属丝,控制器的顶端放置一磁铁,用以调节金属丝的高低位置.当温度升高时,A 中的水银沿毛细管上升,与金属丝接触,温度控制器接通,继电器线圈有电流通过,继电器工作,加热回路断开,停止加热.温度降低,A 中的水银收缩,水银与金属丝断开,继电器电流中断,继电器上弹簧片弹回,加热回路又开始工作.

(2) 继电器.实验中使用的晶体管继电器结构如图 B.1-3 所示.

(3) 加热器.选择加热器瓦数的大小,视恒温槽的容积大小而定.一般容量为 20 L,恒温在

25℃的小型恒温槽,用100 W的电灯泡调节温度即可.加热器应热惰性小,面积大.

(4) 温度计.恒温槽中常用一只(1/10)℃温度计测量.但测量恒温的精确度,需要用贝克曼温度计或(1/100)℃温度计.

(5) 搅拌器.搅拌器用马达带动,搅拌马达的大小和功率视恒温槽的大小而定.一般实验室用小型恒温槽用马达1/16或1/32马力的搅拌马达.要求马达带有调压变压器,可调节搅拌速度.同时要求震动小,噪音低,长久连续工作而不过热的马达.

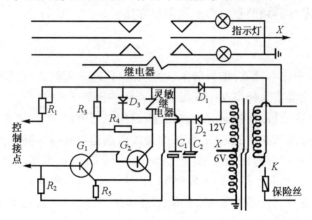

图 B.1-3　晶体管继电器结构图

(6) 浴槽.控制室温附近温度的浴槽,可用玻璃制作,以便观察恒温物质的变化.浴槽的大小和形式根据需要而定.

除上述的一般恒温槽外,实验室中常用一种超越恒温槽,它的恒温原理和构造与普通恒温槽相同.只是它附有循环水泵,能将浴槽中恒温水循环地流过待测体系.例如,将恒温水送入阿贝折射仪棱镜的夹层水套内,使样品恒温,而不必将整个仪器浸入浴槽.

为了对一个恒温槽的精确度有所了解,使用前,应先测量恒温槽的灵敏度曲线(即温度随时间变化曲线).其振幅的大小,表示恒温槽的灵敏度.

良好的恒温槽的灵敏度曲线如图 B.1-4(a)所示;(b)表示灵敏度稍差,需更换更灵敏的温度控制器;(c)表示加热器的功率太大,需换用较小功率的加热器;(d)表示加热器功率太小,或浴槽散热太快,需换用较大功率的加热器,或改善浴槽的保温.

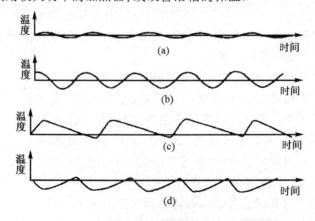

图 B.1-4　恒温槽灵敏度曲线

(二) 仪器药品

20 L 玻璃浴槽,水银接点温度计,继电器,电动搅拌器,600 W 加热器,100 W 电灯泡,(1/10) ℃ 温度计,贝克曼温度计,计时器.

(三) 实验步骤

1. 根据所给的零件,安装一个合用的恒温槽.开动搅拌,确定水流动的方向后,停止搅拌.根据水先经过加热器(灯泡)后经过温度控制器的原则安装这两个元件.再插入已调好的贝克曼温度计(其构造、调节和使用方法见本书 C.1-三贝克曼温度计部分).连好继电器的线路,经教员检查无误后,打开搅拌器和晶体管继电器的电源开关,先旋开水银温度控制器上的螺旋调节帽的锁定螺丝,再转动磁性螺旋调节帽,使温度指示螺母位于 24 ℃(或 29 ℃)左右,用 600 W 的加热器加热至接近 24 ℃(或 29 ℃)时,将加热器改换成小功率的灯泡,继续加热到所需的温度.调节温度控制器使触点与水银面保持刚好接通与断开的状态,让温度缓慢上升至 25 ℃(或 30 ℃)并稳定为止,然后旋紧锁定螺母.

2. 在恒温槽中选取 5 个点,其中一点靠近加热器,一点在远离加热器的恒温槽边缘,其余 3 点在恒温槽的中间区域.用贝克曼温度计观察这些点的温度变化,记录下温度变化的最大值和最小值.

3. 在中间区域的 3 个点中选取恒温性能最差的一点,利用功率不同的加热器(600 W 的电炉丝和 100 W 的灯泡)测定恒温槽的灵敏度曲线.每隔一段时间读取一个数值,每一条灵敏度曲线测 5~6 峰值即可.

(四) 数据处理

1. 图示恒温槽内各元件的布局,并在图中指明所选 5 个点的位置.

2. 用表列出上述 5 个点最高与最低温度,换算成相应的摄氏温度后的平均温度和最高、最低温度差值.对恒温槽的精确度进行讨论.

3. 列出贝克曼温度计读数与时间的数据表,绘制两种功率加热器的灵敏度曲线,讨论加热器功率对恒温槽灵敏度的影响.

思 考 题

1. 影响恒温槽灵敏度的主要因素有哪些?
2. 欲提高恒温槽的控温精确度,应采取哪些措施?

参 考 资 料

1. 北京大学化学系物理化学教研室编.物理化学实验(第 3 版),北京大学出版社(1995)

2. 复旦大学等编.物理化学实验,北京:高等教育出版社(1993)

3. David P. Shoemaker, Carl W. Garland and Joseph W. Nibler. Experiments in Physical Chemistry, 6th ed., McGraw-Hill Book Company(1996)

B.2 燃烧热的测定

采用氧弹式热量计测定蔗糖的燃烧热,通过实验了解热量计的原理、构造和使用方法,并取得有关热化学实验的一般知识和基本训练.

(一) 原理

燃烧热是指 1 mol 物质完全燃烧时的热效应,是热化学中重要的基本数据.一般化学反应的热效应,往往因为反应太慢或反应不完全,不是不能直接测定,就是测不准.但是,通过盖斯定律可用燃烧热数据间接求算.因此燃烧热广泛用在各种热化学计算中.许多物质的燃烧热和反应热已经测定.测定燃烧热的氧弹式热量计是重要的热化学仪器,在热化学、生物化学以及某些工业部门中用得很多.

由热力学第一定律可知,燃烧时体系状态发生变化,体系内能改变.若燃烧在恒容下进行,体系不对外做功,恒容燃烧热等于体系内能的改变,即

$$\Delta U = Q_V \tag{1}$$

将某定量的物质放在充氧的氧弹中,使其完全燃烧,放出的热量使体系的温度升高(ΔT),再根据体系的热容(C_V),则可计算燃烧反应的热效应,即

$$Q_V = - C_V \Delta T \tag{2}$$

一般燃烧热是指恒压燃烧热 Q_p,Q_p 值可由 Q_V 算得.

$$Q_p = \Delta_c H_m = \Delta U + p\Delta V = Q_V + p\Delta V \tag{3}$$

对理想气体

$$Q_p = Q_V + \Delta nRT \tag{4}$$

这样,由反应前后气态物质量的变化 Δn,就可算出恒压燃烧热 Q_p.

反应热效应的数值与温度有关,燃烧热也不例外,其关系为

$$\frac{\partial(\Delta_c H_m)}{\partial T} = \Delta C_p \tag{5}$$

式中,ΔC_p 是反应前后的恒压热容差,它是温度的函数.

一般来说,燃烧热随温度的变化不是很大,在较小的温度范围内,可认为是常数.

(二) 仪器药品

镍丝,棉线,苯甲酸,蔗糖,NaOH($0.1\ mol \cdot dm^{-3}$).

氧弹式热量计,氧气钢瓶,压片机,温差测量仪,普通温度计,秒表,放大镜.

(三) 实验步骤

1. 仪器装置

本实验是将可燃性物质,在与外界隔离的体系中燃烧,从体系温度的升高值及体系的热容计算燃烧热.这就要求体系和外界热量的交换很小,并能够进行校正.为此,仪器要有较好的绝

热性能.

全套仪器如图 B.2-1 所示.内筒以内的部分为仪器的主体,即本实验所研究的实际体系,体系与外界隔以空气层绝热.下方有热绝缘的垫片 4 架起,上方有热绝缘胶板 5 覆盖,减少对流和蒸发.为了减少热辐射,控制环境温度恒定,体系外围包有温度与体系相近的水套 1(但本实验中,不采用水套,而是使体系温度接近于环境温度以减少热交换);为了使体系温度很快达到均匀,还装有搅拌器 10 由马达 6 带动,为防止通过搅棒传导热量,金属搅棒上端用绝热良好的塑料与马达连接.测量温度变化的是温差测量仪,燃烧点火是用附加的电气装置来完成的.

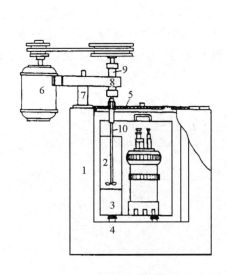

图 B.2-1　氧弹式热量计

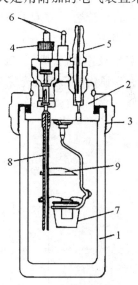

图 B.2-2　氧弹的构造

图 B.2-2 是氧弹的构造.氧弹是用不锈钢制成的,主要部分有厚壁圆筒 1、弹盖 2 和螺帽 3 紧密相连;在弹盖 2 上装有用来灌入氧气的进气孔 4、排气孔 5 和电极 6,电极直通弹体内部,同时作为燃烧皿 7 的支架;为了将火焰反射向下而使弹体温度均匀,在另一电极 8(同时也是进气管)的上方还装有火焰遮板 9.

2. 水当量(量热计常数)的测量

测定燃烧热要用到仪器的热容,每套仪器的热容不一样,须事先测定.仪器的热容常用水当量表示,所谓水当量,就是除水之外,热量计升高 1℃所需的热量.相当于吸收同样热量用水的质量表示仪器的热容.例如,使仪器升高 1℃,需热 1912 J,则仪器的水当量即为 1912 J.

水当量是用定量的、已知燃烧热的标准物质完全燃烧来测定的.标准物质通常用苯甲酸,其燃烧热 Q_p 为 $-26460\ \text{J}\cdot\text{g}^{-1}$.

取大约 0.7～1.3 g 苯甲酸,置于压片机中,穿入 15 cm 长,已知质量为 m' 的燃烧丝一根,压片[①].取出后,精确称其质量为 m,$m-m'$ 即为样品质量.将此样品小心挂在氧弹盖上的燃烧皿中,将燃烧丝两端紧缠于两电极上.在氧弹中加入 0.5 mL 蒸馏水.盖好弹盖,旋紧螺帽,关

---

① 有时为了便于操作,在样品中不压入燃烧丝,而用已知质量和燃烧热的棉线将压好片之样品与燃烧丝连接起来引起燃烧.

33

好出气口,从进气口灌入约 2 MPa 的氧气.灌气后,用万用电表触试弹盖上方两电极,看是否仍为通路.通路时,电阻值应为约 5～8 Ω,若线路不通,需泄去氧气重新系紧燃烧丝;若是通路,把氧弹放入内筒,准确量取低于环境温度 1 ℃ 的自来水 3000 mL,顺筒壁小心倒入内筒,插上点火电极的电线,盖好盖板,插上温差仪探头,开动搅拌马达.待水温稳定上升后,打开停表作为开始时间,记录体系温度变化情况.在前期(自打开停表到点火),相当于图 B.2-3 中 AB 部分,每分钟读取温度一次;10 min 后,接通氧弹两极电路,使苯甲酸燃烧.此时,体系温度迅速上升[1],进入反应期,相当于图 B.2-3 中 BC 部分.因为温度上升很快,所以须每隔半分钟读取温度一次,直到每次读数时温度上升小于 0.1 ℃ 再改为每分钟读数一次.当温度开始稳定变化,进入末期,相当于图 B.2-3 中 CD 部分,同样每分钟记录温度一次.10 min 后停止搅拌,小心取下温度计,取出氧弹,泄去废气,旋开螺帽,打开弹盖,量取剩余燃烧丝长度,用蒸馏水(每次取 10 mL)洗涤氧弹内壁三次,洗涤液收集在 150 mL 锥形瓶中,煮沸片刻,以 0.1 mol·dm^{-3} NaOH 滴定.

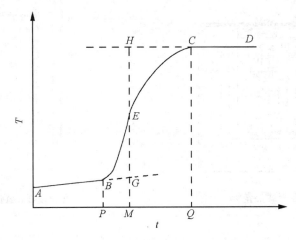

图 B.2-3　温度-时间图

当打开弹盖后,如发现燃烧皿中有黑色物,是因样品燃烧不完全,应重新测定.燃烧不完全的原因可能是:样品量太多、氧气压力不足、氧弹漏气、燃烧皿太湿等.

3. 以同样方法测定蔗糖的燃烧热

(四) 数据处理

1. 将在水当量及燃烧热中测得之温度与时间的关系分别列表

2. 校正体系和环境热交换的影响

体系和环境间交换能量的途径,有传导、辐射、对流、蒸发和机械搅拌等.在测定的前期和末期,体系和环境间温差的变化不大,交换能量较稳定.而反应期温度改变较大,体系和环境的温差随时改变,交换的热量也不断改变,很难用实验数据直接求算,通常采用作图或经验公式

---

① 有时点火后温度不迅速上升,这可能因为:① 伸入弹体内部的电极和氧弹壁接触短路,这样点火时变压器有嗡嗡声,导线发热;② 连接燃烧丝的电路断了,可用万用电表检查;③ 弹内氧气不足,可取出氧弹检查.

等方法消除其影响.

这里我们采用下述的一种作图法:作"温度-时间曲线",如图 B.2-3 所示.画出前期 AB 和末期 CD 两线段的切线,用虚线外延,然后作一垂线 HM,并和切线的延线相交于 G、H 两点,使得 BEG 包围的面积等于 CHE 包围的面积.G、H 两点的温差 ΔT 即为体系内部由于燃烧反应放出热量致使体系温度升高的数值.

3. 计算水当量

体系除苯甲酸燃烧放出热量引起体系温度升高以外,其他因素——燃烧丝的燃烧,棉线的燃烧,在氧弹内 N_2 和 O_2 化合、生成硝酸并溶入水中等都会引起体系温度的变化.因此在计算水当量时,这些因素都必须进行校正.

(1) 燃烧丝的校正:铁丝的恒容燃烧热为 $-6694\,J\cdot g^{-1}$,镍丝的恒容燃烧热为 $-3243\,J\cdot g^{-1}$(放热).

(2) 棉线的校正:棉线的恒容燃烧热为 $-16736\,J\cdot g^{-1}$.

(3) 酸形成的校正:1 mL 的 0.1 $mol\cdot dm^{-3}$ NaOH 滴定液相当于 $-5.98\,J$.

仪器的量热器常数 W 可由下列求算:

$$(W + DC_水)\Delta T = -Q_V G - \sum q - 5.98V \tag{6}$$

$$W = \frac{-Q_V G - \sum q - 5.98V}{\Delta T} - DC_水 \tag{7}$$

式中:Q_V 为苯甲酸的恒容燃烧热($J\cdot g^{-1}$);G 为苯甲酸的质量(g);$\sum q$ 为燃烧丝及棉线的校正值(J);V 为滴定洗涤液所用0.1 $mol\cdot dm^{-3}$ NaOH 体积(mL);ΔT 为由于燃烧使体系温度升高的数值,即图 B.2-3 中 G、H 两点的温差(℃);D 为桶中水的质量(g),$C_水$ 为水的热容.

4. 计算蔗糖的恒容燃烧热 Q_V 及恒压燃烧热 Q_p

思 考 题

1. 在本实验装置中哪些是体系?哪些是环境?体系和环境通过哪些途径进行热交换?这些热交换对结果影响怎样?如何进行校正?

2. 使用氧气要注意哪些问题?

3. 搅拌过快或过慢有何影响?

4. 容量瓶的准确度是 0.1%,请讨论由于加入 2000 mL 水的仪器误差,将引起水当量测定值的相对偏差(用平均偏差)是多少?

5. 文献手册的数据是标准燃烧时,本实验条件偏离标准态.请估算由此引入的系统误差是多少?

提 示

1. 本装置可测绝大部分固态可燃物质.对一般训练操作最好采用:蔗糖、葡萄糖、淀粉、萘、蒽等物.液态可燃物、沸点高的油类可直接置于燃烧皿中,用引燃物(如棉线)引燃测定;如是沸点较低的有机物,可将其密封于小玻璃泡中,置于引燃物上将其烧裂引燃测定之.

2. 热损失校正图 B.2-3 也可采用另法制作.即选环境温度 $T_环$ 处,作平行于时间轴的平行线交曲线于 E,过 E 作垂线 GH 而得.其余的处理方法均相同.

3. 可采用热电堆(见 C.1-四)代替温差测量仪.热电偶可用镍铬-镍铝或铜-康铜.后者柔软便于使用.用 15 对热电偶串联,温差1~2℃时,热电势可达 0.5~0.8 mV.参考点可置于装有体系温度的水的保温瓶内,热电偶的另一接点放入体系中.用1 mV 自动平衡记录仪进行自动记录.峰高直接代表热量,用苯甲酸进行标定.

4．氧气的安全使用,必须高度重视.

参 考 资 料

1. P. I. American. Selected Values of Properties of Hydrocarbons and Related Compounds, API Research Project 44 (1972)

2. A. Weissberger, Physical Methods of Organic Chemistry, vol. I, p. 536 (1959)

3. 戴维·P·休梅尔等著;俞鼎琼,廖代伟译.物理化学实验(第 4 版),p.130,北京:化学工业出版社(1990)

4. [美] John M. 怀特.物理化学实验.p.186,北京:人民教育出版社(1981)

B.3 溶解热的测定

测定硝酸钾在不同浓度水溶液中的溶解热,求硝酸钾在水中溶解过程的各种热效应.

(一) 原理

一物质溶解于溶剂中,一般伴随有热效应发生.热效应的符号和大小取决于溶剂及溶质的性质和它们的相对量.

物质溶解过程包括晶体点阵的破坏,离子或分子的溶剂化,分子电离(对电解质而言)等过程.这些过程热效应的代数和就是溶解过程的热效应.

在热化学中,关于溶解过程的热效应,引进下列几个基本概念.

(1) 溶解热

在恒温、恒压下,溶质的物质的量 n_2 溶于溶剂的物质的量 n_1 (或溶于某浓度的溶液)中产生的热效应,用 Q 表示.

(2) 冲淡热

在恒温、恒压下,溶剂的物质的量 n_1 加入到某浓度溶液中产生的热效应.

(3) 积分溶解热

在恒温、恒压下,1 mol 溶质溶于溶剂的物质的量 n_1 中产生的热效应,用 Q_s 表示.

(4) 积分冲淡热

为某两浓度的积分溶解热之差,以 Q_d 表示.

(5) 微分溶解热

在恒温、恒压下,1 mol 溶质溶于某一确定浓度的无限量的溶液中产生的热效应,以 $(\partial Q/\partial n_2)_{n_1}$ 表示[①].

(6) 微分冲淡热

在恒温、恒压下,1 mol 溶剂加入到某一确定浓度的无限量的溶液中产生的热效应,以 $(\partial Q/\partial n_1)_{n_2}$ 或 $(\partial Q_s/\partial n_0)_{n_2}$ 表示.

它们之间的关系,可表示为

$$dQ = \left(\frac{\partial Q}{\partial n_1}\right)_{n_2} dn_1 + \left(\frac{\partial Q}{\partial n_2}\right)_{n_1} dn_2 \tag{1}$$

上式在比值 n_1/n_2 恒定下积分,得

$$Q = \left(\frac{\partial Q}{\partial n_1}\right)_{n_2} n_1 + \left(\frac{\partial Q}{\partial n_2}\right)_{n_1} n_2 \tag{2}$$

全式以 n_2 除之,得

---

① 从热力学的观点看,恒压溶解反应的热效应 Q 应等于体系的焓变 ΔH,因此,对 Q 采用了偏微分和全微分公式.

$$\frac{Q}{n_2} = \left(\frac{\partial Q}{\partial n_1}\right)_{n_2} \frac{n_1}{n_2} + \left(\frac{\partial Q}{\partial n_2}\right)_{n_1} \tag{3}$$

令

$$\frac{Q}{n_2} = Q_s, \qquad \frac{n_1}{n_2} = n_0 \tag{4}$$

即

$$Q = n_2 Q_s, \qquad n_1 = n_2 n_0$$

则

$$\left(\frac{\partial Q}{\partial n_1}\right)_{n_2} = \left[\frac{\partial(n_2 Q_s)}{\partial(n_2 n_0)}\right]_{n_2} = \left(\frac{\partial Q_s}{\partial n_0}\right)_{n_2} \tag{5}$$

将(4)、(5)代入(3),得

$$Q_s = \left(\frac{\partial Q}{\partial n_2}\right)_{n_1} + n_0 \left(\frac{\partial Q_s}{\partial n_0}\right)_{n_2} \tag{6}$$

$$Q_d = (Q_s)n_0'' - (Q_s)n_0' \tag{7}$$

(6)和(7)两式可以用图 B.3-1 表示之. 由图可见,$\left(\partial Q_s/\partial n_0\right)_{n_2}$ 随 n_0 增加而减少,$\left(\partial Q/\partial n_2\right)_{n_1}$ 随 n_0 增加而增加,当 n_0 趋向无穷时,前者为 0,后者等于 Q_s.

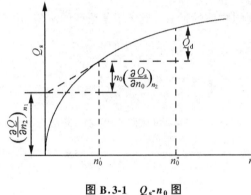

图 B.3-1　Q_s-n_0 图

(1)~(7)式还可以由下面给出的方式导出:设纯溶剂和纯溶质的摩尔焓分别为 $H_m^*(1)$ 及 $H_m^*(2)$,而当溶质溶解于溶剂变成溶液以后,以 $H_m(1)$ 及 $H_m(2)$ 分别代表溶剂及溶质在该溶液中的偏摩尔焓. 今有溶剂的物质的量 n_1 及溶质的物质的量 n_2,在溶解前体系总焓为 H.

$$H = n_1 H_m^*(1) + n_2 H_m^*(2) \tag{8}$$

设溶液的焓为 H'

$$H' = n_1 H_m(1) + n_2 H_m(2) \tag{9}$$

这样,恒温恒压下溶解过程的热效应 Q 为

$$\begin{aligned} Q = \Delta H &= H' - H \\ &= n_1[H_m(1) - H_m^*(1)] + n_2[H_m(2) - H_m^*(2)] \\ &= n_1 \Delta H_m(1) + n_2 \Delta H_m(2) \end{aligned} \tag{10}$$

式中:$\Delta H_m(1)$ 为微分冲淡热,而 $\Delta H_m(2)$ 为微分溶解热.

根据上述定义,积分溶解热 Q_s 为

$$Q_s = \frac{Q}{n_2} = \frac{\Delta H}{n_2} = \Delta H_m(2) + \frac{n_1}{n_2} \Delta H_m(1) = \Delta H_m(2) + n_0 \Delta H_m(1) \tag{11}$$

对比(2)与(10)或(6)与(11),即可求得

$$\Delta H_m(1) = \left(\frac{\partial Q}{\partial n_1}\right)_{n_2} \quad \text{或} \quad \Delta H_m(1) = \left(\frac{\partial Q_s}{\partial n_0}\right)_{n_2}$$

$$\Delta H_m(2) = \left(\frac{\partial Q}{\partial n_2}\right)_{n_1}$$

由图 B.3-1 可见,欲求溶解过程的各种热效应,应当测定各种浓度下的积分溶解热.本实验采用累加的方法,先在纯溶剂中加入溶质,测出溶解热,然后在这溶液中再加入溶质,测出热效应,根据先后加入溶质总量可求算 n_0,而各次热效应总和即为该浓度下的溶解热.

进行量热实验,一般要求知道体系的热容 C_p(即热量计常数 K)和反应前后的温差 ΔT. 在燃烧热实验中通过燃烧已知反应热的苯甲酸,求体系的热容.本实验为吸热反应,可以用电热补偿法.知道反应前、后的温差和所需的时间,然后通电加热,使体系由温度的最低值沿原途径升高至原值,根据消耗的电功,即可求出反应的热效应.之所以需要知道溶解过程的时间,是因为体系环境有各种形式的热交换.在溶解过程中交换的热量,可在相同时间内通电加热过程中得到补偿.当然热交换量愈少,实验测定的热效应愈准确.若绝热良好,体系和环境的热交换量可忽略,则加热使温度升高不必刚好达到溶解前的数值,加热时间也不必严格控制,可按下式求算出溶解热

$$Q = Q' \frac{T_2 - T_1}{T_2' - T_1'}, Q' = I^2 Rt \tag{12}$$

式中:Q 为使体系从 T_1 降至 T_2 时的溶解热(J),Q' 为使体系从 T_2' 升至 T_1' 时输入的电热(J);T_1 为加入溶质前体系的温度,T_2 为加入溶质后体系的最低温度,T_2' 为通电加热前体系的温度,T_1' 为通电加热后体系的最高温度;I 为电流强度(A);R 为加热器电阻(Ω);t 为通电加热时间(s).

(二) 仪器药品

KNO_3(AR).

广口保温瓶,搅拌马达,贝克曼温度计,加热电阻丝,直流稳压电源,毫安计(0～1500 mA),可变电阻,单刀开关,停表,小锥形瓶,公用数字式电阻测量仪一台.

(三) 实验步骤

1. 仪器装置

欲使溶解热能准确测定,要求仪器装置绝热良好,体系和环境间的热交换尽量稳定并降至最小.仪器装置如图 B.3-2 所示,采用保温瓶并加盖,以减少辐射、传导、对流、蒸发等热交换途径.在实验装置中,用电动搅拌器来进行均匀和有效地搅拌,以加速溶质的溶解.搅拌速度不能太快,以防止大量机械功的引入;搅拌速度应当稳定、均匀,使溶解过程和通电加热过程情况相同.搅棒必须是不良导热体,减少传导.搅拌马达最好能远离保温瓶口,以减少马达热辐射影响.加热器电阻丝应不与水溶液作用,最好是用铂丝或用康铜丝套以薄玻璃管.用贝克曼温度计测量温度变化.

2. 将 500 mL 室温下的蒸馏水注入容量为 750 mL 的保温瓶中,按图 B.3-2 装置好仪器,接上线路.将调好的贝克曼温度

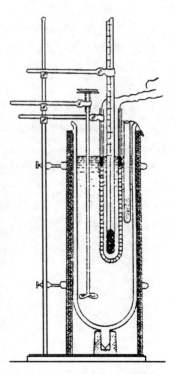

图 B.3-2 溶解热仪器装置

计放在加热器当中,用手仔细旋转搅棒,使之不与加热器或贝克曼温度计相碰,并用可变电阻将加热器调至功率约 $6 \sim 7\,\mathrm{W}$ 左右.

用锥形瓶准确称取预先烘干、磨细的 KNO_3 约 $12\,\mathrm{g}$,开动搅拌马达,每隔 $30\,\mathrm{s}$ 读一次温度,直到读数恒定在 $0.01\,℃$ 以内,达热平衡.记录水温 T_1,加入样品[①],盖好瓶盖,同时隔半分钟记录温度一次,直至最低值.合上电闸,开始加热,并按下停表,记录时间和电流.待温度上升到接近 T_1 时,拉开电闸,同时按停表,记录通电时间.待热平衡后,记录温度 T_1'.

3. 用同样方法依次加入另外 5 个样品,它们的质量约为 $12\,\mathrm{g}$、$12\,\mathrm{g}$、$5\,\mathrm{g}$、$6\,\mathrm{g}$、$8\,\mathrm{g}$.按同样步骤测定溶解过程和加热过程的时间和温度.

4. 利用数字式电阻测量仪准确测定实验所用加热器的电阻数值 R.

(四) 数据处理

1. 根据溶剂的质量和加入溶质的质量,求算溶液的浓度(以 n_0 表示).

2. 按(12)式求每次加入溶质时,体系所吸收的热量 Q.

3. 按每次积累的浓度和积累的热量求各种浓度下溶液的 n_0 和 Q_s.

4. 作 Q_s-n_0 图,求 n_0 分别为 200、150、100、80、50 时的微分冲淡热和微分溶解热,以及相邻两 n_0 间的 Q_d.

5. 若以经验方程 $Q_s = Q_s^0 \dfrac{an_0}{1 + an_0}$ 表示 Q_s 和 n_0 间的关系,试求出式中的常数 Q_s^0 和 a.

思　考　题

1. 由式(12)计算溶解热的平均偏差 $\mathrm{d}Q$.

2. 本实验中由于体系和环境的热交换,应如何校正?

参　考　资　料

1. 黄子卿. 物理化学, p.109, 北京:高等教育出版社(1956)

2. F. Daniels et al. Experimental Physical Chemistry, p.25, McGraw-Hill Book Company, New York (1975)

3. 戴维·P·休梅尔等著;俞鼎琼,廖代伟译. 物理化学实验(第 4 版), p.155, 北京:化学工业出版社 (1990)

4. [美] H. D. 克罗克福特等. 物理化学实验, p.124, 北京:人民教育出版社(1980)

5. 罗澄源. 物理化学实验(第 3 版), p.38, 北京:高等教育出版社(1992)

---

① 严格的操作应该将样品装在薄底玻璃管中,放在保温瓶中恒温,如图 B.3-2 所示.加样品时用玻璃棒戳破管底,样品溶入溶液.本实验采用 $25\,\mathrm{mL}$ 锥形瓶装样品,直接倒入.由减量法求出样品质量.

B.4 差 热 分 析

通过 $CuSO_4 \cdot 5H_2O$ 热分解以及 $AgNO_3$ 和 KCl 的固相反应的差热分析,掌握差热分析的一般原理,定性解释差热图,熟悉双笔自动平衡记录仪的使用方法.

(一) 原理

将某一物质进行加热或冷却,在这过程中,若有物相变化发生,比如发生熔化、凝固、晶型转变、分解、脱水等相变时,总伴随着有吸热或放热的现象.两种混合物若发生固相反应,也有热效应产生.在体系的温度-时间曲线上会发生顿、折(见实验 B.9),但在许多情况下,体系中发生的热效应相当小,不足以引起体系温度有明显的突变,从而曲线顿、折并不显著,甚至根本显不出来.在这种情况下,常将有物相变化的物质和一个基准物质(其在实验温度变化的整个过程中不发生相变,没有任何热效产生,如 Al_2O_3、MgO 等)在相同的条件下进行加热或冷却,一旦样品发生相变,则在样品和基准物之间产生温度差.测定这种温度差,用于分析物质变化的规律,称为差热分析.

实验时,将样品和基准物放在相同的直线加热条件下,如果样品没有发生变化,样品和基准物温度相同(如图 B.4-1 中 ab 段,此线亦称为基线),二者温差 ΔT 为零;若样品产生了吸热反应,则样品温度较基准物低,ΔT 不等于零,产生了吸热峰 bcd,反应后经热传导,样品和基准物间温度又趋一致(de 段).若样品发生放热反应,样品温度较基准物高,峰出现在基线另一侧.一般惯例规定吸热峰(亦称吸热谷,如 bcd)ΔT 为负,放热峰(如 efg)ΔT 为正.相变过程中 ΔT 由基线到极大值又回到基线,这种温差随时间变化的曲线称为差热曲线.图 B.4-1 中的示温曲线 b'c'e'f' 是插在样品中的热电偶指示样品温度随时间变化的曲线.当样品发生相变时,样品升温速度发生变化(假设自动平衡记录仪的两支笔无笔差,如 b'c'e'f' 所示),反应过后,又逐渐恢复到直线加热的速度.一般用峰开始时所对应的温度(如图 b'、e' 的温度)作为相变温度.但对很尖锐的峰也可以取峰的极大值所对应的温度.在实际测量中,由于样品与基准物的比热、导热系数、装填情况不可能相同,样品在测定过程中伴随反应也会发生膨胀或收缩等变化,还有两支热电偶的热电势也不一定完全等同,因而差热曲线的基线不一定与时间轴平行;而且峰前后基线也不一定在一条直线上.这时可按图 B.4-2 所示的方法确定峰的起点、终点和峰面积(阴影部分).

由差热曲线上峰的位置、方向、峰面积的大小和峰的数目等,可以得出在所测温度范围内样品发生变化所对应的温度、热效应的符号和大小以及发生热效应的次数等.从而,利用差热分析来确定物质相变温度、热效应大小,鉴别物质和进行相定性分析、相定量分析,以及得到一些动力学的参数等.差热分析被广泛地应用于科研和生产部门.现代成套的差热分析仪可以自动控制升温或降温速度,自动记录差热信号和基准物温度.它一般由电炉、温度控制器、保持体、差热信号放大器、双笔自动平衡记录仪、稳压电源等部分组成,还可以将信号直接输入计算机进行数据处理.

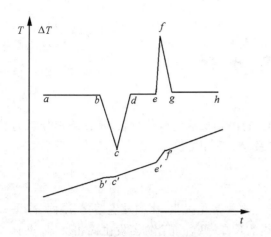

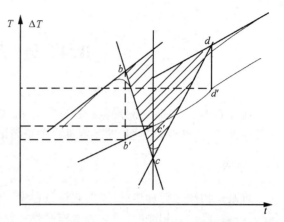

图 B.4-1　示温曲线和差热曲线示意图　　　图 B.4-2　差热峰的起点、终点和峰面积

(二) 仪器药品

$CuSO_4 \cdot 5H_2O(AR)$，$AgNO_3(AR)$，$KCl(AR)$，α-$Al_2O_3(AR)$，冰，Cd，苯甲酸，萘，Bi 等.
双笔自动平衡记录仪(量程 1 mV)，调压器，电炉(带盖)，热电偶，保温瓶，保持体，研钵.

(三) 实验步骤

1. 仪器装置

简单的差热分析装置如图 B.4-3 所示.

保持体用铜、生铁、不锈钢等材料做成，其必须是不发生变化的良导体.装样品和基准物用

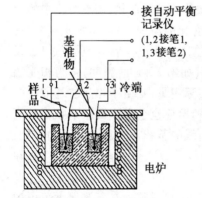

图 B.4-3　差热分析原理图

的两个孔要对称，尽可能有相同的受热条件，孔径尽可能小些以减少样品内部温度梯度.选择比热、导热系数尽可能与样品相近的物质作基准物.

差热曲线的形状与加热速度、样品量等有关.加热速度快，测定所需时间短、峰形尖锐，但有些相距较近的峰分不开，而且基线飘移明显，使所得的相变温度误差较大.升温速度慢时，相近的峰虽可分开，但峰矮而宽，峰不明显，也不利于确定相变温度.可根据不同要求和条件来选择合适的加热温度，一般选用 $7 \sim 12\ ℃ \cdot min^{-1}$.

对于固体样品，一般需研磨成细微颗粒，以改善导热状况.特别是对固相反应更要磨细(约 200 目)，使反应时间短、放热集中.另外,所使用的样品量与仪器的灵敏度有关.

本实验用 XWC-200/AB 型双笔自动平衡记录仪测绘差热和温度曲线.由于使用两支热电偶，在回路中加了电位器，以减少1,2点和1,3点热电势的相互影响并能调节输入记录仪信号大小.为调基线，又接了一个电池和开关，见图 B.4-4.

2. 按图 B.4-3 检查一下线路，将保温瓶装上冰水，将热电偶一端微热，利用记录仪指针移动方向判断温差 ΔT 的正负.

42

将两支热电偶分别套以玻璃套管并放入装有纯物质的同一试管中,接通笔 1、笔 2 电源开关,分别作Cd、Bi、苯甲酸、萘的步冷曲线(见实验 B.9).

3. 将基准物 α-Al_2O_3 装入保持体的一个孔中,$CuSO_4 \cdot 5H_2O$ 装入另一孔中,置保持体于坩埚电炉中心,插好热电偶(示温热电偶插在样品孔),盖好炉盖减少空气对流.接通记录仪,接通电池开关 K,调整示差(笔 2)基线位置.由调压变压器通电加热,加热速度控制在 $10\,^{\circ}\!\mathrm{C} \cdot \mathrm{min}^{-1}$ 左右,加热到 $320\,^{\circ}\!\mathrm{C}$,切断电炉电源,将保持体取出冷却,冷却后将样品刷净.

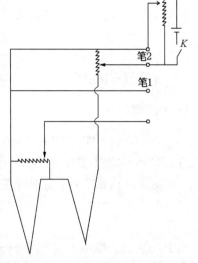

4. 将 $AgNO_3$ 与 KCl 等摩尔混合(共约 4 g)磨细,仍以 α-Al_2O_3 为基准物.将笔 2 基线位置调至记录仪右侧适当位置,按上述操作做 $AgNO_3$ 和 KCl 混合物的差热分析,加热到 $190\,^{\circ}\!\mathrm{C}$.实验完后将 K 关掉,刷净保持体.

5. 记录测定条件、样品名称、规格、粒度、基准物、记录纸速度、室温、大气压等.

图 B.4-4　双笔自动平衡记录仪示意图

(四) 数据处理

1. 作示温用的热电偶工作曲线,在记录纸上标出吸热峰或放热峰的开始温度,峰谷(或峰顶)温度以及峰终止温度.

2. 解释样品在加热过程中发生物理、化学变化情况,写出反应方程式.

3. 根据差热曲线峰面积,比较 $CuSO_4 \cdot 5H_2O$ 脱水时几步热效应的相对大小.

思　考　题

1. 差热曲线的形状与哪些因素有关?为什么差热峰的位置往往不刚好等于能发生相变的温度?影响差热分析结果的主要因素是什么?

2. 保持体在实验中起什么作用?其大小对差热曲线有何影响?

3. 根据实验结果,推测 $CuSO_4 \cdot 5H_2O$ 中 5 个 H_2O 的结构状态.

4. 若示温热电偶插在基准物内升温曲线形状将如何?

5. 大气压,特别是空气温度对 $CuSO_4 \cdot 5H_2O$ 的差热分析有无影响?

参　考　资　料

1. M. I. Pope et al. Differential Thermal Analysis, A Guide to the Technique and Its Applications, Heyden, London (1977)

2. Л. Г. Берг. Введение в Термографие, Издательство Академии Наук СССР Москва (1961)

3. 复旦大学等编.物理化学实验, p.49, 北京:人民教育出版社 (1979)

B.5 液体饱和蒸气压的测定

采用静态法测定 CCl_4 在不同温度下的饱和蒸气压,并求其平均摩尔气化热.

(一) 原理

在一定的温度下,气液平衡时的蒸气压叫做饱和蒸气压,蒸发 1 mol 液体所需要吸收的热量,即为该温度下液体的摩尔气化热.

蒸气压随着热力学温度的变化率服从克拉贝龙方程,即

$$\frac{dp}{dT} = \frac{\Delta_l^g H_m}{T[V_m(g) - V_m(l)]} \tag{1}$$

式中:$\Delta_l^g H_m$ 为摩尔气化热,$V_m(g)$ 为气体的摩尔体积,$V_m(l)$ 为液体的摩尔体积.

若气体可以看做是理想气体,和气体的体积相比,液体体积可以忽略;又设在不大的温度间隔内,摩尔气化热可以近似地看做常数,则上式积分可得

$$\lg(p_2/p_1) = \frac{\Delta_l^g H_m}{2.303R} \times \frac{T_2 - T_1}{T_1 T_2} \tag{2}$$

或

$$\lg(p/p^\ominus) = -\frac{\Delta_l^g H_m}{2.303RT} + B \tag{3}$$

$$\lg(p/p^\ominus) = -\frac{A}{T} + B \tag{4}$$

式中:R 为摩尔气体常数,B 为积分常数,$A = \Delta_l^g H_m/2.303R$.

上面 3 个公式都是克拉贝龙-克劳修斯方程的具体形式.这些公式对气-液平衡极有用.若以升华热代替气化热,对固-气平衡也适用.

测定饱和蒸气压常用的方法有两类:

(1) 动态法.其中常用的有饱和气流法,即通过一定体积的已被待测液体所饱和的气流,用某物质完全吸收,然后称量吸收物质增加的质量,求出蒸气的分压力.

(2) 静态法.把待测物质放在一个封闭体系中,在不同的温度下,直接测量蒸气压或在不同外压下,测液体的沸点.本实验采用静态法.

(二) 仪器药品

CCl_4 等.

温度-压力测定仪,循环水流泵,1/10 刻度温度计,电磁搅拌器,电加热器.

(三) 实验步骤

1. 仪器装置

平衡管(图 B.5-1)由 3 个相连的玻璃管 a、b 和 c 组成.a 管中储存液体.b 和 c 管中液体在底部连通.当 a、c 管的上部纯粹是待测液体的蒸气,b 管与 c 管中的液面在同一水平时,则

表示加在 c 管液面上的蒸气压与加在 b 管液面上的外压相等.此时液体的温度即体系的气液平衡温度,亦即沸点.

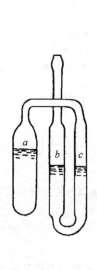

图 B.5-1　平衡管

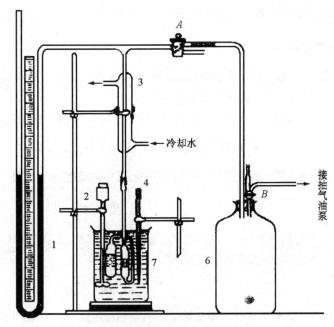

图 B.5-2　蒸气压测定仪装置图

蒸气压测定装置如图 B.5-2 所示.平衡管 5 与冷凝管 3 通过玻璃磨口相连,接口要严密,以防止外部冷凝水渗入和漏气;冷凝管左通压力计 1,右通缓冲瓶 6.缓冲瓶上另有两个活塞 A、B,一通大气,一通抽气泵,可以控制.2 为加热器,4 为 1/10 刻度温度计,7 为 1000 mL 大烧杯.

平衡管中的液体可用下法装入:将干净的平衡管放在烘箱中或煤气灯上烘热,赶出管内部空气,将液体自 b 管的管口灌入.管子冷却后,部分液体可以流入 a 管.然后将平衡管与抽气系统按图 B.5-2 连好,加热、抽气,减低 a 管中之压力 40~50 kPa(30~40 cm 汞柱),再借大气压力将液体压入 a 管.一次不成,多抽两次,使液体灌至 a 管高度的 2/3 为宜.

2. 将仪器按图 B.5-2 装好后,打开油泵,再开缓冲瓶上接油泵的活塞,使体系压力减低 50 kPa.关闭通油泵之活塞,隔数分钟,看水银压力计高度是否改变,以检查仪器是否漏气.

3. 测大气压下的沸点. 使体系与大气相通,将水浴加热(注意平衡管一定要全部没入水中),平衡管中有气泡产生,空气与蒸气被排除.直到水浴温度达 80 ℃ 左右,在此温度加热数分钟,即可以把平衡管中的空气赶净.然后,停止加热,不断搅拌.温度下降至一定程度,b 管中气泡开始消失,c 管液面就开始上升,同时 b 管液面下降.此时要特别注意,当两管的液面一旦达到同一水平时,立即记下此时的温度(即沸点)和大气压力.

重复赶气再测定两次大气压下的沸点,若三次结果一致,就可以进行下面的实验.

4. 大气压下的实验作完后,为了防止空气倒灌入 a 管(此点非常重要),立即关闭通往大气的活塞.先开油泵,再开通油泵的活塞,使体系减压约 6.7 kPa(5 cm 汞柱),此时液体重又沸腾.关闭活塞 B,让其继续冷却.不断搅拌.如上,至 b 和 c 管液面等高时,立即记录温度和压力计两臂之水银柱的高度.

5. 继续实验,每次再减压约 6.7 kPa(5 cm 汞柱).直到两臂相差 50 kPa(40 cm 汞柱)时,停止实验.此时再读一次大气压力.

(三) 数据处理

1. 将温度、压力数据列表,做温度、压力校正.算出不同温度的饱和蒸气压.

2. 作蒸气压-温度的光滑曲线.

3. 作 $\lg(p/p^{\ominus})$-$1/T$ 图,求出斜率 $-A$ 及截距 B. 将 p 和 T 的关系写成如下的形式 $\lg(p/p^{\ominus}) = -\dfrac{A}{T} + B$,求在此图中当外压为 100.0 kPa 或 101.3 kPa(1 atm)时的沸点.

4. 计算平均摩尔气化热.计算气化熵并与褚鲁统规则比较[①].

思　考　题

1. 为什么平衡管 a、c 中的空气要赶净? 怎样判断它已经赶净? 在实验过程中如何防止空气倒灌?

2. 本实验的主要系统误差有哪些?

提　　示

1. 压力测量常采用 U 型管汞压力计,其精度可达 13.3 Pa(0.1 mm Hg),也可采用压力数字显示仪.采用压力探头,用数字显示.

2. 平衡管的种类,除本实验所用的外,还有以下几种结构,它们各有优缺点.

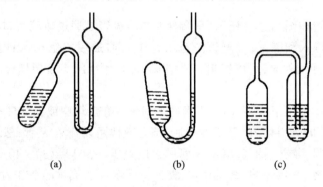

(a)　　　　　　　(b)　　　　　　　(c)

图 B.5-3　平衡管的类型

参　考　资　料

1. A. W. Davison, et al. Laboratory Manual of Physical Chemistry, p. 13, John Wiley & Sons, Inc., New York (1956)

2. 戴维·P·休梅尔等著;俞鼎琼,廖代伟译.物理化学实验(第 4 版),p.205,北京:化学工业出版社 (1990)

---

① 褚鲁统规则:在正常的沸点下,各正常液体的摩尔熵是相同的,即 $\Delta S = 88$ J·mol^{-1}·K^{-1}.

B.6 凝固点降低法测摩尔质量

测定苯的凝固点下降值,计算萘的摩尔质量.通过实验掌握凝固点降低法测量原理和贝克曼温度计的使用方法.

(一) 原理

稀溶液具有依数性,凝固点降低是依数性的一种表现.

稀溶液的凝固点降低(对析出物为纯固相溶剂的体系)与溶液成分的关系为

$$\Delta T_f = \frac{R(T_f^*)^2}{\Delta_l^s H_m} x_2 \tag{1}$$

式中:ΔT_f 为凝固点降低值;T_f^* 为以热力学温度表示的纯溶剂的凝固点;$\Delta_l^s H_m$ 为摩尔凝固热;x_2 为溶液中溶质的摩尔分数.

上式若以溶剂和溶质的物质的量 n_1 和 n_2 表示,则

$$\Delta T_f = \frac{R(T_f^*)^2}{\Delta_l^s H_m} \times \frac{n_2}{n_1 + n_2}$$

当溶液很稀时 $n_2 \ll n_1$,则

$$\Delta T_f = \frac{R(T_f^*)^2}{\Delta_l^s H_m} \times \frac{n_2}{n_1} = \frac{R(T_f^*)^2}{\Delta_l^s H_m} \times \frac{M_1}{1000} m_B = K_f m_B \tag{2}$$

式中:m_B 为质量摩尔浓度;$K_f = \dfrac{R(T_f^*)^2}{\Delta_l^s H_m} \times \dfrac{M_1}{1000}$,称为凝固点降低常数.不同溶剂的 K_f 不同,下表给出部分溶剂的常数值.

表 B.6-1   部分溶剂的凝固点降低常数值

溶剂	水	醋酸	苯	环己烷	环己醇
T_f^*/K	273.15	289.75	278.65	279.65	297.05
$K_f/(K \cdot kg \cdot mol^{-1})$	1.86	3.90	5.12	20	39.3

若已知某种溶剂的凝固点降低常数 K_f,并测得该溶液的凝固点降低值 ΔT_f、溶剂和溶质的质量 m_1、m_2,就可通过下式计算溶质的摩尔质量 M_2

$$M_2 = K_f \frac{1000 m_2}{\Delta T_f m_1} \tag{3}$$

凝固点降低值的多少,直接反映了溶液中溶质有效质点的数目.由于溶质在溶液中有离解、缔合、溶剂化和络合物生成等情况,这些均影响溶质在溶剂中的表观摩尔质量.因此凝固点降低法可用来研究溶液的一些性质,例如,电解质的电离度、溶质的缔合度、活度和活度系数等.

通常测凝固点的方法是将已知浓度的溶液逐渐冷却成过冷溶液,然后促使溶液结晶;当晶

体生成时,放出的凝固热使体系温度回升,当放热与散热达成平衡时,温度不再改变,此固-液两相达成平衡的温度,即为溶液的凝固点.本实验要测纯溶剂和溶液的凝固点之差.对纯溶剂来说,只要固-液两相平衡共存,同时体系的温度均匀,理论上各次测定的凝固点应该一致.但实际上会有起伏,因为体系温度可能不均匀,尤其是过冷程度不同,析出晶体多少不一致时,回升温度不易相同.对溶液来说除温度外,尚有溶液的浓度问题.与凝固点相应的溶液浓度,应该是平衡浓度.但因析出溶剂晶体数量无法精确得到,故平衡浓度难以直接测定.由于溶剂较多,若控制过冷程度,使析出的晶体很少,以起始浓度代替平衡浓度,一般不会产生太大误差.所以要使实验做得准确,读凝固点温度时,一定要有固相析出达固液平衡,但析出量愈少愈好.因为根据相图,二元溶液冷却时,某一组分析出后,溶液成分沿液相线改变,凝固点不断降低.由于过冷现象存在,当晶体一旦大量析出,放出凝固热会使温度回升,但回升的最高温度,不是原浓度溶液的凝固点.严格而论,应测出步冷曲线,并按图 B.6-2(b) 所示方法,外推至低值加以校正.对纯溶剂冷凝情况,可参看图 B.6-2(a).

(二) 仪器药品

苯(AR),萘(AR),冰,食盐(AR).
凝固点测定仪,温度测量仪,普通温度计,烧杯,试管,25 mL 移液管,放大镜,称量瓶.

(三) 实验步骤

1. 仪器装置

仪器的装置如图 B.6-1 所示.A 是盛溶液的内管,它隔着空气套管 B 放在冰槽 C 中,在内管 A 中放有贝克曼温度计 D 和玻璃搅棒 E,F 是指示冰槽温度的温度计,G 是冰槽搅棒,在内管 A 上方还有一个用来加入溶质和晶种的小支管 H.将仪器洗净烘干.按图装好仪器.使搅棒 E 能自由操作,不碰温度计的水银球.冰槽中放适量的冷水和碎冰,冰槽温度经常保持在 $2\sim3$ ℃ 之间.

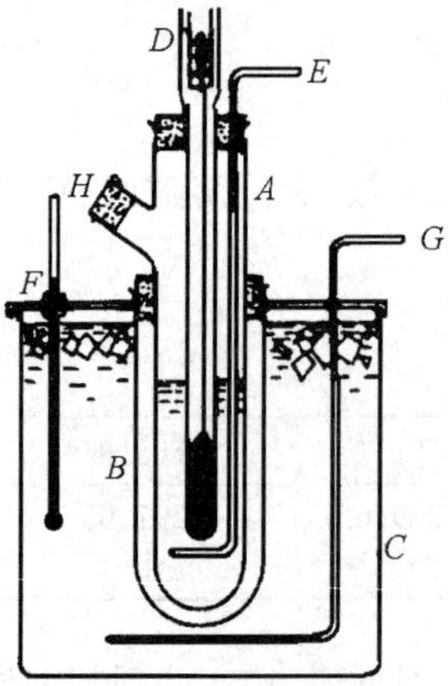

图 B.6-1　凝固点降低
实验装置图

2. 调整贝克曼温度计,方法见 C.1-三.

3. 在室温下,用移液管移取 25.00 mL 苯,自上口加入 A 管中.调整贝克曼温度计的位置,使其水银球全部淹没在苯液中.

4. 溶剂凝固点的测定

欲使固相析出量少,就应控制过冷程度,本实验采用加晶种的办法控制①.以搅棒 E 搅动苯液,使温度逐渐降低,当温度降低到最低点之后,温度开始回升,说明此时晶体已在析出.直到温度升至最高,在一段时间内恒定不变.记下最低温度和恒定时的温度,此两者皆可作为加晶种的参考温度.

取出内管 A,以手捂住管壁下部片刻或以手抚拭,同时不断搅拌,使晶体熔化(注意:不要使体系温度升的过高,以便后面的实验顺利进行,取得较好的结果).将内管放入套管,慢慢搅

---

① 也可以用留晶种的方法:即在晶体熔化时,不让晶体全部熔完,留少量晶体在管壁上;待体系冷至粗测温度时,再将其拨下.

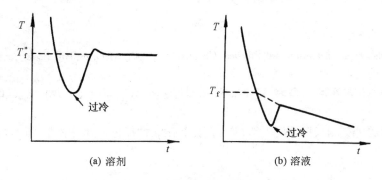

图 B.6-2　溶剂和溶液的冷却曲线

动使温度逐渐降低,至上一次测定的平衡温度(或比最低温度高约 0.05℃,视降温速度自行掌握)时,自支管加入少量晶种,继续搅拌,待温度回升后,记下最低温度与平衡温度.如此再测数次,过冷温度控制在 0.2℃ 以内,使凝固点之平均偏差不超过 0.006℃.将最后三次测得值取平均值作为凝固点.

5. 溶液凝固点的测定

准确称取 0.2～0.3 g 已经压片的纯萘.由上口投入内管 A 中.待溶解后,用(4)中方法测定溶液的凝固点.应记录最高与最低温度,在温度回升至最高温度之后观察不到温度恒定一段时间的现象(为什么?).

在测定过程中,析出的晶体要尽可能少.

(四) 数据处理

1. 用式 $\rho_t = \rho_0 - 1.0636\times 10^{-3}t$ 计算所用苯的质量.式中:ρ_t 系温度为 t(℃)时苯的密度 (g·cm^{-3}),ρ_0 系 0℃ 时苯的密度(0.9001 g·cm^{-3}).

2. 将所得数据列表,并计算萘在苯中的摩尔质量,判断萘在苯中存在形式.

3. 计算测量结果的相对偏差(分别用平均偏差和标准偏差表示).

思　考　题

1. 当溶质在溶液中有离解、缔合和生成络合物的情况下,对摩尔质量测定值的影响如何?
2. 估算由于加入晶种而引起的系统误差.
3. 根据什么原则考虑加入溶质的量,太多或太少影响如何?
4. 冰槽温度调节到 2～3℃,过高或过低有什么不好?
5. 在本实验中搅拌的速度如何控制?太快或太慢有何影响?
6. 请估算由于采用稀溶液的近似公式而引入的系统误差有多少?

提　示

1. 如不用外推法求溶液的凝固点,则 ΔT 一般都偏高.所测得的萘摩尔质量在 124～128 g·mol^{-1} 之间.
2. 高温、高湿季节不宜作此实验,因水蒸气易进入体系中,造成测量结果偏低.应使用无水的苯.
3. 冰槽 C 可用保干器代替,外加木盖.
4. 可采用溶剂水和尿素(其浓度为 1%)代替本实验体系.

49

参 考 资 料

1. F. Daniels　et al. Experimental Physical Chemistry, p. 87, McGraw-Hill Book Company, New York (1975)

2. 戴维·P·休梅尔等著;俞鼎琼,廖代伟译. 物理化学实验(第 4 版), p. 170, 北京:化学工业出版社 (1990)

3. 傅献彩,沈文霞,姚天扬. 物理化学(第 4 版),上册, p. 271, 北京:高等教育出版社(1990)

B.7　偏摩尔体积的测定

准确配制不同浓度的 NaCl 溶液,通过测定溶液的密度,求算其偏摩尔体积.

(一) 原理

在 T、p 不变的 A、B 两组分溶液中,如 A 组分的物质的量为 n_A,B 组分的物质的量为 n_B,则溶液的任何广度性质(Y)可表示为

$$dY = \left(\frac{\partial Y}{\partial n_A}\right)_{T,p,n_B} dn_A + \left(\frac{\partial Y}{\partial n_B}\right)_{T,p,n_A} dn_B = Y_A dn_A + Y_B dn_B \tag{1}$$

积分上式,得

$$Y = n_A Y_A + n_B Y_B \tag{2}$$

定义表观摩尔体积 Φ_V 为

$$\Phi_V = \frac{V - n_A V_A^*}{n_B} \tag{3}$$

式中:V 为溶液体积;V_A^* 为 T、p 不变下,纯 A 的摩尔体积.

方程(3)式可变为

$$V = n_B \Phi_V + n_A V_A^* \tag{4}$$

(4)式对 n_B 偏微商,得

$$V_B = \left(\frac{\partial V}{\partial n_B}\right)_{T,p,n_A} = \Phi_V + n_B\left(\frac{\partial \Phi_V}{\partial n_B}\right)_{T,p,n_A} \tag{5}$$

以 V_B, V_A, V 代替(2)式中的 Y_B, Y_A, Y,则

$$V_A = \frac{V - n_B V_B}{n_A} \tag{6}$$

结合(4),(5),(6)三式,得

$$V_A = \frac{1}{n_A}\left[n_A V_A^* - n_B^2\left(\frac{\partial \Phi_V}{\partial n_B}\right)_{T,p,n_A}\right] \tag{7}$$

在已知 n_A、n_B 和摩尔质量 M_A、M_B 及溶液密度 ρ 的情况下,由(7)式可计算 V_A,因为

$$V = \frac{n_A M_A + n_B M_B}{\rho} \tag{8}$$

将(8)式代入(3)式,得

$$\Phi_V = \frac{1}{n_B}\left[\frac{n_A M_A + n_B M_B}{\rho} - n_A V_A^*\right] \tag{9}$$

采用质量摩尔浓度 m_B,令式中 $n_B = m_B$,$n_A = \frac{1000}{M_A}$,则(9)式变为

$$\Phi_V = \frac{1}{m_B}\left[\frac{1000 + m_B M_B}{\rho} - \frac{1000}{M_A/V_A^*}\right] \tag{10}$$

在 T、p 不变时,纯 A 的密度

$$\rho_A^* = \frac{M_A}{V_A^*}$$

则(10)式最后可表示为

$$\Phi_V = \frac{1}{m\rho\rho_A^*}(\rho_A^* - \rho) + \frac{M_B}{\rho} \tag{11}$$

由(7)式求 V_A 时,其中$(\partial\Phi_V/\partial n_B)$要通过作 Φ_V-n_B 图求微商而得,但 Φ_V-n_B 并非线性关系. 德拜-休克尔(Debye-Hückel)证明,对于强电解质的稀水溶液,Φ_V 随 $\sqrt{m_B}$ 有线性关系,故可作如下变换

$$\left(\frac{\partial\Phi_V}{\partial n_B}\right)_{T,p,n_A} = \left(\frac{\partial\Phi_V}{\partial m_B}\right)_{T,p,n_A} = \left(\frac{\partial\Phi_V}{\partial\sqrt{m_B}} \times \frac{\partial\sqrt{m_B}}{\partial m_B}\right)_{T,p,n_A} = \frac{1}{2\sqrt{m_B}}\left(\frac{\partial\Phi_V}{\partial\sqrt{m_B}}\right)_{T,p,n_A}$$
$$\tag{12}$$

可作 Φ_V-$\sqrt{m_B}$ 图,该图为直线,其直线斜率为$\left(\partial\Phi_V/\partial\sqrt{m_B}\right)$.

因此,不仅可用(7)式求 V_A,还可通过(5)式求 V_B. 在计算过程中应注意:$n_B = m_B$,$n_A = 1000/M_A$(M_A 为 A 的摩尔质量).

(二) 仪器药品

NaCl(AR).

恒温槽,100 mL 磨口锥形瓶,5 mL 比重管.

(三) 实验步骤

1. 配制溶液

用 100 mL 磨口锥形瓶,准确配制质量分数分别为 18%、13%、8.5%、4%、2% 的 NaCl 溶液约 50 mL. 先称量锥形瓶,小心加入适量的 NaCl,再称量. 用量筒加入所需之蒸馏水后称量. 由减量法分别求出 NaCl 和水的质量,并求出它们的质量分数.

2. 用比重管测溶液的密度

洗净吹干(或用乙醇洗比重管后,再用水泵抽干)比重管. 称量空管,装蒸馏水,并在 25℃ 下恒温(应比室温至少高 5℃). 调刻度,取出并擦干比重管,再称量,重复以上操作,使称量重复至 ±0.2 mg.

用同法测 5 个溶液的质量. 均应重复 3 次,重复至 ±0.2 mg.

(四) 数据处理

1. 由实验温度下水的质量和密度数据,计算比重管的体积和溶液的密度.

2. 计算各溶液的质量摩尔浓度 m_B.

3. 由溶质摩尔质量 M_B 和溶液的密度 ρ,用(11)式求 Φ_V.

4. 作 Φ_V-$\sqrt{m_B}$ 直线图,由斜率求$\dfrac{\partial\Phi_V}{\partial m_B} = \dfrac{1}{2\sqrt{m_B}}\left(\dfrac{\partial\Phi_V}{\partial\sqrt{m_B}}\right)$.

5. 由(5)式和(7)式求 V_B 和 V_A.

思　考　题

1. 为何不直接用 $\left(\dfrac{\partial \Phi_V}{\partial m_B}\right)$，而用 $\left(\dfrac{\partial \Phi_V}{\partial \sqrt{m_B}}\right)$ 求 V_B？

2. 为什么本实验的称量精度要求那么高？

提　　示

1. 溶液最好现配现用，最多不得超过 4 天.

2. 式(5)中第一项 Φ_V，可用 $\Phi_V - \sqrt{m_B}$ 直线中读出，这种数据"匀整"的处理方法，能消除一部分测量的偶然误差，以改进数据的分散性.

参　考　资　料

1. 傅献彩,沈文霞,姚天扬.物理化学(第 4 版),p.154,北京:高等教育出版社(1990)

2. [美]H.D.克罗克福特等.物理化学实验,p.80,北京:人民教育出版社(1982)

3. [美]John M. 怀特.物理化学实验,p.222,北京:人民教育出版社(1981)

B.8 双液体系沸点-成分图的绘制

采用回流冷凝法测定不同浓度的环己烷-乙醇体系的沸点和气、液两相平衡成分.绘制沸点-成分图,并确定体系的最低恒沸点和相应的组成.正确掌握阿贝折射仪的使用方法.

(一) 原理

一个完全互溶双液体系的沸点-成分图,表明在气、液二相平衡时,沸点和二相成分间的关系;它对于了解这一体系的行为及分馏过程都有很大的实用价值.

在恒压下完全互溶双液体系的沸点与成分关系有下列三种情况:

(1) 溶液沸点介于二纯组分之间,如苯与甲苯;

(2) 溶液有最高恒沸点,如卤化氢和水、丙酮与氯仿、硝酸与水等;

(3) 溶液有最低恒沸点,如环己烷与乙醇、水与乙醇等.

图 B.8-1 表示有最低恒沸点体系的沸点-成分图.图中:$A'LB'$代表液相线,$A'VB'$代表气相线.等温的水平线段和气、液相线的交点表示在该温度时互成平衡的二相的成分.

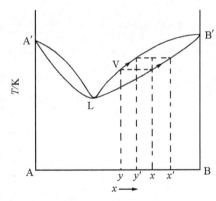

图 B.8-1 沸点-成分图

绘制沸点-成分图的简单原理如下:当总成分为 x 的溶液开始蒸馏时,体系的温度沿虚线上升,开始沸腾时成分为 y 的气相生成,若气相量很少,x、y 二点即代表互成平衡的液、气二相成分.继续蒸馏,气相量逐渐增多,沸点沿虚线继续上升,气、液二相成分分别在气相线和液相线上沿箭头指示方向变化.当二相成分达到某一对数值 x' 和 y',维持二相的量不变,则体系气、液二相又在此成分达成平衡,而二相的物质数量按杠杆原理分配.

从相律来看,对二组分体系,当压力恒定时,在气、液二相共存区域中,自由度等于1,若温度一定,气、液二相成分也就确定.当总成分一定时,由杠杆原理知,二相的相对量也一定.反之,在一定的实验装置中,利用回流的方法保持气、液二相的相对量一定,则体系温度也恒定.待二相平衡后,取出二相的样品,用物理方法或化学方法分析二相的成分,给出在该温度下气、液二相平衡成分的坐标点;改变体系的总成分,再如上法找出另一对坐标点.这样测得若干对坐标点后,分别按气相点和液相点连成气相线和液相线,即得 T-x 平衡图.

成分的分析均采用折射率法.阿贝折射仪原理及使用方法见 C.4.

(二) 仪器药品

环己烷,乙醇.

恒沸点仪,阿贝折射仪,变压器,4 Ω 电阻丝,(1/10)刻度温度计,试管,小滴瓶,5 mL 带刻度移液管.

（三）实验步骤

1. 沸点和两相成分的测定

洗净、烘干蒸馏瓶,然后加入 20 mL 乙醇,按图 B.8-2 装好仪器,温度计的水银球 1/2 浸入液体内,冷凝管 C 通入冷水.将电阻丝接在输出电压 12.6 V 的变压器上,使温度升高并沸腾.待温度稳定后数分钟,记下温度及大气压.切断电源,用两支干净的滴管,分别取出支管 D 处的气相冷凝液和蒸馏瓶中的液体几滴,立即测定其折射率(重复 3 次).

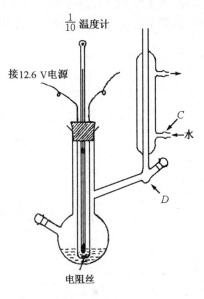

图 B.8-2　恒沸点仪

蒸馏瓶中加入 1 mL 环己烷,按前方法测其沸点及气、液两相折射率.再依次分别加入 1 mL,2 mL,3 mL,3 mL,4 mL 和 5 mL 的环己烷,作同样实验.

如果样品来不及分析,可将样品放入带有标号的小试管中,用包有锡纸的塞子塞严,放在冰水中(防止挥发).有空时再测折射率.

上述实验结束后,回收母液,用少量环己烷洗 3～4 次蒸馏瓶,注入 20 mL 环己烷,再装好仪器,先测定纯环己烷的沸点,然后依次加入 0.2 mL,0.2 mL,0.5 mL,0.5 mL,2 mL,5 mL,5 mL 的乙醇,分别测定它们的沸点及气、液两相样品的折射率.

2. 标准工作曲线绘制

欲知气、液两相乙醇(或环己烷)的质量分数,需要作一标准工作曲线(折射率-成分图),用内插法在图上找出折射率所对应的成分.

不同质量分数溶液的配制方法如下:洗净并烘干 8 个小滴瓶,冷却后准确称量其中的 6 个.然后用带刻度的移液管分别加入 1 mL,2 mL,3 mL,4 mL,5 mL,6 mL 的乙醇,分别称其质量,再依次分别加入 6 mL,5 mL,4 mL,3 mL,2 mL,1 mL 的环己烷,再称量.旋紧盖子后摇匀.另外两个空的滴瓶中分别加入纯环己烷与乙醇.

在恒温下分别测定这些样品的折射率.

（四）数据处理

1. 以折射率为纵坐标,乙醇质量分数为横坐标,作出工作曲线,在工作曲线上找出各样品的成分.

2. 将气、液两相平衡时的沸点、折射率、成分等数据列表.

3. 作沸点-气、液成分图,并求出最低恒沸点及相应的恒沸混合物的成分.

思　考　题

1. 在本实验中,气、液两相是怎样达成平衡的? 若冷凝管 D 处体积太大,对测量有何影响?

2. 平衡时气、液两相温度应该不应该一样? 实际是否一样? 怎样防止温度的差异?

3. 查乙醇或环己烷在不同温度的折射率数据,估算其温度系数,如不恒温,对折射率的数据影响如何?

参 考 资 料

1. A. W. Davison et al. Laboratory Manual of Physical Chemistry, p. 97, John Wiley & Sons, Inc., New York (1956)

2. 傅献彩,沈文霞,姚天扬.物理化学(第 4 版),上册,p.144 及 314,北京:高等教育出版社(1990)

3. 顾菡珍,叶于浦.相平衡和相图基础,北京大学出版社(1991)

B.9 二组分合金体系相图的绘制

测定 Cd-Bi 合金的步冷曲线,绘制其相图并确定低共熔点及相应的组成.了解热分析法测量原理,掌握热电偶的使用和校正.

(一) 原理

液相完全互溶的二组分体系,在凝固时有的能完全互溶成固溶体,如 Cu-Ni,溴苯-氯苯;有的部分互溶,如 Pb-Sn;而有的互溶度很小可以忽略,如很多有机化合物.本实验所研究的 Cd-Bi 是液相完全互溶,而固相完全不互溶的体系.表示其"组分-温度"关系的相图,如图 B.9-1(a)所示.

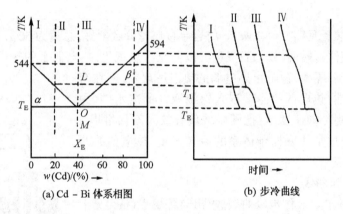

(a) Cd – Bi 体系相图   (b) 步冷曲线

图 B.9-1 相图与冷却曲线

L 为液相区,β 为纯 Cd(固)和液相共存的二相区;α 为纯 Bi 和液相共存的二相区
水平线段表示 Cd、Bi 和液相共存的三相共存线;M 为纯 Bi、纯 Cd 共存的二相区;O 为低共熔点

固、液平衡相图可用热分析方法测定,即利用步冷曲线的形状来决定相图的相界.图 B.9-1(b)即是相应于不同成分下的冷却曲线的形状.

曲线(Ⅰ)系纯组分 Bi 的步冷曲线,它由两段曲线及一水平线段组成.冷却速度决定于体系的热容、散热情况、体系和环境的温差、相变等因素.若冷却时体系的热容、散热情况等基本相同,体系温度下降的速度可表示为

$$-\frac{\mathrm{d}T}{\mathrm{d}t} = K(T_{体} - T_{环})$$

式中:T 表示温度,t 表示时间,$T_{体}$ 和 $T_{环}$ 分别表示体系和环境的温度,K 为一个与热容、散热情况等有关的常数.当体系逐渐冷却,$(T_{体} - T_{环})$ 变小,因此温度下降速度逐渐变慢,成为一凹形曲线;而至凝固点时,固、液二相平衡,自由度为 0,温度不变,出现水平线段;待体系全部凝结变为固体后,又和液体冷却情况一样,成凹形曲线.

曲线Ⅲ系低共熔体的冷却曲线,它的形状和曲线Ⅰ相似.水平线段的出现是因为当到 T_{E}

时析出固体,这时 Cd、Bi 和液相三相共存,体系自由度为 0,温度不变.

曲线 Ⅱ 和曲线 Ⅲ 不同之处在于,当温度冷却到 T_1 时有纯 Bi 相析出,此时液体成分沿液相线改变,同时放出凝固热,使体系冷却速度变慢,曲线陡度变小.随着温度进一步下降,晶体析出量慢慢减少,所以该曲线下半段较陡,成凸状.当温度降至 T_E 时,出现三相共存,曲线出现平台.当液相完全消失后,温度又开始下降,曲线又呈凹形.

一般说来,根据冷却曲线即可定出相界,但是对复杂相图还必须有其他方法配合,才能画出相图.

(二) 仪器药品

Cd,Bi,Sn,苯甲酸(AR)

硬质试管,石棉坩埚,热电偶,万用表,保温瓶,煤气灯.

(三) 实验步骤

1. 仪器装置

本实验仪器装置见图 B.9-2 所示.将合金按质量分数配好,总量为 50 g,装入硬质玻璃管 4 中,管内加少量液体石蜡油(或加石墨粉),以防止金属氧化.热电偶 1 的热端不能直接插入合金中,要用玻璃套管隔离.为防止热电偶的热滞后现象,应在套管内加少量石蜡油.热电偶的冷端浸入保温瓶 3 的冰水中.为使加热均匀和控制冷却速度,可把硬质玻璃管放入石棉坩埚 2 中.石棉坩埚可通过加热来控制体系的冷却速度.热电偶的两根引线接在万用表上.

2. 作标准工作曲线

用苯甲酸、Sn、Bi、Cd 作步冷曲线,求出与各熔点(mp,见下表)对应的毫伏数(即步冷曲线平台所对应的毫伏数).

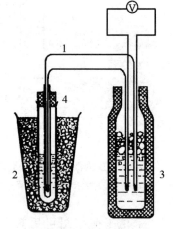

	苯甲酸	Sn	Bi	Cd
mp/K	395.15 (122℃)	505.11 (231.96℃)	544.4 (271.3℃)	594.05 (320.9℃)
相应的毫伏数				

图 B.9-2　热分析装置图

3. 作各种组分合金的步冷曲线

将含 Cd 为 10%,20%,40%,60%,80% 的 Cd-Bi 合金分别装入硬质试管中,加入约 1 mL 液体石蜡,插入附有套管的热电偶温度计,放在石棉坩埚中,用煤气灯加热至合金熔化,每隔半分钟记录一次毫伏数,然后再作温度(即由毫伏数换算)-时间图.

(四) 数据处理

1. 将苯甲酸、Sn、Bi、Cd 步冷曲线的平台所对应的毫伏数与熔点作图,画出毫伏数和温度关系的标准工作曲线.

2. 找出各种组成合金的步冷曲线上转折点,并用标准工作曲线定出它们的温度.

3. 根据各转折点的温度及合金的成分,绘制 Cd-Bi 体系相图,确定低共熔点及其成分.

思 考 题

1. 图 B.9-1(b)中曲线(Ⅰ),(Ⅱ),(Ⅲ)有什么相同和差别?
2. 请从相律阐明各冷却曲线的形状.
3. 为什么能用步冷曲线来确定相界?

提 示

1. 热电偶的端点应插在样品的中央部位,否则因受环境的影响,步冷曲线的"平台"将不明显.

平台不明显的原因还有:样品不纯;冷却速度不合适(太快或太慢);样品量不够.金属样品,三级纯可满足要求,但要防止在使用中引入杂质.

2. 热电偶的使用见 C.1-四.本实验可采用镍铬-镍铝,或镍铬-镍硅热电偶,直径∅0.5 mm,长 80 cm.热电偶可套以双孔瓷管(∅2 mm)加以绝缘.如采用∅1 mm 铠装热电偶则更加方便.

3. 可用煤气灯或酒精灯直接加热样品.但应用小火均匀加热,否则试管易裂.

参 考 资 料

1. 庞天海.二元系统相图的步冷曲线,化学通报,3,43(1963)
2. [美] H. D. 克罗克福特等.物理化学实验,p.159,北京:人民教育出版社(1982)
3. 傅献彩,沈文霞,姚天扬.物理化学(第 4 版),上册,p.345,北京:高等教育出版社(1990)
4. 顾菡珍,叶于浦.相平衡和相图基础,北京大学出版社(1991)

B.10 三组分体系等温相图的绘制

本实验包括两部分:(i) 绘制 NH_4Cl-NH_4NO_3-H_2O 体系相图;(ii) 绘制 KCl-HCl-H_2O 体系的溶解度相图.

为了绘制相图就需通过实验获得平衡时,各相间的组成及二相的连接线.即先使体系达到平衡,然后把各相分离,再用化学分析法或物理方法测定达到平衡时各相的成分.但体系达到平衡的时间,可以相差很大.对于互溶的液体,一般平衡达到的时间很快;对于溶解度较大,但不生成化合物的水盐体系,也容易达到平衡.对于一些难溶的盐,则需要相当长的时间,如几个昼夜.由于结晶过程往往要比溶解过程快得多,所以通常把样品置于较高的温度下,使其较多溶解,然后把它移放在温度较低的恒温槽中,令其结晶,加速达到平衡.另外,摇动、搅拌、加大相界面也能加快各相间扩散速度,加速达到平衡.由于在不同温度时的溶解度不同,所以体系所处的温度应该保持不变.

一、NH_4Cl-NH_4NO_3-H_2O 体系

(一) 原理

NH_4Cl-NH_4NO_3-H_2O 体系等温相图属于二盐水体系相图,它常见的图形如图 B.10-1 所示.图中 A,B,C 分别代表 H_2O 及二固体盐.EO 线为 $B(s)$ 的饱和曲线,FO 为 $C(s)$ 的饱和曲线.若取 $B(s)$ 与 $C(s)$ 任意比的混合物,加入少量水使之饱和并有过量固体未被溶解,分别分析溶液组成和与之平衡的固相组成.液相组成应在饱和曲线上.固相组成可以根据湿渣的组成应在固体组成与液相组成所连直线上的特点,直接测定湿渣的组成.这是我们绘制二盐水体系相图比较简单的一种方法.分析足够多的不同组成的饱和溶液及它们的湿渣,将各点连线,就可得到完整的相图.

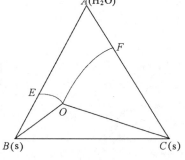

图 B.10-1

(二) 仪器药品

硝酸铵(CP),氯化铵(CP),去离子水,$0.1\,mol \cdot dm^{-3}$ NaOH 标准溶液,20% 中性甲醛溶液,酚酞指示剂,$0.1\,mol \cdot dm^{-3}$ $AgNO_3$ 标准溶液,5% 铬酸钾指示剂.

25℃恒温箱,振荡器二套,200 mL 锥形瓶 11 个,称量瓶 20 个,5 mL 移液管 11 支,250 mL 容量瓶 20 个,25 mL 移液管 1 支,50 mL 酸式和碱式滴定管各 1 支,250 mL 锥形瓶 2 个,5 mL 带刻度吸液管 1 支.台秤 2 台,长角勺 2 把,分析天平 1 台.

(三) 实验步骤

1. 用台秤配制含 NH_4Cl 为 20%,40%,60%,80%,85%,90%,92%,94%,96% 的 NH_4Cl 和 NH_4NO_3 混合物 30 g.称 NH_4Cl 20 g,NH_4NO_3 30 g.将样品分别装入到 11 个锥形瓶中,加入

少量去离子水,使部分溶解,放入振荡器中在恒温箱内振荡 2 h,使固液达平衡.待固相全部沉到底部再用 5 mL 移液管取溶液 5 mL 放称量瓶中称量.用牛角勺取出湿渣(≈1 g)放入称量瓶中称重,纯样品只称溶液部分.

2. 将 11 份饱和溶液样品及 9 份湿渣(加水溶解)转移到 250 mL 容量瓶中,加水稀释到刻度.

3. 分析样品中 NH_4Cl 和 NH_4NO_3 含量.取 25 mL 溶液入锥形瓶中,加入 1 mL K_2CrO_4 指示剂,用 $0.1 \ mol \cdot dm^{-3}$ $AgNO_3$ 标准液滴定,直到红色 Ag_2CrO_4 沉淀出现不消失.由此可算出 NH_4Cl 的含量.由于甲醛和铵盐反应,生成相应酸,为此用 NaOH 滴定释放出来的酸,可求算总铵盐含量.取 25 mL 溶液入锥形瓶中,加入 20% 甲醛 30 mL,滴加 2 滴酚酞指示剂,加 50 mL 蒸馏水并摇匀使甲醛与铵盐充分反应,用 $0.1 \ mol \cdot dm^{-3}$ NaOH 标准溶液滴定至浅红色并在 $0.5\sim 1 \ min$ 不消失为止,据上述实验可计算出 NH_4NO_3 含量.

$$4NH_4Cl + 6HCOH \Longrightarrow C_6H_{12}N_4 + 4HCl + 6H_2O$$

$$HCl + NaOH \Longrightarrow NaCl + H_2O$$

4. 数据记录请事先设计好表格.

(四) 数据处理

从滴定所耗 $AgNO_3$ 和 NaOH 的体积分别算出饱和液和湿渣的质量分数,并填入记录表格中.

在三角坐标上标出各饱和溶液组成点和对应的湿渣组成点,将二者连成直线,再将各溶液点连成光滑的曲线.

思 考 题

1. 配制样品时,为什么要保留足够的固体不完全溶解?
2. 如何确定样品中固液二相已达平衡.

参 考 资 料

1. 成都科技大学.物理化学实验,成都科技大学出版社(1988)

2. J. Rose. Advanced Physico-Chemical Experiments, Pitmas Press (1964)

二、KCl-HCl-H₂O 体系

(一) 原理

由 KCl、HCl、H_2O 组成的三组分体系,在 HCl 的含量不太高时,HCl 完全溶于水而成盐酸溶液,与 KCl 有共同的负离子 Cl^-.所以当饱和的 KCl 水溶液中加入盐酸时,由于同离子效应使 KCl 的溶解度降低.本实验即是研究在不同浓度的盐酸溶液中 KCl 的溶解度,通过此实验熟悉盐水体系相图的构筑方法和一般性质.

为了分析平衡体系各相的成分,可以采取各相分离方法.如对于液体可以用分液漏斗来分离.但是对于固相,分离起来就比较困难.因为固体上总会带有一些母液,很难分离干净,而且有些固相极易风化潮解,不能离开母液而稳定存在.这时,常常采用不用分离母液,而确定固相组成的湿固相法.这一方法就是根据带有饱和溶液的固相的组成点,必定处于饱和溶液的组成点和纯固相的组成点的连接线上.因此同时分析几对饱和溶液和湿固相的成分,将它们连成直线,这些直线的交点即为纯固相成分.本实验就是采用这种方法求取固相组成.

(二) 仪器药品

KCl, HCl(12 mol·dm^{-3}), AgNO$_3$ 溶液(0.1 mol·dm^{-3}), NaOH 溶液(0.1 mol·dm^{-3}).
100 mL 磨口锥形瓶,50 mL 磨口锥形瓶,2 mL 移液管,恒温槽.

(三) 实验步骤

1. 在 6 个洗净的 100 mL 磨口锥形瓶中,分别注入 25 mL 浓度为 1 mol·dm^{-3},2 mol·dm^{-3},4 mol·dm^{-3},6 mol·dm^{-3},8 mol·dm^{-3} 的盐酸溶液,剩下一个加 25 mL 煮沸后放冷的蒸馏水.

2. 在每个锥形瓶中加入约 10 g KCl.然后将每个瓶置于约 30 ℃ 的水浴中,不断摇荡.约 5 min 后,取出置于 25 ℃ 的恒温槽中,不断摇荡,然后在恒温槽中继续恒温,静置片刻.等溶液澄清后,用滴管在每个锥形瓶中取饱和溶液约 0.5 g,放入已经称好的 50 mL 磨口锥形瓶中(或用称量瓶也可),于分析天平上称量,记录每个样品的质量.

3. 与取饱和溶液样品的同时,用玻璃勺取湿固相约 0.2~0.3 g 样品于另一已经称好的称量瓶中,亦用分析天平称其质量.在取样时应注意下述问题:

(1) 体系的温度不能改变,因此不要将锥形瓶离开恒温水槽;

(2) 取样时固相可以带有母液,但饱和溶液不能带有固相,因此,取样时要特别小心谨慎,等固相完全下沉以后再进行取样;

(3) 取样的滴管的温度应比体系的温度高些,以免饱和溶液在移液管中析出结晶,引起误差.为此,取样滴管最好先在煤气灯上预热一下,但滴管温度绝不能太高,一方面避免改变体系的温度,另方面防止水分蒸发改变浓度.

4. 将已称过质量的样品用约 50 mL 的蒸馏水洗到 250 mL 锥形瓶中,进行滴定分析,先用 0.1 mol·dm^{-3} NaOH 滴定样品中的酸量(以酚酞作指示剂),至终点后,记下 NaOH 滴定时所用去的毫升数.然后再滴入 1~2 滴稀 HNO$_3$ 溶液,使体系带微酸性,然后利用 AgNO$_3$ 滴定 Cl^{-} 的浓度(用 K$_2$CrO$_4$ 作为指示剂),记下所用 AgNO$_3$ 的浓度及所消耗的体积.

(四) 数据处理

1. 将实验所得的数据用表列出.

2. 用下列公式计算每个饱和溶液样品及湿固相样品中 HCl、KCl 和 H$_2$O 的质量分数,并用表列出.

$$w(\text{HCl})/(\%) = \frac{c_1 V_1 \times 36.5}{m \times 1000}$$

$$w(\text{KCl})/(\%) = \frac{(c_2 V_2 - c_1 V_1) \times 74.56}{m \times 1000}$$

$$w(\text{H}_2\text{O})/(\%) = 100 - w(\text{HCl}) - w(\text{HCl})$$

式中:c_1 为滴定时所用 NaOH 的浓度(mol·dm^{-3});V_1 为滴定时所消耗 NaOH 的体积(mL);c_2

为 $AgNO_3$ 的浓度$(mol \cdot dm^{-3})$；V_2 为 $AgNO_3$ 的体积(mL)；m 为样品质量(g)；74.56 及 36.5 分别为 KCl 和 HCl 的摩尔质量.

3. 由手册查出 25℃ 时 KCl 在水中的溶解度,并将其换算成质量分数.

4. 将 2～3 所得的结果标记在三角相图上,并将各个饱和溶液的组成点连成一饱和溶解度曲线.同时将饱和溶液的组成点与其成平衡的湿固相的组成点作连接线,将各连接线延长交于一点,交点即为固相成分.

5. 标明相图中各相区的成分和各组相区的意义.

思 考 题

1. 为什么根据体系由清变浑的现象即可测定相界?

2. 本实验中根据什么原理求出 KCl-HCl-H_2O 体系的连接线?

3. 湿固相法的原理怎样?

参 考 资 料

1. F. Daniels et al. Expermental Physical Chemistry, p. 128, McGraw-Hill Book Company, New York (1975)

2. A. Seidell. Solubilities of Inorganic and Metal Organic Compounds, Vol. Ⅰ, William F. Link, D. Vam Nostrand Company (1958)

3. В. Б. Коган. Справочник по Растворимостй, Т.Ⅰ.Ⅱ, М.Л., А Н СССР(1961)

4. 傅献彩,沈文霞,姚天扬.物理化学(第 4 版),上册,p.350,北京:高等教育出版社(1990)

5. 顾菡珍,叶于浦.相平衡和相图基础,北京大学出版社(1991)

B.11 络合物组成和稳定常数的测定

用分光光度法测定络合物的组成和稳定常数.掌握测量原理和分光光度计的使用方法.

(一) 原理

溶液中金属离子 M 和配位体 L 形成 ML_n 络合物,其反应式为

$$M + nL \rightleftharpoons ML_n$$

当达到络合平衡时

$$K = \frac{[ML_n]}{[M][L]^n} \tag{1}$$

式中:K 为络合物稳定常数,$[M]$为金属离子浓度,$[L]$为配位体浓度,$[ML_n]$为络合物浓度.

在维持金属离子及配位体浓度之和($[M]+[L]$)不变的条件下,改变$[M]$及$[L]$,则当 $[L]/[M]=n$时,络合物浓度达到最大,即

$$\frac{d[ML_n]}{d[M]} = 0 \tag{2}$$

如果在可见光某个波长区域,络合物 ML_n 有强烈吸收,而金属离子 M 及配位体 L 几乎不吸收,则可用分光光度法测定络合物组成及络合物稳定常数.

根据朗伯-比尔(Lambert-Beer)定律,入射光 I_0 与透射光强 I 之间有下列关系

$$I = I_0 e^{-Kcd}$$

$$\ln \frac{I_0}{I} = Kcd \tag{3}$$

令

$$A = 2.303 \lg \frac{I_0}{I} = Kcd \tag{4}$$

式中:A 称为吸光度;K 称吸收系数,对于一定溶质、溶剂及一定波长,K 是常数;d 为溶液厚度;c 为样品浓度;I/I_0 称透射比.

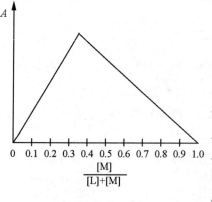

图 B.11-1

在维持$[M]+[L]$不变的条件下,配制一系列不同的$[L]/[M]$组成的溶液.测定 $[M]=0$, $[L]=0$ 及$[L]/[M]$居中间数值的三种溶液的 A-λ 数据.找出$[L]/[M]$有最大吸收,而$[M]$、$[L]$几乎不吸收的波长 λ 值,则该 λ 值极接近于络合物 ML_n 的最大吸收波长.然后固定在该波长下,测定一系列的$[M]/([M]+[L])$组成溶液的吸光度 A,作 A-$[M]/([M]+[L])$ 的曲线图,则曲线必存在着极大值,而极大值所对应的溶液组成就是络合物的组成.如图 B.11-1 所示.但是由于金属离子 M 及配位体 L 实际存在着一定程度的吸收,因此所观察到的吸光度 A 并不是完全由络合物 ML_n 的吸收所引起,必须加以校正.

64

校正方法如下:在吸光度 A 对 $[M]/([M]+[L])$ 的曲线图上,过 $[M]=0$ 及 $[L]=0$ 的两点作直线 MN,则直线上所表示的不同组成的吸光度数值,可认为是由于 $[M]$ 及 $[L]$ 的吸收所引起的.因此,校正后的吸光度 A' 应等于曲线上的吸光度数值减去相应组成下直线上的吸光度数值,即 $A'=A-A_{校}$,如图 B.11-2 所示.最后作校正后的吸光度 A' 对 $[M]/([M]+[L])$ 的曲线,该曲线极大值所对应的组成才是络合物的实际组成.如图 B.11-3 所示.

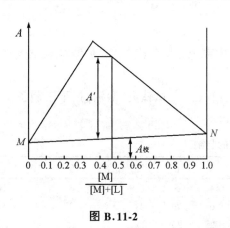

图 B.11-2

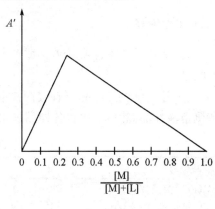

图 B.11-3

设 $x_{\max}$ 为曲线极大值所对应的组成,即

$$x_{\max} = \frac{[M]}{[M]+[L]}$$

则配位数为

$$n = \frac{[L]}{[M]} = \frac{1-x_{\max}}{x_{\max}} \tag{5}$$

当络合物组成已经确定之后,就可以根据下述方法确定络合物稳定常数:设开始时金属离子 $[M]$ 和 $[L]$ 配位体浓度分别为 a 和 b,而达到络合平衡时络合物浓度为 x,则

$$K = \frac{x}{(a-x)(b-nx)^n} \tag{6}$$

由于吸光度已经通过上述方法进行校正,因此可以认为校正后,溶液吸光度正比于络合物的浓度.如果在两个不同的 $[M]+[L]$ 总浓度下,作两条吸光度对 $[M]/([M]+[L])$ 的曲线(如图 B.11-4 所示).在这两条曲线上找出吸光度相同的两点,即在 A' 约为 0.3 处,作横轴的平行线 AB 交曲线 I、II 于 C、D 两点,此两点所对应的溶液的络合物浓度 $[ML_n]$ 应相同.设对应于两条曲线的起始金属离子浓度 $[M]$ 及配位体浓度 $[L]$ 分别为 a_1、b_1 和 a_2、b_2,则

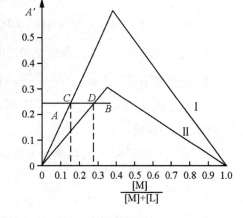

图 B.11-4

$$K = \frac{x}{(a_1-x)(b_1-nx)^n}$$

$$= \frac{x}{(a_2-x)(b_2-nx)^n} \tag{7}$$

解上述方程,得到 x,进而即可计算络合物稳定常数 K.

(二) 仪器药品

0.005 mol·dm^{-3}硫酸铁铵溶液, 0.005 mol·dm^{-3} "试钛灵"(1, 2-二羟基苯-3, 5 二磺酸钠)溶液, pH 为 4.6 缓冲溶液(其中含有 100 g·dm^{-3}的醋酸铵及足够量的醋酸溶液).

分光光度计, pH 计.

(三) 实验步骤

1. 按 1 L 溶液含有 100 g 醋酸铵及 100 mL 冰醋酸方法, 配制醋酸-醋酸铵缓冲溶液 250 mL.

2. 用 0.005 mol·dm^{-3}硫酸铁铵溶液和 0.005 mol·dm^{-3} "试钛灵"溶液, 按下表制备 11 个待测溶液样品, 然后依次将各样品加水稀释至 100 mL.

表 B.11-1　溶液的配制

溶液编号	1	2	3	4	5	6	7	8	9	10	11
$V(Fe^{3+}$溶液)/mL	0	1	2	3	4	5	6	7	8	9	10
V("试钛灵"溶液)/mL	10	9	8	7	6	5	4	3	2	1	0
V(缓冲溶液)/mL	25	25	25	25	25	25	25	25	25	25	25

3. 把 0.005 mol·dm^{-3}硫酸铁铵溶液及 0.005 mol·dm^{-3} "试钛灵"溶液分别稀释至 0.0025 mol·dm^{-3}, 然后按上表制备第二组待测溶液样品.

4. 测定上述溶液 pH(不必所有溶液 pH 都测定, 只选取其中任一样品即可). pH 测定见《基础分析化学实验》(北京大学化学系分析化学教研室编).

5. 用 3 cm 比色池测定络合物的最大吸收波长 λ_{max}. 以蒸馏水为空白, 用 6 号液测定其吸收曲线, 即测定不同波长下的吸光度 A, 找出最大吸光度所对应的波长 λ_{max}. 在此波长下, 1 号和 11 号溶液的吸光度应接近于零, 在每次改变波长时, 必须重新调光度计的零点.

6. 测定第一组和第二组溶液在 λ_{max}下的吸光度.

(四) 数据处理

1. 作两组溶液的吸光度 A 对 $\dfrac{[M]}{[M]+[L]}$的图.

2. 对 A 进行校正, 求出各校正后的吸光度 A'.

3. 作两组溶液的作 $A' - \dfrac{[M]}{[M]+[L]}$图.

4. 从上图 $A' \approx 0.3$处, 作平行线交两曲线于两点. 求两点所对应的溶液组成(即求出 a_1、b_1 和 a_2、b_2 的值).

5. 从 $A' - \dfrac{[M]}{[M]+[L]}$曲线的最高点所对应的 x_{max}值, 由(5)式求 n.

6. 根据 $K = \dfrac{x}{(a_1-x)(b_1-nx)^n} = \dfrac{x}{(a_2-x)(b_2-nx)^n}$, 求出 x 的数值.

7. 从 x 的数值算出络合物稳定常数.

思 考 题

1.为什么只有在维持([M]+[L])不变条件下改变[M]及[L],使 $\dfrac{[L]}{[M]} = n$ 时络合物浓度才达到最大?

2.在两个([M]+[L])总浓度下,作出吸光度对 $\dfrac{[M]}{[M]+[L]}$ 的两条曲线.在这两条曲线上,吸光度相同的两点所对应的络合物浓度相同,为什么?

3.使用分光光度计时应注意什么?

参 考 资 料

1. J. Rose. Advanced Physico-Chemical Experiments, p. 54, Sir Isaac Pitman & Sons Ltd., London (1964)

2. A. E. Harvey Jr, D. L. Manning. J. Am. Chem. Soc., 72, 4488(1950)

B.12　分配系数的测定

本实验包括两部分:(i) 测定苯甲酸在苯和水体系中的分配系数,了解物质在两相间的分配情况和分子的形态;(ii) 利用分配系数数据测定 I_3^- 离子的解离常数.

一、苯甲酸-苯-水体系

(一) 原理

在恒定的温度下,将一种溶质 A 溶在两种不互溶的液体溶剂中,达到平衡时,此溶质在这两种溶剂中的分配有一定的规律性.如果溶质 A 在此两种溶剂中皆无缔合作用,A 在 1,2 两种溶剂中的浓度比(严格地说是活度比)将是一个常数,即

$$K = c_2/c_1 \tag{1}$$

此式所表达的规律称为分配规律.式中:c_1 为 A 在溶剂 1 中的浓度,c_2 为 A 在溶剂 2 中的浓度,K 为分配系数.

若使 K 保持常数,除温度恒定外,尚需满足两个条件:

(1) 溶液的浓度很稀,c_1、c_2 都较小时可以用浓度代替活度.

(2) 溶质在两种溶剂中分子形态相同,即不发生缔合、解离、络合等现象.

如果溶质在溶剂 1 和 2 中的分子形态不同,分配系数的形式也要作相应的改变.例如溶质 A 在溶剂 1 中发生缔合现象,即

$$A_n \longrightarrow nA$$

(溶剂 1 中)(溶剂 2 中)

式中:n 是缔合度,表明缔合物是由 n 个分子组成的.则分配系数符合关系式

$$K = c_2^n/c_1 \tag{2}$$

式中:c_1 是 A_n 分子在溶剂 1 中的浓度.因此,可以推断出溶质在溶剂中的缔合情况.

上述例子也可看成 A_n 分子在溶剂 2 中解离,故也可用以研究溶质的解离性质.

在许多情况下,特别是无机离子在有机相和水相中分布时,情况较为复杂:其间不仅有缔合效应,而且金属离子和有机溶剂还可能发生络合作用.此外,溶质在两相中的分配还与有机溶剂的性质、溶质浓度、介质酸度、温度等因素有关.

(二) 仪器药品

苯甲酸(AR),苯(AR),NaOH(AR),酚酞(AR).

125 mL 分液漏斗,25 mL 移液管,2 mL 移液管,锥形瓶,50 mL 磨口锥形瓶.

(三) 实验步骤

在 4 个编号为 1~4 的 125 mL 分液漏斗中,各放入 40 mL 蒸馏水,分别加入 0.3 g,0.5 g,1.0 g,1.5 g 苯甲酸.用移液管各加入 25 mL 苯,将塞子盖好.经常摇动,使两相充分混合、接触.

摇动时,切勿用手抚握漏斗的膨大部分,避免体系温度改变.因为分配比是温度的函数,温度改变分配比也改变.如此摇动 0.5 h 后,静置数分钟,使苯和水分层.上面是苯层,下面是水层.

将两层分开,苯层应放在带盖的瓶子里,以避免苯挥发.分别测定苯层及水层内苯甲酸的浓度.

1. 苯层溶液的分析

用带刻度的移液管吸取 2 mL 上层溶液,加入 25 mL 蒸馏水,加热至沸.冷却后以酚酞为指示剂,用 0.05 mol·dm^{-3} 的 NaOH 滴定.

2. 水层溶液的分析

用移液管吸取 5 mL 水溶液,加入 25 mL 蒸馏水,以酚酞为指示剂,用 0.05 mol·dm^{-3} 的 NaOH 滴定.

对 1~4 号分液漏斗中的水相和苯相所含的苯甲酸分别进行测定.

(四) 数据处理

根据上面滴定结果,分别计算 4 种溶液的苯相和水相中苯甲酸的浓度(以 mol·dm^{-3} 表示),求 $c_{水}/c_{苯}$ 值,看其是否是常数,并给予解释.再计算 $c_{水}^2/c_{苯}$ 及 $c_{水}/c_{苯}^2$,看哪一种是常数.由此我们将得出什么结论?

或者以 $\lg(c_{苯}/[c])$ 对 $\lg(c_{水}/[c])$ 作图,由斜率求出缔合的分数 n,解释所得的结果.

二、三碘根离子(I_3^-)解离常数的测定

(一) 原理

I_2 溶在含有碘离子(I^-)的溶液中,大部分变成为 I_3^-,并且存在着下列反应

$$I_3^- \rightleftharpoons I_2 + I^-$$

该反应的解离常数 K_a 近似等于 K_c,即

$$K_a = \frac{a(I_2)a(I^-)}{a(I_3^-)} = \frac{[I_2][I^-]}{[I_3^-]} \times \frac{\gamma(I_2)\gamma(I^-)}{\gamma(I_3^-)} \approx \frac{[I_2][I^-]}{[I_3^-]} = K_c \tag{3}$$

这是因为在同一溶液中,离子强度一样(I^- 和 I_3^- 电价一样).这可由德拜-休克尔公式

$$\lg \gamma_i = -0.509 Z_i^2 \frac{\sqrt{\mu}}{1 + \sqrt{\mu}}$$

求得 $\gamma(I^-) = \gamma(I_3^-)$.而在水溶液中 $[I_2]$ 很小,$\gamma(I_2) = 1$,故 K_c 为一常数.

在本实验中,先求 I_2 在 CCl_4 和 H_2O 中的分配系数 K,然后将定量已知浓度的 KI 水溶液与含有 I_2 的 CCl_4 溶液在定温下摇动,待平衡后,静置分层.分析 CCl_4 层中 I_2 的浓度,根据分配系数,即可算出水层中 I_2 的浓度.然后吸取上层水溶液,用标准 $Na_2S_2O_3$ 液滴定其中碘的总量[①](即 $[I_2] + [I_3^-]$),则可根据式

$$([I_2] + [I_3^-]) - [I_2] = [I_3^-] \tag{4}$$

算得 $[I_3^-]$.由于在水层中 I_2 与水中 KI 化合为 I_3^-,所以溶液中每减少 1 mol 的 I^-,则生成 1 mol

---

① 滴定时按式 $2S_2O_3^{2-} + I_3^- \longrightarrow S_4O_6^{2-} + 3I^-$.具体操作请参看分析化学.

的 I_3^-，因此水层中（$[I^-]+[I_3^-]$）与原来[KI]相同．故

$$([I^-]+[I_3^-])-[I_3^-]=[I^-] \tag{5}$$

根据分配系数可以求出水层中$[I_2]$，从(4)～(5)式可求得$[I_3^-]$和$[I^-]$，将上列诸值代入(3)式，便能求得解离常数 K_a．

(二) 仪器药品

KI($0.100\,\mathrm{mol\cdot dm^{-3}}$)，$CCl_4$，含 I_2 的 CCl_4，$Na_2S_2O_3$($0.03\,\mathrm{mol\cdot dm^{-3}}$)，淀粉溶液．

250 mL 锥形瓶，250 mL 磨口锥形瓶，50 mL 滴定管，10 mL 滴定管，10 mL 移液管，50 mL 移液管．

(三) 实验步骤

1. 按下表比例，在 6 个干燥的磨口锥形瓶中，先分别加入水或准确浓度的 KI 溶液（如 $0.1\,\mathrm{mol\cdot dm^{-3}}$），然后再加入含 I_2 的 CCl_4 溶液（如 $0.06\,\mathrm{mol\cdot dm^{-3}}$）．

表 B.12-1　1～6 号溶液配比

瓶　号	V(水)/mL	V(KI 液)/mL	V(纯 CCl_4)/mL	V(CCl_4 液)/mL
1	100	0	0	20
2	100	0	10	10
3	100	0	15	5
4	0	100	0	30
5	0	100	10	20
6	50	50	0	30

2. 将上述诸瓶置于恒温槽中恒温，并经常摇动．经 1 h 后，静置 20 min，使二液层完全分清．

3. 用移液管直接取下层的 CCl_4 碘溶液．采用洗耳球吹气法，即一边轻轻吹气一边使移液管插入下层取液，这样可防止上层的水溶液进入移液管中．

1～3 号瓶取 10 mL，4～6 号瓶取 20 mL．将取出液置于 250 mL 锥形瓶中，各加入 0.1 mol·$\mathrm{dm^{-3}}$ KI 溶液 10 mL，以缩短滴定时间．

用标准 $Na_2S_2O_3$ 溶液滴定碘的总量．当滴定至溶液变为稻草黄时，加入淀粉液 1 mL．这时溶液立即变蓝色，再滴定至蓝色退去，即为终点．滴定后的溶液中含有 CCl_4，应回收．

4. 用移液管取上层水溶液．1～3 号瓶取 50 mL，4～6 号瓶取 25 mL．用同法滴定碘的总量．

(四) 数据处理

1. 根据前三瓶的滴定结果，算出水层和 CCl_4 层中 I_2 的浓度．计算其分配系数，求出平均值．

2. 由滴定结果计算后三瓶中 CCl_4 层中 I_2 的浓度，然后根据分配系数，计算水层中 I_2 的浓度．

3. 从后三瓶水层滴定的结果，算出各瓶中碘的总浓度（$[I_2]+[I_3^-]$）．

4. 从 2～3 中所得的结果,按(4)式计算[I_3^-],并根据配制时 KI 的浓度,按(5)式计算[I^-].各个浓度均以(mol·dm^{-3})表示.

5. 将所得各瓶的[I^-]、[I_3^-]、[I_2]的数值,代入(3)式,求解离常数 K_a,并求其平均值.

思 考 题

1. 在有 KI 存在下,I_2 在水相和 CCl_4 相中如何分配?

2. 配制表中所列的溶液时,哪几个要准确量取,哪几个可以不要?所用磨口锥形瓶哪几个要干燥,哪几个可以不要干燥?如果全部未烘干,应如何处理?

参 考 资 料

1. F. Danills et al. Experimental Physical Chemistry, p. 117, McGraw-Hill Book Company, New York (1975)

2. R. Livingston. Physico-Chemical Experiments, p. 217, Macmillan, New York(1957)

3. E. A. Guggenheim, et al. Physico-Chemical Calculation, p. 348, North-Holl and Pube Company, Amsterdam(1955)

4. [苏] 阿列克谢也夫斯基等. 定量分析, p. 393, 北京:高等教育出版社(1955)

B.13　色谱法测定无限稀释活度系数

用色谱法测定苯和环己烷在邻苯二甲酸二壬酯中无限稀释活度系数和溶解热,了解色谱方法及其运用.

(一) 原理

实验所用色谱柱的固定相为邻苯二甲酸二壬酯(液相).样品苯或环己烷进样后在气化室中气化,并与载气混合成为气相.

设样品的保留时间为 t_r(从进样到样品峰顶时间),死时间为 t_0(惰性气体从进样到峰顶的时间),则样品的调整保留时间为

$$t'_r = t_r - t_0 \tag{1}$$

样品的调整保留体积

$$V'_r = t'_r F_c \tag{2}$$

式中: F_c 为载气平均流速.

样品保留体积 V'_r 与液相(l)体积 V_l 的关系为

$$V_l c_i^l = V'_r c_i^g \tag{3}$$

式中: c_i^l 为样品 i 在液相中的浓度; c_i^g 为样品 i 在气相中的浓度.

设气相符合理想气体,则

$$c_i^g = \frac{p_i}{RT_c} \tag{4}$$

而且

$$c_i^l = \frac{\rho x_i}{M_i} \tag{5}$$

式中: p_i 为样品 i 的分压, ρ 为纯液体的密度, M_i 为纯液体的摩尔质量, x_i 为样品 i 的摩尔分数, T_c 为柱温.

当气、液两相达平衡时,有

$$p_i = p_i^* \gamma_i x_i \tag{6}$$

式中: p_i^* 为样品 i 的饱和蒸气压, γ_i 为样品 i 的活度系数.将(4)~(6)式代入(3)式,得

$$V'_r = \frac{V_l \rho R T_c}{M_l p_i^* \gamma_i} = \frac{m_l R T_c}{M_l p_i^* \gamma_i} \tag{7}$$

由(7)式变为

$$\gamma_i = \frac{m_l R T_c}{M_l p_i^* V'_r} = \frac{m_l R T_c}{M_l p_i^* t'_r \overline{F}_c} \tag{8}$$

式中: $\overline{F}_c$ 为校正流量

$$\overline{F}_c = \frac{3}{2} \left[\frac{(p_b/p_0)^2 - 1}{(p_b/p_0)^3 - 1} \right] \left[\frac{p_0 - p_w}{p_0} \times \frac{T_c}{T_a} \times F_c \right] \tag{9}$$

由(8)、(9)两式可知,欲求样品 i 的活度系数 γ_i,需测定的参数列于下表.

表 B.13-1 求样品 i 活度系数 γ_i 所需测定的参数

参　　数	物　理　意　义
① M_1	液相的摩尔质量(查手册)
② p_i^*	样品在柱温下的饱和蒸气压(查手册)
③ p_w	在室温时水的饱和蒸气压(查手册)
④ F_c	载气在柱后的平均流量
⑤ t_r'	调整保留时间
⑥ p_0	柱后压力(通常是大气压)
⑦ p_b	柱前压力
⑧ T_c	柱温
⑨ T_a	环境温度(通常为室温)
⑩ m_1	固定液准确质量

固定液在实验过程中应防止流失,否则必须在实验后进行校正,或采用在柱前安装预饱和柱等措施.

比保留体积 V_r^0 是 273 K 时每克固定液的调整保留体积 V_r',其关系为

$$V_r^0 = \frac{(273 \text{ K}) V_r'}{T_c m_1} \tag{10}$$

将(7)式代入(10)式,得

$$V_r^0 = \frac{(273 \text{ K}) R}{M_1 p_i^* \gamma_i} \tag{11}$$

(11)式取对数,对 $1/T$ 微分,得

$$\frac{\mathrm{d} \ln \dfrac{V_r^0}{\mathrm{m}^3 \cdot \mathrm{kg}^{-1}}}{\mathrm{d}(1/T)} = -\frac{\mathrm{d} \ln (p_i^*/\mathrm{Pa})}{\mathrm{d}(1/T)} - \frac{\mathrm{d} \ln \gamma_i}{\mathrm{d}(1/T)}$$

上式可写成

$$\frac{\mathrm{d} \ln (V_r^0/\mathrm{m}^3 \cdot \mathrm{kg}^{-1})}{\mathrm{d}(1/T)} = -\frac{\Delta_{\mathrm{vap}} H_{\mathrm{m}}}{R} - \frac{\Delta_{\mathrm{mix}} H_{\mathrm{m}}}{R} \tag{12}$$

式中:$\Delta_{\mathrm{vap}} H_{\mathrm{m}}$ 为样品 i 的气化热,$\Delta_{\mathrm{mix}} H_{\mathrm{m}}$ 为混合热.

如为理想溶液,则 $\gamma_i = 1$,这时(12)式右边第二项为零.以 $\ln \left[V_r^0/(\mathrm{m}^3 \cdot \mathrm{kg}^{-1}) \right]$-$1/T$ 作图,$\Delta_{\mathrm{mix}} H_{\mathrm{m}}$ 随温度变化不大,这时以 $\ln \left[V_r^0/(\mathrm{m}^3 \cdot \mathrm{kg}^{-1}) \right]$-$1/T$ 作图,由直线斜率可得两个焓变之和,即为气态溶质在液体溶剂中的摩尔溶解热 $\Delta_{\mathrm{sol}} H_{\mathrm{m}}$.

假如色谱柱的固定相不是液体,而是固体吸附剂(即为气-固色谱),例如 0.5 nm(5 Å)分子筛、硅胶等,则 $\ln \left[V_r^0/(\mathrm{m}^3 \cdot \mathrm{kg}^{-1}) \right]$-$1/T$ 作图后,由直线的斜率可求得吸附热.

(二) 仪器药品

苯(AR),环己烷(AR),邻苯二甲酸二壬酯,6201 红色载体,丙酮.

气相色谱仪,10 μL 微量注射器,停表.

（三）实验步骤

1. 色谱柱的制备. 准确称取一定量的邻苯二甲酸二壬酯固定液于蒸发皿中. 加适量的丙酮以稀释固定液. 按固定液与载体比为 25∶100 来称取红色载体, 倒入蒸发皿中浸泡. 用吹风机吹热风使丙酮蒸发干.

将涂好固定液的载体小心装入已洗净干燥的色谱柱中. 柱的一端塞以少量玻璃棉, 接上真空泵, 用小漏斗由柱的另一端加入载体, 同时不断震动柱管. 填满后同样塞以少量玻璃棉. 准确计算装入色谱柱内固定液的质量.

2. 色谱条件. 采用热导池检测器. 载气 H_2 的流速 80 mL·min^{-1}(用皂泡流量计测定). 柱温 60 ℃, 气化室温度 120 ℃, 桥流 150 mA, 衰减 1. 为准确测定柱前压力, 在色谱柱前接一 U 型汞压力计.

3. 开动色谱仪, 待基线稳定后, 即可进样. 用 10 μL 注射器准确取苯 0.2 μL, 再吸入空气 0.5 μL 左右, 然后进样. 用停表测定空气峰最大值至苯峰最大值之间的时间 t_r'(调整保留时间).

	t_r'/min	T_c/K	p_b/Pa	p_0/Pa	T_a/K	p^*/Pa
苯						
环己烷						

	F_c/(mL·min^{-1})	$\overline{F}_c$/(mL·min^{-1})	M_l/(kg·mol^{-1})	m_l/g	p_w/Pa
苯					
环己烷					

4. 用环己烷进样, 重复上述操作. 每一样品至少重复三次, 取平均值.

5. 改变柱温分别为:65 ℃, 70 ℃, 75 ℃, 重复上面的实验.

6. 按上表格式记录各数据.

（四）数据处理

1. 由(8)～(9)式计算苯和环己烷在邻苯二甲酸二壬酯中的无限稀活度系数.

2. 由(11)式求 V_r^0, 并以 $\ln \dfrac{V_r^0}{m^3 \cdot kg^{-1}}$ 对 $1/T_c$ 作图, 求苯和环己烷蒸气在邻苯二甲酸二壬酯中的溶解热.

思 考 题

1. 苯和环己烷在邻苯二甲酸二壬酯中的溶液对拉乌尔定律是正偏差还是负偏差? 它们中哪一个活度系数较小? 为什么会小?

2. 测定溶解热时, 为什么温度变化范围不宜太大?

参 考 资 料

1. S. Kenworthy, J. Miller. J. Chem. Educ., 541 (1963)

2. 侯镜德. 石油化工, 4, 311(1982)

B.14 二组分溶液活度系数的测定

采用色谱法测定丙酮-四氯化碳溶液的气相分压,用蒸气压计算它们的活度系数.

(一) 原理

由 A,B 所组成的溶液中,它们的活度分别为

$$a_A = \frac{f_A}{f_A^*} \qquad a_B = \frac{f_B}{f_B^*}$$

式中:f_A、f_B 分别为溶液中 A、B 组分的逸度.f_A^*、f_B^* 分别为纯组分 A、B 的逸度.当它们的蒸气压都比较低时,可用压力代替逸度,则

$$a_A = \frac{p_A}{p_A^*} \qquad a_B = \frac{p_B}{p_B^*}$$

或

$$\gamma_A x_A = \frac{p_A}{p_A^*} \qquad \gamma_B x_B = \frac{p_B}{p_B^*} \qquad (1)$$

式中:γ_A、γ_B 分别为 A、B 组分的活度系数;x_A、x_B 分别为 A、B 组分的摩尔分数;p_A、p_B 分别为与溶液平衡的 A、B 组分的分压;p_A^*、p_B^* 分别为同温下纯组分 A、B 的饱和蒸气压.

因此,只要测定它们的压力比:p_A/p_A^*、p_B/p_B^*,并由已知组成 x_A、x_B,便可由(1)式求出活度系数 γ_A 和 γ_B.

本实验采用色谱法测定它们的压力比,即在温度、压力不变的情况下,取某组分同体积的溶液蒸气和纯组分蒸气进行色谱分析.

假如色谱峰高度与浓度成正比,由于进样体积相同,则峰高与蒸气压也应成比例,即

$$\frac{p_A}{p_A^*} = \frac{h_A}{h_A^*} \qquad \frac{p_B}{p_B^*} = \frac{h_B}{h_B^*} \qquad (2)$$

因此有

$$\gamma_A = \frac{h_A}{h_A^* x_A} \qquad \gamma_B = \frac{h_B}{h_B^* x_B} \qquad (3)$$

式中:h_A,h_B 分别为溶液蒸气中 A,B 组分的色谱峰高;h_A^*,h_B^* 分别为纯组分 A,B 的色谱峰高.

(二) 仪器药品

丙酮(AR),四氯化碳(AR).
色谱仪,饱和蒸气进样器,10 mL 移液管,250 mL 磨口锥形瓶.

(三) 实验步骤

1. 制备色谱柱.聚乙二醇,400 目红色载体,液载比 1:4,柱长 2 m,内径 3 mm.装柱后在

60 ℃ 下通气老化 4 h(也可采用 B.13 的色谱柱).

2. 用移液管配制体积分数为 0,0.2,0.4,0.6,0.8,1.0 的丙酮-四氯化碳溶液各 50 mL,并置于 250 mL 的磨口锥形瓶中,摇匀,备用.

3. 色谱条件为:柱温 60 ℃,载气 H_2 的流速为 70 mL·min^{-1},桥电流为 180 mA,衰减 1/4,用热导池检测器,定量管为 1 mL.

4. 当基线平稳后,便可进样分析.色谱进样采用饱和蒸气进样器进样,其装置见图B.14-1 所示.图中:2 为单向阀,当用手挤压时,气流沿箭头方向前进,通过溶液鼓泡,蒸气由 3 进入六通阀 4,再由定量管 5 回到单向阀 2 中.如此不断循环,使蒸气达到充分饱和程度.当挤压单向阀 10～15 次后,便可拉动六通阀进样.

先测丙酮和 CCl_4 的峰高 h 值,再依次测定不同溶液中不同组分的峰高 h_A、h_B.均测三次取平均值.

进样器在插入锥形瓶之前,应挤压单向阀多次,以排除管中剩余蒸气.单向阀可用双连球代替.六通阀事先应擦净.本实验最好在恒温室里操作.用手挤压单向阀时,注意手的温度影响.

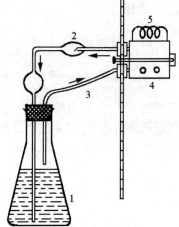

图 B.14-1　饱和蒸气进样器

(四) 数据处理

1. 由丙酮和四氯化碳的密度计算 x(丙酮),x(CCl_4).

2. 由色谱峰高,用(3)式求相应组成的 γ(丙酮),γ(CCl_4).

3. 作图 $\lg\gamma_i$-x_i,内插求 x(丙酮)为 0.3,0.5,0.7,0.9 时的 γ(丙酮)值.

思 考 题

1. 在什么条件下色谱峰高与浓度成正比?

2. 实验结果说明丙酮-四氯化碳溶液对拉乌尔定律是发生正偏差,还是负偏差?

3. 请分析本实验的误差主要来源是什么?

参 考 资 料

1. 罗澄源等.物理化学实验(第 3 版),p.92,北京:高等教育出版社(1992)

2. R. Barrett. J.Chem. Educ., 492(1972)

3. H. J. Arnikar et al. J. Chem. Educ., 826 (1970)

B.15 B-Z 振荡反应

了解 Belousov-Zhabotinskii 反应(简称 B-Z 反应)的基本原理,掌握研究化学振荡反应的一般方法,初步认识体系远离平衡态下的复杂行为.

(一) 实验原理

非平衡非线性问题是自然科学领域中普遍存在的问题.目前,这一新兴的研究领域受到了足够重视,大量的研究工作正在进行.该领域研究的主要问题是:体系在远离平衡态下,由于本身的非线性动力学机制而产生宏观时空有序结构.Prigogine 等人称其为耗散结构(dissipative structure).最经典的耗散结构是 B-Z 体系的时空有序结构.所谓 B-Z 体系,是指由溴酸盐、有机物在酸性介质中,在有(或无)金属离子催化剂催化下构成的体系.它是由前苏联科学家 Belousov 发现,后经 Zhabotinskii 发展而得名.

1972 年,R. J. Field, E. Körös, R. M. Noyes 等人通过实验对 B-Z 振荡反应作出了解释.其主要思想是:体系中存在着两个受溴离子浓度控制的过程 A 和 B;当 Br^- 浓度高于临界(crit.)浓度 $[Br^-]_{crit}$ 时,发生 A 过程,当 Br^- 浓度低于 $[Br^-]_{crit}$ 时,发生 B 过程.也就是说:Br^- 浓度起着开关作用,它控制着 A 到 B 过程,再由 B 过程到 A 过程的转变.在 A 过程,由于化学反应 Br^- 浓度降低,当 Br^- 浓度达到 $[Br^-]_{crit}$ 时,B 过程发生.在 B 过程中,Br^- 再生,Br^- 浓度增加,当 Br^- 浓度达到 $[Br^-]_{crit}$ 时,A 过程发生.这样,体系就在 A 过程、B 过程间往复振荡.下面以 $BrO_3^- \text{-} Ce^{4+} \text{-} MA \text{-} H_2SO_4$ 体系为例说明.

当 Br^- 浓度足够高时,发生下列 A 过程

$$BrO_3^- + Br^- + 2H^+ \xrightarrow{k_1} HBrO_2 + HOBr \tag{1}$$

$$HBrO_2 + Br^- + H^+ \xrightarrow{k_2} 2HOBr \tag{2}$$

其中反应(1)是速率控制步,当达到准定态时,有 $[HBrO_2] = \dfrac{k_1}{k_2}[BrO_3^-][H^+]$.

当 Br^- 浓度低时,发生下列 B 过程,Ce^{3+} 被氧化

$$BrO_3^- + HBrO_2 + H^+ \xrightarrow{k_3} 2BrO_2^{\cdot} + H_2O \tag{3}$$

$$BrO_2^{\cdot} + Ce^{3+} + H^+ \xrightarrow{k_4} HBrO_2 + Ce^{4+} \tag{4}$$

$$2HBrO_2 \xrightarrow{k_5} BrO_3^- + HOBr + H^+ \tag{5}$$

反应(3)是速率控制步,反应经(3)、(4)将自催化产生 $HBrO_2$.当达到准定态时

$$[HBrO_2] \approx \frac{k_3}{2k_5}[BrO_3^-][H^+]$$

由反应(2)和(3)可以看出:Br^- 和 BrO_3^- 是竞争 $HBrO_2$ 的.当 $k_2[Br^-] > k_3[BrO_3^-]$ 时,自催化过程(3)不可能发生.自催化是 B-Z 振荡反应中必不可少的步骤,否则该振荡不能发生.Br^- 的

临界浓度为

$$[Br^-]_{crit} = \frac{k_3}{k_2}[BrO_3^-] \approx 5 \times 10^{-6}[BrO_3^-]$$

Br^- 的再生可通过下列过程实现

$$4\,Ce^{4+} + BrCH(COOH)_2 + H_2O + HOBr \xrightarrow{k_6} 2\,Br^- + 4\,Ce^{3+} + 3\,CO_2 + 6\,H^+ \qquad (6)$$

该体系的总反应为

$$2\,H^+ + 2\,BrO_3^- + 2\,CH_2(COOH)_2 \longrightarrow 2\,BrCH(COOH)_2 + 3\,CO_2 + 4\,H_2O$$

振荡的控制物种是 Br^-.

(二) 仪器药品

丙二酸(AR),硫酸铈铵(AR),硫酸(AR),溴酸钾(GR,也可用分析纯进行重结晶);0.004 mol·dm^{-3}的硫酸铈铵溶液(在 0.20 mol·dm^{-3}硫酸介质中配制).

217 型甘汞电极(用 1 mol·dm^{-3} H$_2$SO$_4$ 作液接).

(三) 实验步骤

1. 观察体系的颜色变化,记录相应的电势曲线.

按图 B.15-1 连好仪器装置.接通记录仪,打开超级恒温槽,将温度恒在 25.0±0.1℃.在 100 mL 反应器中加入浓度为 0.5 mol·dm^{-3}的丙二酸、浓度为 0.25 mol·dm^{-3}的 KBrO$_3$、浓度为3.00 mol·dm^{-3}的硫酸各 10 mL 混合,打开记录仪.恒温 5 min 后加入 10 mL 浓度为 0.04 mol·dm^{-3}硫酸铈铵溶液,观察溶液颜色变化,记录相应的电势曲线.

断开记录仪,接上数字电压表,重复上述实验,观察体系的颜色变化与电势变化的关系,记下其电势变化的范围.

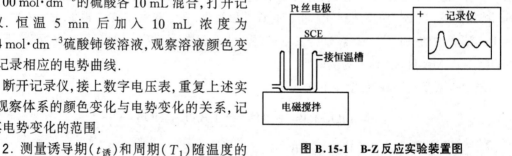

图 B.15-1　B-Z 反应实验装置图

2. 测量诱导期($t_诱$)和周期(T_1)随温度的变化.振荡的诱导期和周期的定义如图 B.15-2 所示.从加入硫酸铈铵到振荡开始定义为 $t_诱$,振荡开始后每个周期依次定义为 T_1, T_2, T_3, ….

按步骤 1 的配方,在 20~50℃ 之间选择 5~8 个合适的温度(如 20.0℃,25.0℃,30.0℃,…),在每个温度下重复前面的实验,准确记录 $t_诱$ 和周期(记录前 10 个周期即可).每个温度下的 $t_诱$ 和 T_1 至少重复三次.

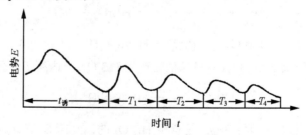

图 B.15-2　B-Z 反应的电势振荡曲线

3. 按步骤 1 的配方,将丙二酸、KBrO$_3$、硫酸混合搅拌均匀后停止搅拌,小心加入 10 mL 硫酸铈铵溶液,观察并记录现象.

(三) 结果及讨论

1. 据实验步骤 1 的电势曲线与颜色和电势值的对应关系,分析 Pt 丝电极记录的电势.曲线主要反映哪个电对电势的变化? 试说明理由.

2. 据实验步骤 2 的实验结果并作下列假定:诱导期的长短与反应速率成反比.即

$$1/t_{诱} \propto k = A\exp(-E_{表}/RT)$$

由此可得到

$$\ln(1/t_{诱}) = \ln A - E_{表}/RT$$

作 $\ln(1/t_{诱})$-$1/T$ 图,求出表观活化能 $E_{表}$(kJ·mol^{-1}).从 $\ln(1/t_{诱})$-$1/T$ 图为直线,对诱导期中进行的反应有何推测? 试说明理由.

分析周期(T_1)随温度的变化

3. 讨论实验步骤 3 观察到的现象,分析在没有搅拌时形成空间图案的原因,分析搅拌所起的作用.

思　考　题

1. 本实验记录的电势主要代表了什么意思? 它与 Nernst 方程求得的电势有何不同? 为什么?

2. 有人认为,根据热力学第二定律总有:$(dS)_{E,V} \geqslant 0$,而该实验的电势却呈周期性变化(它反映了物种浓度的周期性变化).这与第二定律矛盾,你认为如何? 试分析之.

参　考　文　献

1. G. Nicolls, I. Prigogine. Self-Organization in Nonequilibrium Systems, Wiley, New York (1977)
2. R. J. Rielled, R. M. Noyes. J. Am. Chem. Soc., 94, 8649(1972)
3. 大学化学实验改革课题组编.大学化学新实验,杭州:浙江大学出版社(1990)

B.16 蔗糖的转化

测定蔗糖转化的反应级数、速率常数和半衰期. 掌握测量原理和旋光仪的使用方法.

(一) 原理

反应速率只与某反应物浓度成正比的反应称为一级反应, 即

$$-\frac{dc}{dt} = kc \tag{1}$$

$$\ln(c_0/c_t) = kt \tag{2}$$

式中: k 是反应速率常数, c_t 是反应物在时间 t 时的浓度. 若以 $\ln[c_t/(\text{mol}\cdot\text{dm}^{-3})]$ 对 t 作图, 可得一直线, 其斜率即为反应速率常数 k.

反应速率还可用半衰期 $t_{1/2}$ 来表示. 若 a 为反应物起始浓度, x 为在 t 时间内已经起反应了的反应物浓度, 则在 t 时的反应速率为:

$$-\frac{d(a-x)}{dt} = k(a-x)$$

积分, 可得

$$t = \frac{1}{k}\ln\frac{a}{a-x} \tag{3}$$

当反应物浓度为起始浓度一半时, 即 $x = a/2$ 时所需之时间, 称为半衰期, $t_{1/2}$. 显然

$$t_{1/2} = \frac{1}{k}\ln\frac{a}{a-\frac{1}{2}a} = \frac{0.693}{k} \tag{4}$$

上式说明一级反应的半衰期只决定于反应速率常数 k, 而与起始浓度无关. 这是一级反应的一个特点.

蔗糖转化的反应方程式为

$$\text{C}_{12}\text{H}_{22}\text{O}_{11}(\text{蔗糖}) + \text{H}_2\text{O} \xrightarrow{\text{H}^+} \text{C}_6\text{H}_{12}\text{O}_6(\text{葡萄糖}) + \text{C}_6\text{H}_{12}\text{O}_6(\text{果糖})$$

此反应的反应速率与蔗糖的浓度、水的浓度以及催化剂 H^+ 的浓度有关. 在催化剂 H^+ 浓度固定的条件下, 这个反应本是二级反应, 但由于有大量水存在, 虽然有部分水分子参加反应, 但在反应过程中水的浓度变化极小, 可认为保持恒定. 因此, 反应速率只与蔗糖浓度成正比, 其浓度与时间的关系可用 (1) 式表示, 所以此反应可看做一级反应.

在本反应中反应物及产物均具有旋光性, 且旋光能力不同, 故可用体系反应过程中旋光度的变化来量度反应的进程. 测量旋光度所用的仪器称为旋光仪. 测得的旋光度的大小与溶液中所含旋光物质的旋光能力、溶剂性质、溶液的浓度及厚度、光源波长以及温度等均有关系. 在其他条件均固定时, 旋光度 α 与反应物浓度有直线关系, 即

$$\alpha = Kc$$

式中: 比例常数 K 与物质的旋光度、溶剂性质、溶液厚度、温度等均有关.

物质的旋光能力用比旋光度 $[\alpha]_D^{20}$[①]来度量,蔗糖是右旋性的物质,比旋光度 $[\alpha]_D^{20} = 66.6°$,生成物中葡萄糖也是右旋性物质,$[\alpha]_D^{20} = 52.5°$,但果糖是左旋性物质,$[\alpha]_D^{20} = -91.9°$.由于生成物中果糖的左旋性比葡萄糖的右旋性大,因此当水解作用进行时,右旋角不断减小,到反应终了时,体系将变成左旋.

设最初的旋光度为 α_0,最后的旋光度为 α_∞,则

$$\alpha_0 = K_{反} c_0 \quad (蔗糖尚未转化, t = 0) \tag{5}$$

$$\alpha_\infty = K_{生} c_0 \quad (蔗糖全部转化, t = \infty) \tag{6}$$

式中:$K_{反}$、$K_{生}$ 分别为反应物与生成物的比例常数;c_0 为反应物的最初浓度,亦即生成物最后的浓度.当时间为 t 时,蔗糖浓度为 c,旋光度为 α_t,则

$$\alpha_t = K_{反} c + K_{生}(c_0 - c) \tag{7}$$

由(5)~(7)式,得

$$c_0 = \frac{\alpha_0 - \alpha_\infty}{K_{反} - K_{生}} = K(\alpha_0 - \alpha_\infty)$$

$$c = \frac{\alpha_t - \alpha_\infty}{K_{反} - K_{生}} = K(\alpha_t - \alpha_\infty)$$

将此关系代入(3)式,即得

$$t = \frac{1}{k} \ln \frac{\alpha_0 - \alpha_\infty}{\alpha_t - \alpha_\infty} \tag{8}$$

或

$$\lg(\alpha_t - \alpha_\infty) = -\frac{k}{2.303} t + \lg(\alpha_0 - \alpha_\infty) \tag{9}$$

若以 $\lg(\alpha_t - \alpha_\infty)$ 对 t 作图,从其斜率即可求得反应速率常数 k.

(二) 仪器药品

蔗糖(AR),盐酸(AR,6 mol·dm^{-3},4 mol·dm^{-3},2 mol·dm^{-3}).

旋光仪,停表,超级恒温槽,100 mL 锥形瓶,25 mL 移液管,100 mL 磨口锥形瓶,100 mL 量筒,(1/10)刻度温度计,水浴装置.

(三) 实验步骤

1. 了解和熟悉旋光仪的构造和使用方法

2. 找仪器的零点

蒸馏水为非旋光物质,可以用它核对仪器的零点.洗净恒温旋光管(见图 B.16-1 所示).由加液口加入蒸馏水(滴管加液均不必拧开两头的压盖),至满.管中如有气泡,可由加液口赶出.用滤纸将管外部擦干.旋光管两端的玻璃片,可用镜头纸擦净.把旋光管放入旋光仪内,打开光源,调整目镜焦距,使视野清楚.旋转检偏镜,使视野中能观察到明暗相等的三分视野为止.记下检偏镜的旋转角 α,重复数次取其平均值,此值即为仪器的零点.将超越恒温槽调至 25℃.

---

① 比旋光度定义为溶液厚度为 10 cm,浓度为 1 g·mL^{-1}时的旋光度,$[\alpha]_D^{20}$ 右上标"20"表示测定时温度为 20℃,右下标"D"表示测定时用钠灯光源的 D 线(波长为 589 nm).

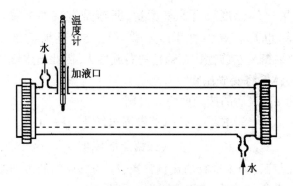

图 B.16-1 恒温旋光管

3. 配制溶液

用粗天平称取 30 g 的蔗糖溶于 150 mL 蒸馏水中,若溶液不清应过滤一次.

4. 旋光度的测定

用移液管取 25 mL 蔗糖置入 100 mL 干燥的锥形瓶中,用另一支移液管取 25 mL 盐酸置入同一锥形瓶.当酸流入一半时打开停表计时.盐酸全部倒入后要迅速将混合液摇匀.然后用此混合液少许,洗旋光管 2~3 次后,装满旋光管.用滤纸擦净管外的溶液后,尽快放入旋光仪中进行观察测量.当盐酸倒入蔗糖溶液中时,打开停表开始计时.

测量不同时间 t 时溶液的旋光角 α_t.由于 α_t 随时间不断地改变,因此找平衡点和读数均要熟练迅速,寻到平衡点立即记下时间 t,之后再读取旋光角 α_t.为了多读一些数据,以清除一些偶然误差,在开始 15 min 内,最好每分钟记录一次读数.以后测量的时间间隔可适当加长,直测至旋光角由右旋变到左旋为止.

5. α_∞ 的测定

α_∞ 的测定可以将反应液放置 48 h 后,在相同温度下测定溶液的旋光度,即为 α_∞ 值.为了缩短时间,可将剩余的糖和盐酸的等体积混合液置于 50~60 ℃ 水浴上温热 25 min,然后冷却至原来温度,再测此溶液的旋光度,即为 α_∞ 值.注意水浴温度不可过高,否则将产生副反应,颜色变黄.加热过程亦应避免溶液蒸发影响浓度,影响 α_∞ 的测定.

由于酸会腐蚀旋光仪的金属套,因此实验一结束,必须将其擦洗干净.

(四) 数据处理

1. 列出 t-α_t 表,并作出相应 α_t-t 的图.

2. 从 α_t-t 图曲线上,读出等间隔时间 t(如每隔 5 min)时的旋光角 α_t,并算出 $(\alpha_t - \alpha_\infty)$ 和 $\lg(\alpha_t - \alpha_\infty)$ 之数值.

3. 以 $\lg(\alpha_t - \alpha_\infty)$ 对 t 作图,由图线的形状判断反应的级数.由直线的斜率求反应速率常数 k.

4. 由 k 值计算这一反应的半衰期 $t_{1/2}$.

思 考 题

1. 蔗糖的转化速率和哪些条件有关?

2. 如何判断某一旋光物质是左旋还是右旋?

3．为什么配蔗糖溶液可用粗天平称量？

4．一级反应的特点是什么？

5．已知蔗糖的 $[\alpha]_D^{20}=65.55°$，设光源为钠光 D 线，旋光管长为 20 cm．试估算你所配的蔗糖和盐酸混合液的最初旋光角度是多少？

6．在数据处理中，由 α_t-t 曲线上读取等时间间隔 t 时的 α_t 值，这称为数据的"匀整"．此法有何意义？什么情况下采用此法？

提　　示

1．测定 H^+ 的反应级数

如考虑到 H^+ 对反应速率的影响，则有

$$k = k_0 + k(H^+)c^n(H^+)$$

式中：k_0 为 $c(H^+)\to0$ 时的反应速率常数；$k(H^+)$ 为酸催化速率常数；k 为表观速率常数；n 为 H^+ 的反应级数．

分别测定 3 mol·dm^{-3}、2 mol·dm^{-3}、1 mol·dm^{-3} 和 0.5 mol·dm^{-3} 盐酸的速率常数 k_3、k_2、k_1 和 $k_{0.5}$．作 k-$c(H^+)$ 图，曲线外推可求 k_0．作 $\lg(k-k_0)$-$\lg[c(H^+)/(\text{mol·dm}^{-3})]$ 直线图，由直线斜率可求反应级数 n．

在低酸度(2 mol·dm^{-3}，1 mol·dm^{-3})时，反应速率较慢，测 1 h 即可，不必测至旋光角由右旋变为左旋．

在 6 h 内测完 4 个浓度的数据．蔗糖溶液可一次配成(约 200 mL)．

2．数据处理的第二种方式

对于一级反应，在没有 α_∞ 数值，或者在反应不完全，不能求得 α_∞ 值时，亦可以用下法求出反应的速率常数 k 值来：先列出时间为 t 时的浓度 c_1[或 $\alpha(t_1)$]和时间为 $t+\Delta t$ 时的浓度 c_2[或 $\alpha(t_2)$]的数据，Δt 可为任意的时间间隔，不过最好是实验时反应进行的时间一半．作 $\lg[(c_1-c_2)/(\text{mol·dm}^{-3})]$ 对 t 的图，其斜率即为 $-k/2.303$．

公式推导如下：将公式(1)积分，并取初始浓度为 c_0，得

$$c = c_0 e^{-kt}$$

由此可得

$$c_1 = c_0 e^{-kt}$$
$$c_2 = c_0 e^{-k(t+\Delta t)} \tag{10}$$
$$c_1 - c_2 = c_0 e^{-kt}(1 - e^{-k\Delta t})$$

取对数

$$\lg\frac{c_1-c_2}{\text{mol·dm}^{-3}} = -\frac{k}{2.303}t + \lg\left[\frac{c_0}{\text{mol·dm}^{-3}}(1-e^{-k\Delta t})\right] \tag{11}$$

故作 $\lg[(c_1-c_2)/(\text{mol·dm}^{-3})]$-$t$ 图，由斜率可得 k．

由于旋光角 α 与浓度 c 成正比，故亦可直接用旋光角 α 代 c．

设

$$\alpha = K_\text{反}c + P$$
$$c_1 - c_2 = (\alpha_1 - \alpha_2)/K_\text{反}$$

代入(11)式，得

$$\lg(\alpha_1 - \alpha_2) = -\frac{k}{2.303}t + \lg\left[(K_\text{反}c_0(1-e^{-k\Delta t})\right]$$

3. 在自来水温度较稳定的情况下,可采用自来水恒温

参 考 资 料

1. [苏] 伏洛勃约夫等. 物理化学实验, p.129, 北京:高等教育出版社(1954)

2. F. Daniels et al. Experimental Physical Chemistry, p.149, McGraw-Hill Book Company, New York (1975)

3. H. W. Salzberg et al. Physical Chemistry Laboratory, p.421, Macmillan Publishing Co., Inc. New York (1978)

4. 印永嘉, 李大珍. 物理化学简明教程, 下册, p.254, 北京:人民教育出版社(1980)

B.17 乙酸乙酯皂化反应

用电导法测定乙酸乙酯皂化反应的级数、速率常数和活化能.掌握测量原理和电导率仪的使用方法.

(一) 原理

乙酸乙酯的皂化反应是二级反应,反应式为

$$CH_3COOC_2H_5 + OH^- = CH_3COO^- + C_2H_5OH$$

设在时间 t 时生成物浓度为 x,则该反应的动力学方程式为

$$\frac{dx}{dt} = k(a - x)(b - x) \tag{1}$$

式中:a,b 分别为乙酸乙酯和碱($NaOH$)的起始浓度;k 为反应速率常数.若 $a = b$,则(1)式变为

$$\frac{dx}{dt} = k(a - x)^2 \tag{2}$$

积分(2)式,得

$$k = \frac{1}{t} \times \frac{x}{a(a - x)} \tag{3}$$

由实验测得不同 t 时的 x 值,则可依式(3)计算出不同 t 时的 k 值.如果 k 值为常数,就可证明反应是二级的.通常是作 $\frac{x}{a - x}$ 对 t 图,若所得的是直线,也就证明是二级反应,并可以从直线的斜率求出 k 值.

不同时间下生成物的浓度可用化学分析法测定(例如分析反应液中的 OH^- 浓度),也可以用物理化学分析法测定(如测量电导).本实验用电导法测定 x 值,测定的根据是:

(1) 溶液中 OH^- 离子的电导率比 Ac^- 离子(即 CH_3COO^-)的电导率大很多(即反应物与生成物的电导率差别大).因此,随着反应的进行,OH^- 离子的浓度不断降低,溶液的电导率也就随着下降.

(2) 在稀溶液中,每种强电介质的电导率 κ 与其浓度成正比,而且溶液的总电导率就等于组成溶液的电解质的电导率之和.

依据上述两点,对乙酸乙酯皂化反应来说,反应物与生成物只有 $NaOH$ 和 $NaAc$ 是强电解质.如果是在稀溶液下反应,则

$$\kappa_0 = A_1 a$$
$$\kappa_\infty = A_2 a$$
$$\kappa_t = A_1(a - x) + A_2 x$$

式中:A_1,A_2 是与温度、溶剂、电解质 $NaOH$ 及 $NaAc$ 的性质有关的比例常数;κ_0,κ_∞ 分别为反应开始和终了时溶液的总电导率(注意这时只有一种电解质);κ_t 为时间 t 时溶液的总电导率.

由此三式,可得到

$$x = \left(\frac{\kappa_0 - \kappa_t}{\kappa_0 - \kappa_\infty}\right)a \tag{4}$$

若乙酸乙酯与 NaOH 的起始浓度相等,将(4)式代入(3)式,得

$$k = \frac{1}{ta} \times \frac{\kappa_0 - \kappa_t}{\kappa_t - \kappa_\infty} \tag{5}$$

由(5)式变换为

$$\kappa_t = \frac{\kappa_0 - \kappa_t}{kat} + \kappa_\infty \tag{6}$$

作 κ_t-$\dfrac{\kappa_0 - \kappa_t}{t}$ 图,由直线斜率 m 可求 k 值,即

$$m = \frac{1}{ka}, \quad k = \frac{1}{ma}$$

反应速率常数 k 与温度 T/K 的关系一般符合阿伦尼乌斯方程,即

$$\frac{d\ln(k/[k])}{dT} = \frac{E_a}{RT^2} \tag{7}$$

积分上式,得

$$\lg(k/[k]) = -\frac{E_a}{2.303RT} + C \tag{8}$$

式中:$[k]$ 为 k 的量纲,C 为积分常数,E_a 为反应的表观活化能.显然,在不同的温度下测定速率常数 k,作出 $\lg(k/[k])$ 对 $1/T$ 图,应得一直线,由直线的斜率就可算出 E_a 的值.

(二) 仪器药品

乙酸乙酯(AR),NaOH(≈ 0.02 mol·dm^{-3},无 NaCO$_3$、NaCl 等杂质),二次水.
DDS-11A 型电导率仪,恒温槽,夹层皂化管,大试管,50 及 100 mL 容量瓶,小滴管,停表.

(三) 实验步骤

1. 了解和熟悉 DDS-307 型电导率仪的构造和使用注意事项.
2. 配制浓度与 NaOH 准确浓度相等的乙酸乙酯溶液.

配制方法如下:先计算配制 100 mL 与所给 NaOH 浓度一致的乙酸乙酯溶液所需乙酸乙酯的量.在干净的 100 mL 容量瓶中加入少量二次水,准确称量其质量.然后用 100 μL 微量注射器滴加乙酸乙酯,乙酸乙酯要直接滴加到液面上,避免因沾到瓶壁挥发造成称量不准.称量乙酸乙酯的量与理论计算的量之差不得超过 1 mg.

3. κ_0 的测定.调恒温槽至 25 ℃.用 50 mL 容量瓶将 NaOH 溶液准确稀释一倍,一部分倒入大试管中(近一半高度),剩余部分淋洗铂黑电极.将电极插入大试管,放入恒温槽,恒温 10 min 以上.调节电导率仪并开始测量.使用电导率仪时,"温度"旋钮置于 25 ℃ 线上(即不补偿方式);仪器"选择"旋钮置于"校正"档,调节"常数"旋钮,使仪器显示值为电导池实际常数值(电导池常数标示在电极上);然后将仪器"选择"旋钮置于"测量"档,测定溶液的电导率.

4. κ_t 的测定.将洁净、干燥的夹层皂化管(其结构如图 B.17-1 所示)从烘箱中取出后,放置冷却至室温,用移液管取 25 mL 新配制的乙酸乙酯溶液放入皂化管的外管中;用另一支移液管取 25 mL NaOH 溶液放入皂化管的内管,塞好塞子,以防挥发.将皂化管和一支洁净、干燥的

大试管夹好放入恒温槽中,恒温 10 min.将皂化管自恒温槽中取出,倾斜之,使其内管中的 NaOH溶液全部流出与外管的乙酸乙酯溶液混合,同时开始计时;然后竖直皂化管,摇晃,使其进一步混匀.迅速将混合液倒入放在恒温槽中的大试管中(大半管),用剩余溶液充分淋洗电极.然后将电极插入大试管中,开始读取电导率值(上述过程约需 1～1.5 min).记录 2 min, 4 min, 6 min, …的数据.开始每 2 min 记一次数据,30 min 后每 4 min 记一次,共测定 46 min 左右.

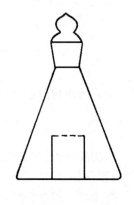

5.将皂化池和大试管洗净、烘干,按 3～4 步骤测量30 ℃ 和 35 ℃ 的 κ_0 和 κ_t 值.

6.实验完后,将皂化池和大试管洗净、烘干.将电极用蒸馏水洗净,插入装有蒸馏水的大试管中.

7.上机预处理数据.

图 B.17-1

(四) 数据处理

1.作 κ_t-t 图.

2.由 κ_t-t 图中选取 10 个与 t 相应的 κ_t 值,按下表处理:

t/s	$\kappa_t/(\text{S}\cdot\text{m}^{-1})$	$(\kappa_0 - \kappa_t)/(\text{S}\cdot\text{m}^{-1})$	$(\kappa_0 - \kappa_t)/t/(\text{S}\cdot\text{m}^{-1}\cdot\text{s}^{-1})$

3.作 κ_t-$\dfrac{\kappa_0 - \kappa_t}{t}$ 图,由直线斜率求出相应温度下的 k 值.

4.作 $\lg(k/[k])$-$1/T$ 图,由直线斜率求出活化能.

思 考 题

1.配制乙酸乙酯溶液时,为什么在容量瓶中要事先加入适量的重蒸馏水?

2.将 NaOH 溶液稀释一倍的目的是什么?

3.为什么乙酸乙酯与 NaOH 溶液的浓度必须足够的稀?

4.若乙酸乙酯与 NaOH 溶液的起始浓度不等时,应如何计算 k 值?

5.本实验中用二次水代替电导水可能会产生的影响是什么?

参 考 资 料

1.F. Daniels et al. Experimental Physical Chemistry, 7th ed., p.144, McGraw-Hill Book Company, Inc., New York (1970)

2.A. A. Frost et al. Kinetics and Mechanism, 2nd ed., Wiley, New York (1961)

3.傅献彩,沈文霞,姚天扬.物理化学(第4版),下册,p.522,p.700,北京:高等教育出版社(1990)

B.18 环戊烯气相分解反应

测定环戊烯分解反应级数、速率常数和活化能.掌握测量原理、熟悉真空实验技术.

(一) 原理

气相反应中,如果反应前、后反应方程式中,化学计量数和不为零,则可利用测定体系的总压力随时间的变化关系,来确定反应级数和反应速率常数,并以此来研究反应历程.

环戊烯气相热分解时,每一个反应物分子产生两个分子的气体产物,即

$$C_5H_8 \Longrightarrow C_5H_6 + H_2 \tag{1}$$

该反应为一级反应,其速率方程的积分式可表示为

$$\ln \frac{p_0}{p_A} = kt \tag{2}$$

式中:p_0 为环戊烯的起始压力,p_A 为在时间 t 时环戊烯的分压.

设在时间 t 时,体系的总压为 p_t,环戊二烯和氢的分压分别为 p_B 和 p_C,则

$$p_t = p_A + p_B + p_C \tag{3}$$

而

$$p_B = p_C = p_0 - p_A \tag{4}$$

由式(3)和(4),得

$$p_A = 2p_0 - p_t \tag{5}$$

将 p_A 代入(2)式,得

$$\ln \frac{p_0}{2p_0 - p_t} = kt \tag{6}$$

即

$$\ln(p_0/\text{kPa}) - \ln[(2p_0 - p_t)/\text{kPa}] = kt \tag{7}$$

作 $\ln[(2p_0 - p_t)/\text{kPa}]\text{-}t$ 图,就可求得 k 值.但是,对于环戊烯的热分解,要直接测量 p_0 值是有困难的.因为将环戊烯加入反应器后,要使环戊烯从室温升高到反应温度需要一定的时间(约 1 min),而在这段时间内,分解反应已经进行.为了克服这一困难,可作 $p_t\text{-}t$ 图,外推到时间为零时求出 p_0 值.

我们用 $t_{1/4}$、$t_{1/3}$、$t_{1/2}$ 分别表示反应进行了 1/4、1/3 和 1/2 时所需要的时间,则相应的 p_t 如下表所示:

t	p_t
$t_{1/4}$	$\frac{5}{4}p_0 = 1.25p_0$
$t_{1/3}$	$\frac{4}{3}p_0 = 1.33p_0$
$t_{1/2}$	$\frac{3}{2}p_0 = 1.50p_0$

方程(6)可以变为

$$\ln\left(2 - \frac{p_t}{p_0}\right) = -kt \tag{8}$$

这样,只要我们测得在 $p_t = 1.25p_0, 1.33p_0, 1.50p_0$ 时所需要的时间 $t_{1/4}, t_{1/3}, t_{1/2}$ 中任意一对值时,就可以不通过作图,而直接应用方程(8)计算出 k 值.

从 $\ln[(2p_0 - p_t)/\text{kPa}]$-$t$ 图是否为一直线,也可以判定反应是否属于一级反应. 另外,也可以通过 $t_{1/2}$ 与 $t_{1/3}$ 的比值来进行检查. 对于一级反应

$$\frac{t_{1/2}}{t_{1/3}} \approx 1.70$$

而零级反应和二级反应则分别为 1.50 和 2.00.

如果能测得两个以上的不同温度时的 k 值,则可根据阿伦尼乌斯的关系式作 $\ln\frac{k}{[k]}$-$1/T$ 图,而求得反应的活化能.

理论上,环戊烯分解反应趋于完成时的总压力 $p_\infty = 2p_0$,但因后期可能有副反应产生,p_∞ 值约为 $1.9p_0$.

(二) 仪器药品

环戊烯,液氮,高真空活塞油等.

玻璃真空系统,真空机组,复合真空计,精密温度控制器,反应炉,热电偶,电位差计,停表.

(三) 实验步骤

1. 仪器装置

仪器装置如图 B.18-1 所示. 为了减少反应的"死空间",连接压力计和反应器之间的管线应尽量短,一般应使连接管线的容积不大于反应器容积的 0.04 倍. 为了防止反应时反应物或生成物凝结于管壁,用细电炉丝缠绕反应器和压力计之间的连接管线,保持管壁温度为 50 ℃ 左右. 硬质玻璃反应器的体积为 500 mL 左右,热电偶插于反应器上方的小孔中. 反应器安装在

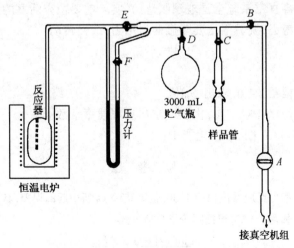

图 B.18-1 环戊烯热分解反应装置图

反应炉的正中,反应炉由精密温度控制器控温,要求温度控制在 ±1℃ 的范围内.压力测量采用测高仪或放大镜.温度测量采用电位差计.

2.反应级数的测定

在 495~545℃ 温度范围之间,取三个温度,每次变动 10℃,反应器的容积已事先标定.调节恒温加热系统,把反应器加热到预定温度.当反应器温度稳定后,加热连接管线,使其温度为 50℃ 左右.在样品管中加入适量的环戊烯

旋开除 C 以外的全部活塞,对系统抽真空(关于真空技术,参阅 C.3).使系统的真空度到达 10^{-2}~10^{-3} Pa(约 10^{-4}~10^{-5} mmHg).关闭活塞 E 和 F,并检查反应系统有无漏气.确定无漏气后,关闭活塞 D,用液氮缓慢地冷冻样品管使环戊烯固化.然后,旋开活塞 C,以便抽走样品管中的空气.关闭 C,移去液氮,让固体熔化并释放出溶解在环戊烯中其他气体.再用液氮冷冻样品管至环戊烯固化,旋开活塞 C,抽走被释放出的气体.如果从环戊烯中释放出的气体较多,则应重复此操作一遍(此步骤在实验前已完成).然后,关闭 C,撤走液氮,等环戊烯温度到室温时,关闭活塞 B,旋开活塞 D 和 C,让贮气瓶充满蒸气[在 25℃ 时,环戊烯的蒸气压约为 47 kPa(350 mmHg)].然后关闭活塞 C.

开始反应,缓慢地旋转活塞 E,并注意观察压力计的变化.当压力达到要求的始压 2.7~4.0 kPa(20~30 mmHg)的 95%,关闭活塞 E 和 D,同时打开停表,开始记录时间和始压.反应初期,每分钟记录一次压力和时间的读数,此后则每隔 2 min 记录一次.如果为了求活化能,而做高于 510℃ 的实验,则记录时间还应缩短.当压力增至 $p_t \approx 1.70\ p_0$ 时,时间约为 1 h 左右,即可结束反应.然后打开活塞 B 和 E,将系统抽至 10^{-2}~10^{-3} Pa,关闭 B,旋开 D,改变始压 p_0 值,继续作分解反应.如此重复,作几个不同的 p_0 值.在实验中,还应注意记录 $t_{1/4}$,$t_{1/3}$,$t_{1/2}$ 的值.调整炉温,按上述步骤,再测两个温度下的分解反应.

整个实验结束后,将系统抽至真空,然后停止反应炉和连接管线的加热,按操作要求停止真空机组的工作,切断电流,关闭自来水(但油泵冷却水必须在油泵完全冷却时才能停水),最后使系统通大气.

要求学生熟悉高真空的获得和测量,以避免因操作时稍不小心或发生错误,而引起严重的后果(应该特别注意,高真空系统全是玻璃制造!).实验前要检查活塞的润滑情况,实验中每旋转一个活塞都要慎重考虑.旋转活塞要略微向里用力,缓慢转动.

(四) 数据处理

1.作 p_t-t 图,外推至 $t=0$,求出 p_0 值.

2.作 $\ln[(2p_0-p_t)/\text{kPa}]$-$t$ 图,由斜率求出反应速率常数 k.

3.作 $\ln(k/[k])$-$1/T$ 图,求活化能 E_a.

思　考　题

1.如果"死空间"体积为反应器体积的 1/30,估算其对 p_0 所引起的误差,其结果说明什么问题?

2.实验的恒温精度如为 ±1℃,根据阿伦尼乌斯公式

$$\frac{\mathrm{d}\ln(k/[k])}{\mathrm{d}T} = \frac{E_a}{RT^2}$$

并假设:$E_a=251$ kJ·mol^{-1},$T=800$ K.请估算由于温度变化所引起 k 的最大误差,计算结果说明什么问

题?

提　示

1. 本实验可用环己烯代替环戊烯.

2. 可用机械泵代替真空机组.机械泵只能抽至 1.3 Pa(约 10^{-2} mmHg)的真空度,这时可用高纯氮灌入真空系统至 101 kPa(约 760 mmHg),再用泵抽至 1.3 Pa 即可.

如无液氮时可直接使用环戊烯,不必进行样品的固化提纯.但应小心抽去样品上部的空气.

参 考 资 料

1. 戴维·P·休梅尔等著;俞鼎琼,廖代伟译.物理化学实验(第 4 版),p.300,北京:化学工业出版社(1990)

2. D. W. Vanas et al. J. Am. Chem. Soc., 70, 4035 (1948)

3. M. Uchiyama et al. J. Phys. Chem., 68, 1878 (1964)

B.19 丙酮碘化反应

采用初始速率法,测定丙酮碘化反应的级数、速率常数和活化能.掌握测量原理和分光光度计的使用方法.

(一) 原理

酸溶液中丙酮碘化反应是一个复杂反应,反应式为

$$CH_3-\overset{O}{\underset{||}{C}}-CH_3 + I_2 \xrightarrow{H^+} CH_3-\overset{O}{\underset{||}{C}}-CH_2I + I^- + H^+ \tag{1}$$

该反应由氢离子催化.假定速率方程为

$$v = \frac{-dc_A}{dt} = \frac{-dc(I_2)}{dt} = kc_A^p c^q(I_2) c^r(H^+) \tag{2}$$

式中:v 为反应速率;c_A, $c(I_2)$, $c(H^+)$ 分别为丙酮、碘、盐酸的浓度$(mol \cdot dm^{-3})$;k 为速率常数;指数 p, q, r 分别为丙酮、碘和氢离子的反应级数.速率、速率常数以及反应级数均可由实验测定.

因为碘在可见光区有一个吸收带,而在这个吸收带中盐酸和丙酮没有明显的吸收,所以可采用分光光度法直接观察碘浓度的变化,以跟踪反应的进程.在本实验条件下,实验将证明丙酮碘化反应对碘是零级反应,即 q 为零.由于反应并不停留在一元碘化丙酮上,还会继续反应下去.故采用初始速率法,测量开始一段的反应速率.因此,丙酮和酸应大大的过量,而用少量的碘来限制反应程度.这样,在碘完全消耗前,丙酮和酸的浓度基本保持不变.由于反应速率与碘的浓度无关(除非在很高的酸度下),因而直到全部碘消耗完以前,速率是常数.即

$$v = kc_A^p c^r(H^+) = 常数 \tag{3}$$

因此,将 $c(I_2)$ 对时间 t 作图为一直线,其斜率即为反应速率.

为了测定指数 p,至少需进行两次实验.在这两次实验中,丙酮初始浓度不同,而氢离子的初始浓度相同.若用脚注Ⅰ、Ⅱ分别表示这两次实验,则 $c(A_{II}) = uc(A_I)$, $c(H_{II}^+) = c(H_I^+)$.由式(3)可以得到

$$\frac{v_{II}}{v_I} = \frac{kc^p(A_{II})c^r(H_{II}^+)}{kc^p(A_I)c^r(H_I^+)} = \frac{u^p c^p(A_I)}{c^p(A_I)} = u^p \tag{4}$$

$$\lg \frac{v_{II}}{v_I} = p\lg u \tag{5}$$

$$p = \lg \frac{v_{II}}{v_I} / \lg u \tag{6}$$

同理,可求指数 r.假设 $c(A_{III}) = c(A_I)$,而 $c(H_{III}^+) = wc(H_I^+)$,可得出

$$r = \lg \frac{v_{III}}{v_I} / \lg w \tag{7}$$

根据式(2),由指数、反应速率和浓度数据可以算出速率常数 k.由两个或两个以上温度的速率

常数,据阿伦尼乌斯关系式

$$E_a = 2.303R \frac{T_1 T_2}{T_2 - T_1} \cdot \lg \frac{k_2}{k_1} \tag{8}$$

可以估算反应的活化能 E_a.

本实验中,通过测定溶液对 510 nm 光的吸收来确定碘的浓度.溶液的吸光度 A 与浓度 c 的关系为

$$A = Kcd \tag{9}$$

式中: A 为吸光度, K 为吸收系数, d 为溶液厚度, c 为溶液的浓度 $(\text{mol} \cdot \text{dm}^{-3})$. 在一定的溶质、溶剂、波长以及溶液厚度下, K、d 均为常数,所以(9)式可以变为

$$A = Bc \tag{10}$$

式中: 常数 B 可由已知浓度的碘溶液求出.

对复杂反应,当知道反应速率方程的具体形式后,就可能对反应机理做某些推测(见参考资料 3 和 4).

(二) 仪器药品

丙酮溶液 $(4.000 \text{ mol} \cdot \text{dm}^{-3})$,盐酸溶液 $(1.000 \text{ mol} \cdot \text{dm}^{-3})$,碘溶液 $(0.02000 \text{ mol} \cdot \text{dm}^{-3})$.

722 分光光度计一台,比色池一盒, 5 mL、10 mL 移液管各 4 支, 50 mL 容量瓶 4 个, 100 mL 锥形瓶 4 个,停表一只,超级恒温槽一台,恒温水浴一台.

(三) 实验步骤

1. 调节 722 分光光度计

将超级恒温槽温度准确调至 25 ℃.接通分光光度计电源 10 min 后,在透光率档,用纯水校正分光光度计,即在光路断开(样品室上盖打开)时,用"0"钮调节读数为 0,光路通(样品室上盖关闭)时用"100"钮调节读数为 100.

取 10 mL 经标定的碘溶液至 50 mL 容量瓶中并稀释到刻度,而后将稀释的碘溶液装入厚度为 2 cm 的比色池并放入分光光度计中.将分光光度计的功能钮设在浓度档,调节吸收光波长至 510 nm,转动浓度调节钮直至在数字窗中显示出溶液的实际浓度值.

2. 测定四组溶液的反应速率

测定下列配比四组溶液的反应速率.

表 B.19-1　待测反应速率的四组溶液配比

序　号	V(碘溶液)/mL	V(丙酮溶液)/mL	V(盐酸溶液)/mL	V(水)/mL
(1)	10.0	3.0	10.0	27.0
(2)	10.0	1.5	10.0	28.5
(3)	10.0	3.0	5.0	32.0
(4)	5.0	3.0	10.0	32.0

反应前,将锥形瓶用气流烘干器烘干,容量瓶洗净.准确移取上述体积的丙酮和盐酸到锥形瓶中,移取碘溶液和水到容量瓶中,其中加水的体积须少于应加体积约 2 mL,以便将溶液总体积准确稀释到 50 mL.将装有液体的锥形瓶和容量瓶放入恒温水浴中恒温 10～15 min,而后

将锥形瓶中的液体倒入容量瓶中,用少量水将锥形瓶中剩余的丙酮和盐酸洗入容量瓶中,并加水到刻度后混匀.当将锥形瓶中液体一半倒入于容量瓶中时开始计时,作为反应的初始时间.

将反应液装入另一个厚度为 2 cm 的比色池并放入分光光度计中.每隔 0.5 min 测定一次反应液中碘的浓度.每次测定反应液中碘浓度之前,均须将标准碘溶液的浓度值调准.每组反应液须测定 10~15 个碘浓度的数值.

将超级恒温槽温度调节至 35 ℃,重复上述实验.

(四) 数据处理

1. 将 $c(I_2)$ 对时间 t 作图,求出反应速率.

2. 据式(6)、(7)计算丙酮和氢离子的反应级数.用表中第(1)和第(4)号溶液的数据,用类似的方法计算碘的反应级数.

3. 按表中的实验条件,据式(3)求算 25 ℃时丙酮碘化反应的速率常数 k 值.

4. 求出 35 ℃时的 k 值.

5. 由式(8)求出丙酮碘化反应的活化能 E_a.

思 考 题

1. 在本实验中,若将碘加到含有丙酮、盐酸的容量瓶中时,并不立即开始计时,而是当混合物稀释到 50 mL,摇匀,并倒入样品池测吸光度时,再开始计时,这样处理是否可以? 为什么?

2. 影响本实验结果精确度的主要因素有哪些?

参 考 资 料

1. H. D. Crockford et al. Laboratory Manual of Physical Chemistry, John Wiley, New York (1975)

2. 傅献彩,沈文霞,姚天扬.物理化学(第 4 版),下册,p.726,北京:高等教育出版社(1990)

3. F. Daniels et al. Experimental Physical Chemistry, 7th ed., p.152, McGraw-Hill Book Company, Inc., New York (1970)

4. 复旦大学等.物理化学实验,北京:高等教育出版社 (1993)

B.20 乙醇脱水复相反应

采用稳定流动法测定乙醇脱水反应级数、反应速率常数和活化能.了解稳定流动法的测量技术,熟悉气相色谱仪的使用方法.

(一) 原理

在化学工业生产及研究多相催化反应中,经常采用稳定流动法.稳定流动体系反应的动力学公式与静止体系的动力学公式有所不同.当稳定流动体系反应达到稳定状态之后,反应物的浓度就不随时间变化,根据反应区域体积的大小以及流入和流出反应器的流体的流速和化学组成就可以算出反应速率.改变流体的流速或组分的浓度,就可以测定反应的级数和速率常数.

下面简要地推导稳定流动体系的一级反应动力学公式.

如果反应是在圆柱形反应管内进行,催化剂层的总长度是 l,反应管的横截面积是 S,只有在催化剂层中才能进行反应.假设反应 A→B 是一级反应,反应速率常数为 k_1.在反应物接触催化剂之前反应物 A 的浓度为 $c(A_0)$,反应物接触到催化剂之后就发生反应,随着反应物在催化剂层中通过,反应物 A 的浓度就逐渐变小.设在某一小薄层催化剂 dl 前反应物 A 的浓度为 c_A,当反应物通过 dl 之后,浓度变为 $c_A - dc_A$,如图 B.20-1 所示.

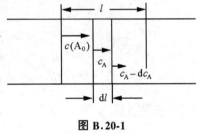

图 B.20-1

如果是在静止体系,则一级反应的动力学公式如下

$$v_A = \frac{-dc_A}{dt} = k_1 c_A \tag{1}$$

但是在流动体系中应该如何来考虑时间的因素呢? 反应物是按稳定的流速流过催化剂层的,流速(单位时间内流过的体积数)为 F,在一小层催化剂内,反应物与催化剂接触的时间为 dt,则

$$dt = \frac{dV}{F} \tag{2}$$

式中:dV 为一小薄层催化剂 dl 的体积,而

$$dV = Sdl \tag{3}$$

将式(2)及式(3)代入式(1),则得

$$\frac{-dc_A}{c_A} = k_1 \frac{S}{F}dl \tag{4}$$

将式(4)积分,c_A 的积分区间由 c_0 到 c,l 的积分区间由 0 到 l.将结果整理,得

$$k_1 = \frac{F}{Sl}\ln\frac{c_0}{c} \tag{5}$$

这就是稳定流动体系中一级反应的速率公式.

在 350~400 ℃ 区间,乙醇在 Al_2O_3 催化剂上脱水反应主要生成的产物是乙烯,这个反应是一级反应.由于反应产物之一是气体,所以可用量气法或色谱法来测得反应的速率并由式(5)计算反应速率常数,本实验采用色谱法.为了计算方便起见,可以将式(5)稍加变换.设 A 为单位时间加入乙醇的物质的量, n 为单位时间生成乙烯的物质的量, V_0 为催化剂的体积 (dm^3).可得

$$F = \frac{ART}{p} \tag{6}$$

在每一具体反应中 T、p 均为常数.

$$\frac{c_0}{c} = \frac{A}{A - n} \tag{7}$$

$$Sl = V_0 \tag{8}$$

将式(6)~(8)代入式(5),合并常数,则得

$$k_1 = \left(\frac{RT}{p}\right)\frac{A}{V_0}\ln\frac{A}{A - n} \tag{9}$$

或

$$k_1 = \frac{1}{V_0}A\ln\frac{A}{A - n} \tag{10}$$

当 $n \ll A$ 时,可以利用近似式 $\ln\frac{a}{b} \approx \frac{2(a - b)}{(a + b)}$,化简式(10),得

$$k_1 = \frac{1}{V_0} \times \frac{An}{A - \frac{n}{2}} \tag{11}$$

当 $n < \frac{A}{3}$ 时,式(11)的误差不超过 1%.

(二) 仪器药品

无水乙醇, Al_2O_3.

乙醇脱水反应装置(包括反应管、加热炉、热电偶等),精密温度控制器,电位差计,停表,皂泡流速计,100 型色谱仪,氢气钢瓶.

(三) 实验步骤

1. 仪器装置

仪器装置如图 B.20-2 所示.恒速进样器 3 以恒定的速度(由同步马达带动)推动注射器 2,由三通活塞 1 进样.反应管 5 的中部装填催化剂.热电偶 4 插于催化剂床层中部,用电位差计测温.管式炉 6 用精密温度控制器进行自动控温.液体凝聚器 7 用来凝聚没有反应的乙醇及液态产物.反应后的尾气流速由皂泡流速计 8 测定,其成分用气相色谱进行分析.

2. 反应速率常数的测定

称取 0.3 g 粒度为 30~40 目的 Al_2O_3 催化剂,置于反应管的中部.催化剂前、后填以玻璃毛,外部填充碎玻璃.系统经检查无漏气后,将三通活塞旋向 9,使经净化后的空气进入反应管(即空气分别通过 10% NaOH 和

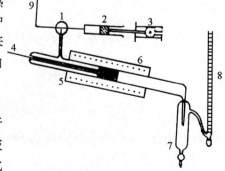

图 B.20-2　乙醇脱水反应装置图

含 $KMnO_4$ 的硫酸溶液,再经碱石灰,变色硅胶吸湿等处理,使空气净化).在尾气出口处用水泵抽气.管式炉加热至 400 ℃,活化 0.5 h.

调节恒速进样器,使加料速度为 $0.15\sim0.2\,mL\cdot min^{-1}$.拆去水泵,把三通活塞旋至进样位置.将炉温调至 350 ℃.经数分钟反应达到稳定状态后,用皂泡流速计测尾气流速.测定几次,取平均值.

色谱法测定乙烯含量是采用已知样校正法.由于尾气中乙烯含量在 98% 以上,可用纯乙烯进样进行比较、测定,即在同样的色谱条件下,用注射器或六通阀分别进样 2 mL 的尾气和乙烯.它们的峰高比值即为尾气所含乙烯的质量分数.色谱条件是:载体为 GDX-502,柱长 3 m,柱温 100 ℃,载气 H_2 的流速为 $60\sim100\,mL\cdot min^{-1}$,桥电流为 150 mA.

分别在 $350\sim380$ ℃之间选取 $3\sim4$ 个温度,依上法进行实验.

V_0 已事先测定.

(四) 数据处理

1. 将乙醇加料速度换算为 $mol\cdot min^{-1}$,即求出 A.

2. 求出尾气的平均流速($mL\cdot min^{-1}$).

3. 由色谱测量尾气的峰高,计算尾气中含乙烯的质量分数,再由流速计算出乙烯生成速率 n(以 $mol\cdot min^{-1}$计).

4. 根据(11)式计算不同温度下的反应速率常数 k.

5. 作 $\ln(k/[k])$-$\frac{1}{T}$ 图,并求出反应活化能.

思　考　题

稳定流动体系中,其动力学公式有什么特点?

参 考 资 料

1. [美] 斯坦莱·韦拉斯.化工反应动力学,p.114,北京:化学工业出版社(1968)

2. 吴越等.中国科学院应用化学研究所集刊(第 4 集),p.49,北京:科学出版社(1960)

3. Си Сяу-фан и Ву Юя. Проблемы Кинетики и Катализа, 10, 330, М., Изд-Во, АНСССР(1960)

4. 傅献彩,沈文霞,姚天扬.物理化学(第 4 版),下册,p.968,北京:高等教育出版社(1990)

B.21 硫氰化铁的快速反应

采用连续流动法来研究硫氰化铁($FeSCN^{2+}$)络合物形成的动力学.了解连续流动法对快速反应动力学进行研究的基本原理和实验技术.

(一) 原理

经典的动力学方法在以往的研究中已经证明是非常有效的,但经典方法只能对慢的速率控制步骤机理进行研究;对于反应半衰期短于几秒的快速反应机理的研究,则需要一些特殊的方法.近年来,已经发展起来了多种新方法,来研究溶液中快速反应的动力学,最早出现的是各种流动法.这种流动法可以用来研究半衰期为 $10^{-3} \sim 1\,s$ 的一些快速反应.

在 pH 恒定的酸性溶液中,Fe^{3+} 与 SCN^- 离子间发生快速反应

$$Fe^{3+} + SCN^- \underset{k_r}{\overset{k_f}{\rightleftharpoons}} FeSCN^{2+} \tag{1}$$

式中:k_f 是正向反应速率常数,k_r 是逆向反应速率常数.由机理(1)得到速率方程为

$$\frac{d[FeSCN^{2+}]}{dt} = k_f[Fe^{3+}][SCN^-] - k_r[FeSCN^{2+}] \tag{2}$$

平衡常数 K 与速率常数关系为

$$K = \frac{k_f}{k_r} = \frac{[FeSCN^{2+}]_\infty}{[Fe^{3+}]_\infty[SCN^-]_\infty} \tag{3}$$

下标∞表示平衡值($t = \infty$).对于反应的任意瞬时,有

$$[FeSCN^{2+}] + [SCN^-] = [FeSCN^{2+}]_\infty + [SCN^-]_\infty \tag{4}$$

利用以上关系,方程(2)可改写为

$$\frac{d[FeSCN^{2+}]}{dt} = k_f[Fe^{3+}]([FeSCN^{2+}]_\infty + [SCN^-]_\infty) - k_f([Fe^{3+}] + K^{-1})[FeSCN^{2+}] \tag{5}$$

为了简化方程(5)的积分,可选择$[Fe^{3+}] \gg [SCN^-]$的实验条件.这样,可以认为$[Fe^{3+}]$在反应过程中基本不变.在 $t = 0$ 时,$[FeSCN^{2+}] = 0$.这时对(5)式积分,得到

$$\ln \frac{[FeSCN^{2+}]_\infty - [FeSCN^{2+}]}{[FeSCN^{2+}]_\infty} = -([Fe^{3+}] + K^{-1})k_f t \tag{6}$$

或

$$\lg \frac{[FeSCN^{2+}]_\infty - [FeSCN^{2+}]}{[FeSCN^{2+}]_\infty} = -\frac{1}{2.303}([Fe^{3+}] + K^{-1})k_f t \tag{7}$$

其中$[FeSCN^{2+}]$可由分光光度计测量.吸光度 A 与浓度的关系为

$$A = \varepsilon d[FeSCN^{2+}]$$

式中:ε 为摩尔吸收系数,d 为溶液的厚度,它们均为常数.则(7)式可改写为

$$\lg(A_\infty - A) = -([Fe^{3+}] + K^{-1})\frac{k_f t}{2.303} + 常数 \tag{8}$$

若以 $\lg(A_\infty - A)$ 对时间 t 作图,可得到一直线,则证明对于 SCN^- 和 $FeSCN^{2+}$ 是一级反应.同

时,由斜率可求 k_f.

反应时间 t 与从混合器到玻璃毛细管某点距离 x 之间的定量关系,可以通过测量时间间隔 $\Delta\tau$,与在此时间内流过毛细管的溶液体积 ΔV 来确定,即

$$t = x\frac{S\Delta\tau}{\Delta V} \tag{9}$$

式中:$\Delta\tau$ 为时间间隔,ΔV 为 $\Delta\tau$ 内流过毛细管的溶液体积,S 为毛细管横截面积,x 为混合器到测定点的距离.

(二) 仪器药品

试液 a 及试液 b(各成分浓度见下表).

	$c[\mathrm{Fe(NO_3)_3}]$ mol·dm^{-3}	$c(\mathrm{NaSCN})$ mol·dm^{-3}	$c(\mathrm{HClO_4})$ mol·dm^{-3}	$c(\mathrm{NaClO_4})$ mol·dm^{-3}
试液 a	0.0200	—	0.20	0.14
试液 b	—	0.00200	0.20	0.14

水泵,U 型水银压力计,721 型分光光度计,秒表,玻璃毛细管(外径 4.0 mm,内径 2.0 mm),T 型液体混合器,移动滑轨等.

(三) 实验步骤

1. 仪器装置

快速反应仪器装置如图 B.21-1 所示.4 为改装后的 721 型光度计.光度计在滑轨 7 上可平行移动.3 为 250 mL 带刻度的分液漏斗.2 为 20L 的缓冲瓶,其作用是使体系压力稳定.a,b 分别为 5L 试剂瓶,内装被测溶液.用橡皮管与 T 型混合器 5 相连接.光度计的透光窗 6 中,装有毛细管固定式透光槽.T 型液体混合器和透光槽见图 B.21-2 所示.溶液和光度计部分最好在空气恒温箱中,进行恒温操作.

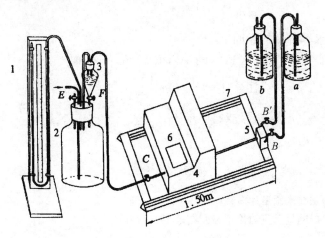

图 B.21-1 快速反应装置

1. U 型水银压力计 2. 缓冲瓶(20 L) 3. 液体流量测定瓶

4. 721 型分光光度计 5. T 型液体混合器 6. 透光窗 7. 滑轨(带标尺)

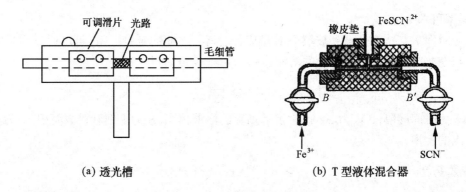

(a) 透光槽　　　　　　　　　　　　　(b) T 型液体混合器

图 B.21-2　透光槽与混合器

2. 调节光度计的零点

打开光度计电源开关, 预热 30 min. 波长选在 450 nm 处. 关闭活塞 B, B', C, E, 打开水泵. 由活塞 E 调节缓冲瓶的真空度约为 80 kPa(600 mmHg). 打开活塞 C, 然后交替打开活塞 B 和 B' 数次, 赶净毛细管内的气泡. 再打开活塞 B (或 B'), 30 s 后, 调节吸光度零点.

3. 测定毛细管中液体的流速

零点调好后, 打开活塞 B' (或 B). 此时 B, B', C 三个活塞均已打开. 关闭活塞 F, 并同时打开停表计时, 测量 $\Delta\tau$ 与 ΔV. 应使流过 250 mL 溶液的时间约为 30 s. 测定 $\Delta\tau$ 之后打开活塞 F.

4. 液体吸光度的测定

为节约溶液, 在测 $\Delta\tau$ 的同时就可进行吸光度 A 的测量. 当吸光度指针稳定后, 就可读取 A 值.

测完 A 值后, 先关闭活塞 C, 并尽快地关闭活塞 B 和 B'. 2 min 后, 再读取 A_∞ 值. 在玻璃毛细管上选取 6~7 个不同的 x 值点, 并重复上述 4 中的操作. 玻璃毛细管的横截面积 S 可由汞重量法测定. 记录反应温度及体系的真空度.

(四) 数据处理

1. 利用(9)式求算各点的时间 t.
2. 由(1)式和平衡常数 K 求 Fe^{3+} 的平衡浓度 $[Fe^{3+}]_\infty$, 而

$$[Fe^{3+}] = \frac{1}{2}([Fe^{3+}]_0 + [Fe^{3+}]_\infty)$$

3. 作 $\lg(A_\infty - A)$-t 图, 由直线斜率求 k_f.
4. 利用(3)式求 k_r.

思　考　题

1. 本实验误差的主要来源是什么?
2. 用这套仪器可以测量反应的最小半衰期是多少?

提　　示

1. 本实验的恒温可用空气恒温罩将需恒温部分置于恒温罩之内.
2. 毛细管内径要求十分均匀, 可采用汞重量法进行测定、比较.

3. 透光槽的光路部分十分重要. 光路上下宽度应比毛细管外径稍小, 并准确置光路于毛细管中央部位.

4. 25 ℃ 时, 反应的平衡常数 $K = (146 \pm 5)$ $dm^3 \cdot mol^{-1}$.

参 考 资 料

1. 戴维·P·休梅尔等著; 俞鼎琼, 廖代伟译. 物理化学实验(第 4 版), p.314, 北京: 化学工业出版社 (1990)

2. J.F. Below et al. J. Am. Chem. Soc., 80, 2961(1958)

3. H.S. Frank et al. J. Am. Chem. Soc., 69, 1321(1947)

4. [美] H.D. 克罗克福特等. 物理化学实验, p.285, 北京: 人民教育出版社(1982)

5. 杨文治. 物理化学实验技术, p.292, 北京大学出版社(1992)

B.22　离子迁移数的测定

采用界面法和希托夫法测定 H^+,Ag^+ 离子的迁移数.掌握测定离子迁移数的原理和方法及库仑计的使用.

当电流通过电解池时,两电极发生化学变化,电池中溶液的阳离子和阴离子分别向阴极与阳极迁移.假若两种离子传递的电量分别为 q_+ 和 q_-,通过的总电量为

$$Q = q_+ + q_-$$

每种离子传递的电量与总电量之比,称为离子迁移数.阴、阳离子的迁移数分别为

$$t_- = \frac{q_-}{Q} , t_+ = \frac{q_+}{Q} \tag{1}$$

且

$$t_- + t_+ = 1 \tag{2}$$

在包含数种阴、阳离子的混合电解质溶液中,t_- 和 t_+ 分别为所有阴、阳离子迁移数的总和.一般增加某种离子的浓度,则该离子传递电量的百分数增加,离子迁移数也相应增加.对仅含一种电解质的溶液,浓度改变使离子间的引力场改变,离子迁移数也会改变,变化的大小与正负则因不同物质而异.

温度改变,迁移数也会发生变化,一般温度升高时,t_+ 和 t_- 的差别减小.

测定离子迁移数,对了解离子的性质有很重要意义.测迁移数的方法有界面法和希托夫法.

一、界　面　法

(一) 原理

界面法有两种:(i) 用两种指示离子,造成两个界面;(ii) 用一种指示离子,只有一个界面.本实验采用后一方法,以镉离子作为指示离子,测某浓度的盐酸溶液中氢离子的迁移数.

在一截面均匀的垂直迁移管中,如图 B.22-1 所示充满 HCl 溶液,通以电流,当有电量为 Q 的电流通过每个静止的截面时,$t_+ Q$ mol 的 H^+ 通过界面向上走,$t_- Q$ mol 的 Cl^- 通过界面往下行.假定在管的下部某处存在一界面($a—a'$),在该界面以下没有 H^+ 存在,而被其他的正离子(例如 Cd^{2+})取代,则此界面将随着 H^+ 往上迁移而移动,界面的位置可通过界面上下溶液性质的差异而测定.例如,利用 pH 的不同,指示剂显示颜色不同,测出界面.在正常条件下,界面保持清晰,界面以上的一段溶液保持均匀,H^+ 往上迁移的平均速率等于界面向上移动的速率.在某通电的时间(t)内,界面扫过的体积为 V,H^+ 输运电荷的数量为在该体积中 H^+ 带电的总数,即

$$q(H^+) = Vc(H^+)F \tag{3}$$

式中:$c(H^+)$ 为 H^+ 的浓度,F 为法拉第(Faraday)常数,式中电量常以库仑(C)表示.

欲使界面保持清晰,必须使界面上、下电解质不相混合,可以通过选择合适的指示离子在通电情况下达到.$CdCl_2$ 溶液能满足这个要求,因为 Cd^{2+} 淌度(U)较小,即

$$U(Cd^{2+}) < U(H^+) \tag{4}$$

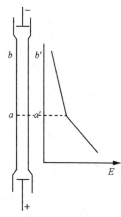

图 B.22-1 迁移管中的电势梯度

在图 B.22-1 的实验装置中,通电时,H^+ 向上迁移,Cl^- 向下迁移,在 Cd 阳极上 Cd 氧化,进入溶液生成 $CdCl_2$,逐渐顶替 HCl 溶液,在管中形成界面.由于溶液要保持电中性,且任一截面都不会中断传递电流,H^+ 迁移走后的区域,Cd^{2+} 紧紧地跟上,离子的移动速率 (v) 是相等的,即 $v(Cd^{2+}) = v(H^+)$.由此可得

$$U(Cd^{2+}) \frac{dE'}{dL} = U_{H^+} \frac{dE}{dL}$$

结合(4)式,得

$$\frac{dE'}{dL} > \frac{dE}{dL}$$

即在 $CdCl_2$ 溶液中电势梯度是较大的,如图 B.22-1 所示.因此若 H^+ 因扩散作用落入 $CdCl_2$ 溶液层,它就不仅比 Cd^{2+} 迁移得快,而且比界面上的 H^+ 也要快,能赶回到 HCl 层.同样若任何 Cd^{2+} 进入低电势梯度的 HCl 溶液,它就要减速,一直到它们重又落后于 H^+ 为止,这样界面在通电过程中保持清晰.

通过的电流可以用电位差计和标准电阻精确测量,也可以用精密的毫安计直接测量.

(二) 仪器药品

HCl 溶液($0.05 \, mol \cdot dm^{-3}$),甲基橙.

迁移管,Cd 电极,Ag 电极,可变电阻,毫安计,交流稳压器,直流电源(110 V),单刀开关,停表.

(三) 实验步骤

1. 按图 B.22-2 装置仪器.配制及标定浓度约为 $0.05 \, mol \cdot dm^{-3}$ 的盐酸,配制时每升溶液中加入甲基橙少许[①],使溶液呈红色.

用少量溶液将迁移管洗两次.而后在整个管中装满盐酸溶液.注意:切勿使管壁或镉电极上粘附气泡.将管垂直固定避免振动.照图接好线路,检查无误后,再开始实验.

2. 合上开关 K,接通直流电源.控制电流在 6~7 mA 之间.随着电解进行,阳极镉会不断溶解变为 Cd^{2+},出现清晰界面,固定电阻不变.当界面移动到第一个刻度时,立即打开停表.此后,每隔 1 min 记时间及毫安计指示的电流一次.每当界面移至第二、第三刻度时,记下相应的时间和电流读数,直到界面移至第五个刻度(每刻度的间隔为 0.1 mL),按停表,记时间和电流强度.

打开开关,过数分钟后,观察界面有何变化.再合上开关,过数分钟后,再观察之.试解释产生变化的原因.

3. 做完实验,清洗后,在迁移管中充满蒸馏水.

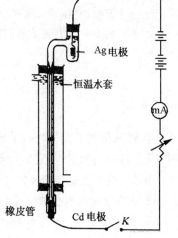

图 B.22-2 界面法测离子迁移数装置图

---

① 也可用甲基紫.它在酸中显蓝色,在氯化镉溶液中显蓝紫色.

4. 若毫安计未经校正,可用电势法校正.用电势法校正毫安计方法如图 B.22-3 所示.

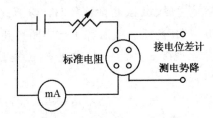

图 B.22-3　校正毫安计线路图

电位差计"未知"两接线柱接标准电阻,测其两端的电势降.由下式计算真实电流:

$$I = \frac{V}{R} = \frac{标准电阻两端电势降}{标准电阻值}$$

与毫安计指示电流值比较.

(四) 数据处理

1. 作电流强度-时间图,从界面扫过刻度 1—4,2—5,1—5 所对应的时间内,曲线所包围的面积,求出电量 It.
2. 求出相应刻度间的体积①.
3. 将体积、时间与电量数据列表.
4. 求迁移数,取平均值与文献值比较.
5. 讨论与解释实验中观察到的现象.

思　考　题

1. 在界面法中,如何划分阳极区、中间区、阴极区,简述划分的原则?
2. 迁移管中 Cl^- 的迁移速率怎样?
3. 在本实验中,水的纯度有何影响?

二、希托夫(Hittorf)法

(一) 原理

电解某电解质溶液时,由于两种离子运动速率不同,它们分别向两极迁移的物质的量就不同,因而输送的电量也不同,同时两极附近溶液浓度改变也不同.

例如,两个金属电极 M,浸在含电解质 MA 的溶液中.设 M^+ 和 A^- 的迁移数分别为 t_+ 和 t_-.设想两极间可以分成三个区域:阳极区、阴极区和中间区,如图 B.22-4 所示.

为了简便起见,假定电解质为 1-1 价的.并假设阳离子的淌度为阴离子的 2 倍.若通过总电量为 6 F(法拉第)②时,电极上发生氧化还原反应,反应的物质的量可用法拉第定律求算.在溶液中,阴阳离子搬运电荷的数量因它们的淌度不同而不同,如图 B.22-4(2)所示.由图可见,

---

① 迁移管的体积可用称量充满两刻度间的水的质量校正之.
② 电量的 SI 单位为库[仑],1 F = 96500 C.

通电电解后,阴阳两极区浓度都减小,中间区不变.阴极区浓度减小的数值等于迁移出阴离子的物质的量,即等于阴离子搬运的电量以 F(法拉第)计.同样,阳极区浓度的减少在数值上等于迁出的阳离子的物质的量,即阳离子搬运的电量以 F(法拉第)计.

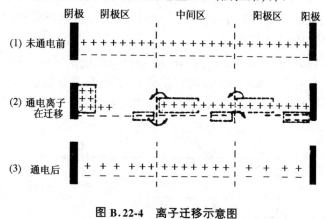

图 B.22-4　离子迁移示意图

根据定义,某离子的迁移数就是该离子输送的电量与通过的总电量之比.而离子输送的电量以 F(法拉第)计,又等于同一电极区浓度减少的物质的量.通过的总电量以 F(法拉第)计又等于库仑计中沉积物质的物质的量.因此,迁移数即可通过下式算出:

$$t_+ = \frac{\text{阳极区 MA 减少的物质的量}}{\text{库仑计中沉积物的物质的量}}$$

$$t_- = \frac{\text{阴极区 MA 减少的物质的量}}{\text{库仑计中沉积物的物质的量}}$$

如果电极反应只是离子放电,在中间区浓度不变的条件下,分析通电前原始溶液及通电后的阳极区溶液的浓度(mol/g 溶剂),比较通电前、后同等质量溶剂中所含的 MA 的物质的量,其差值即为阳极区 MA 减少的物质的量;而总电量可由串联在电路中的电流计或库仑计求得.阴阳离子迁移数即可由此求出.

必须注意,希托夫法测迁移数至少包含了两个假定:

(1) 电的输送者只是电解质的离子,而溶液(水)不导电.这和实际情况较接近.

(2) 离子不水化.否则,离子带水一起运动,而阴阳离子带水不一定相同,则极区浓度改变,部分是由水分子迁移所致.

这种不考虑水合现象测得的迁移数称为希托夫迁移数.本实验是用希托夫法测 Ag^+ 及 NO_3^- 的迁移数.

(二) 仪器药品

$AgNO_3$ 溶液$(0.1\ mol\cdot dm^{-3})$,$CuSO_4\cdot 5H_2O$,浓硫酸,乙醇,$HNO_3(6\ mol\cdot dm^{-3})$,饱和硫酸铁铵溶液,$KSCN(0.1\ mol\cdot dm^{-3})$.

250 mL 锥形瓶,酸式滴定管,移液管,迁移管,库仑计,毫安计,直流电源,可变电阻,单刀开关.

(三) 实验步骤

1. 准备好铜库仑计.为使铜在阴极上沉积牢固,阴极首先镀上一层铜.方法是把铜阴极用水洗净, 放入电解质溶液(100 mL 水中含 15 g$CuSO_4 \cdot 5H_2O$, 5 mL 浓硫酸, 5 mL 乙醇)中, 用电流密度为 $10 \sim 15$ mA·cm^{-2}, 电镀 1 h. 取出电极用蒸馏水洗后, 再用乙醇洗, 用电吹风吹干(温度不能太高, 以免铜氧化). 然后在分析天平上称量, 得 m_1. 仍放回库仑计中.

用少量 0.1 mol·dm^{-3} AgNO$_3$ 溶液荡洗迁移管二次后, 将迁移管中充满 0.1 mol·dm^{-3} AgNO$_3$ 溶液(注意: 切勿让气泡留在管中).

2. 按图 B.22-5 接好线路, 通电. 调节电阻 R, 使线路中电流保持在 $10 \sim 15$ mA 之间. 通电 1 h 后, 停止通电. 立即关上活塞 A 和 B(防止扩散). 将阴、阳两区溶液放入已知质量的 50 mL 锥形瓶中称量(准确至 0.01 g). 先取 25 mL 中间区硝酸银溶液, 分析其浓度. 若与原来浓度相差很大, 实验要重做.

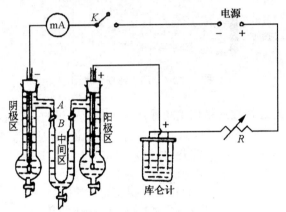

图 B.22-5　希托夫法测离子迁移数装置图

3. 将两极区溶液分别移入 250 mL 锥形瓶中, 加入 5 mL 6 mol·dm^{-3} HNO$_3$ 溶液和 1 mL 硫酸铁铵饱和溶液, 用 KCNS 溶液滴定, 至溶液呈浅红色, 用力摇荡不退色为止.

取 25 mL 原始溶液, 分析其浓度.

4. 停止通电后, 立即取出铜库仑计中的阴极, 按前述方法洗净, 干燥后称量, 得 m_2.

(四) 数据处理

1. 由库仑计中铜阴极的增重计算总电量, 公式如下:

$$Q = \frac{2F(m_2 - m_1)}{M(\text{Cu})}$$

式中: $M(\text{Cu})$ 为析出物铜的摩尔质量, F 是法拉第常数.

2. 由阳极区溶液的质量及分析结果, 计算出阳极区的 AgNO$_3$ 的物质的量.

3. 由原溶液之质量及分析结果, 计算出通电前阳极部分的 AgNO$_3$ 物质的量.

4. 从上面结果算出 Ag$^+$ 和 NO$_3^-$ 的迁移数.

思　考　题

1. 在希托夫法中, 若通电前后中间区浓度改变, 为什么要重做实验?

2. 本实验也可通过测定阴极区通电前后 AgNO$_3$ 的物质的量的变化来计算迁移数. 请有兴趣的读者, 不妨一试.

参 考 资 料

1. A. W. Davison et al. Laboratory Manual of Physical Chemistry, p. 194, John Wiley & Sons, Inc., New York (1956)

2. 黄子卿. 物理化学, p. 245, 北京:高等教育出版社(1956)

3. H. D. Crockford et al. Laboratory Manual of Physical Chemistry, John Wiley, New York (1975)

4. F. Daniels et al. Experimental Physical Chemistry, 6th ed., p. 170, McGraw-Hill Book Company, Inc., New York (1962)

5. 杨文治. 电化学基础, p. 35, 北京大学出版社(1982)

6. [日] 藤岛昭, 相泽益男, 井上彻著;陈震, 姚建年译. 电化学测定方法, 北京大学出版社(1995)

7. A. J. Bard, L. R. Faulkner 著;谷林瑛等译. 电化学方法——原理及应用, 北京:化学工业出版社(1986)

B.23 交流电桥法测电解质溶液的电导

用交流电桥测定 KCl 和 HAc 溶液的电导,掌握电桥法测电解质电导的原理和方法.

(一) 原理

电解质溶液是第二类导体,它通过正、负离子的迁移传递电流,导电能力直接与离子的运动速度有关.导电能力由电导 $G(\text{S})$,即电阻 $R(\Omega)$ 的倒数来度量,它们之间关系为

$$G = \frac{1}{R} = \kappa \left(\frac{a}{l} \right) \tag{1}$$

式中:a 为两极的面积(m^2),l 是两极间的距离(m),l/a 称为电导池常数.当 $a = 1\,\text{m}^2$,$l = 1\,\text{m}$ 时的电导称为比电导或电导率(κ),其单位为 $\text{S} \cdot \text{m}^{-1}$.

在两电极的溶液之间含有 1 mol 的电解质,两极相距为 1 m 所具有的电导称为摩尔电导率,记做 Λ_{m}.摩尔电导率 Λ_{m} 与电导率 κ 之间的关系为

$$\Lambda_{\text{m}} = \frac{\kappa}{c} \tag{2}$$

Λ_{m} 随浓度而变,但其变化规律对强弱电解质是不同的.

(1) 对于强电解质的稀溶液,有

$$\Lambda_{\text{m}} = \Lambda_{\text{m}}^{\infty} - A\sqrt{c} \tag{3}$$

式中:$\Lambda_{\text{m}}^{\infty}$ 与 A 为常数;$\Lambda_{\text{m}}^{\infty}$ 为无限稀释溶液的摩尔电导率,可从 Λ_{m} 与 $\sqrt{c}$ 的直线关系外推而得.

(2) 弱电解质的 Λ_{m} 与 $\sqrt{c}$ 没有直线关系,其 $\Lambda_{\text{m}}^{\infty}$ 可用下法求得:根据 Kohlransch 离子独立运动规律,有

$$\Lambda_{\text{m}}^{\infty} = \lambda_{\text{m},+}^{\infty} + \lambda_{\text{m},-}^{\infty} \tag{4}$$

式中:λ 是离子电导,上角标 ∞ 表示无限稀释.因此,弱电解质的 $\Lambda_{\text{m}}^{\infty}$ 可以从强电解质的 $\Lambda_{\text{m}}^{\infty}$ 求出.例如欲求 HAc 的 $\Lambda_{\text{m}}^{\infty}$,则可按下式计算

$$\Lambda_{\text{m}}^{\infty}(\text{HAc}) = \Lambda_{\text{m}}^{\infty}(\text{HCl}) + \Lambda_{\text{m}}^{\infty}(\text{NaAc}) - \Lambda_{\text{m}}^{\infty}(\text{NaCl})$$

弱电解质的电离度与摩尔电导率的关系为

$$\alpha = \frac{\Lambda_{\text{m}}}{\Lambda_{\text{m}}^{\infty}} \tag{5}$$

对 1-1 价弱电解质,若起始浓度为 c,则电离常数 K 为

$$K = \frac{\alpha^2 c}{1 - \alpha} = \frac{\Lambda_{\text{m}}^2 c}{\Lambda_{\text{m}}^{\infty}(\Lambda_{\text{m}}^{\infty} - \Lambda_{\text{m}})} \tag{6}$$

因此,测定不同浓度下的 Λ_{m},据(6)式可算出 K.

为避免通电时,化学反应和极化现象的发生,测量溶液电导时,使用交流电,由音频振荡器供给,用示波器检流.所用电导池系由两片镀铂黑的铂电极组成,形状如图 B.23-1 所示.交流电桥测溶液电阻的简单线路如图 B.23-2(a)所示.R_1 为待测的溶液电阻,R_2 为四钮或五钮的

精密电阻箱,R_3 和 R_4 常用学生型电位差计中的滑线电阻,其阻值为 10 Ω,均分为 1000 等分.移动滑线上的接触点 A,当 A 与 B 两点的电势相等时,示波器中无电流通过,即波形的振幅为最小.这时

$$\frac{R_1}{R_2} = \frac{R_3}{R_4} \tag{7}$$

令平衡时,滑线上接触点指示刻度值为 A,则

$$\frac{R_3}{R_4} = \frac{A}{1000 - A} \tag{8}$$

$$R_1 = R_2 \frac{A}{1000 - A} \tag{9}$$

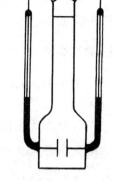

图 B.23-1　电导池

(二) 仪器药品

电导水,KCl 溶液,HAc 溶液.

学生型电位差计,音频振荡器,示波器,精密六钮电阻箱,电导池,恒温槽,容量瓶,移液管.

(三) 实验步骤

1. 调节恒温槽,夏天保持 25.00 ℃,冬天保持 18.00 ℃.由于温度对溶液电导的影响较大,平均每度约增 2% 的误差,故恒温精度应控制在 ±0.01 ℃.

2. 按图 B.23-2(a)及(b)连接线路(各接线柱应擦亮,接线点必须拧紧).

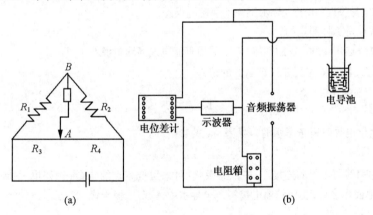

图 B.23-2

3. 配制标准 KCl 溶液,供进行逐步稀释用.在本实验中,电导池常数用标准 KCl 溶液求得.常用的浓度为 0.02000 mol·dm^{-3},配制时,要求在分析天平上准确称量.

其他浓度的溶液配置方法如下:洗净 6 个 50 mL 容量瓶,用移液管分别吸取 0.02000 mol·dm^{-3} 的 KCl 溶液 40,25,20,15,10,5 mL 于 6 个 50 mL 容量瓶中,稀释至刻度.

4. 分别测定 7 个 KCl 浓度溶液的电阻(注意:应从稀溶液到浓溶液顺次进行测定).测定时先将学生型电位差计的滑线上指针转至读数为 500 处,然后调节可变电阻 R_2,使示波器的振幅最小,记下滑线电阻上的读数 A.改变 R_2 再测两次.注意各次测量 A 的读数应在

400～600之间,否则会引起较大误差,各次测量的结果偏差不得超过 1%.

测定后,再分别测定浓度为 $0.01600\,\mathrm{mol\cdot dm^{-3}}$, $0.01000\,\mathrm{mol\cdot dm^{-3}}$, $0.008000\,\mathrm{mol\cdot dm^{-3}}$, $0.006000\,\mathrm{mol\cdot dm^{-3}}$, $0.004000\,\mathrm{mol\cdot dm^{-3}}$, $0.002000\,\mathrm{mol\cdot dm^{-3}}$的 KCl 溶液及重蒸馏水电导.

5. 用同样方法测定 $0.02\,\mathrm{mol\cdot dm^{-3}}$ HAc 溶液的电导,并依次稀释 4 次,共计测 5 种浓度的醋酸溶液的电导.

(四) 数据处理

1. 由 $0.02000\,\mathrm{mol\cdot dm^{-3}}$ KCl 的电导率及测出的电阻求出电导池常数(电导率表见附录中表 D.4-14).

2. 计算水及各 KCl 溶液的电导率,由此求出 KCl 溶液的摩尔电导率 Λ_m.

3. 分别将 KCl 和 HAc 溶液的 Λ_m 对浓度 c 的平方根($\sqrt{c}$)作图.将 KCl 的 Λ_m-$\sqrt{c}$ 曲线外推至 $\sqrt{c}$ 为 0,求出 KCl 的 $\Lambda_\mathrm{m}^{\infty}$ 并与文献值比较.

4. 求出 KCl 溶液的摩尔电导率与浓度的关系式

$$\Lambda_\mathrm{m} = \Lambda_\mathrm{m}^{\infty} - A\sqrt{c}$$

5. 查出 HAc 的 $\Lambda_\mathrm{m}^{\infty}$,并根据所测数据,计算 HAc 溶液在所测浓度下的离解度 α 和离解常数 K,求出 K 的平均值并与文献值比较.

思　考　题

1. 已知电导水的电导率为 $10^{-6}\,\mathrm{S\cdot cm^{-1}}$,请估算在测量 $0.00125\,\mathrm{mol\cdot dm^{-3}}$,及 $0.02000\,\mathrm{mol\cdot dm^{-3}}$的 KCl 溶液的摩尔电导率时,由于电导水不纯所引起的误差.

2. 电导池常数是怎样测定的?

3. 为什么电桥选用 $1000\,\mathrm{Hz}$ 的频率,而不采用直流电或高频电源?

4. 试用最小二乘法求 $\Lambda_\mathrm{m}^{\infty}$,并计算 $\Lambda_\mathrm{m}^{\infty}$ 的误差.

提　　示

1. 在精确测量电导时需考虑水的电导率 $\kappa_{水}$ 的影响,即

$$\kappa = \kappa_{测} - \kappa_{水}$$

2. 电导池的引线与铂丝的连接,一般采用汞,也可采用低熔点的合金(例如电工所用的保险丝),熔化后灌入.电导池使用之后,要使铂黑电极浸入电导水中,以防电极干燥、老化.

参　考　资　料

1. [美] S. Glasstone. 电化学概论,上册 p.37,北京:科学出版社(1959)

2. F. Daniels, et al. Experimental Physical Chemistry, p. 167, p. 512, McGraw-Hill Book Company, New York (1970)

3. R. A. Robinson, et al. Electrolyte Solutions, p. 87, Butterworths Scientific Publications, London (1959)

4. 戴维·P·休梅尔等著;俞鼎琼, 廖代伟译. 物理化学实验(第 4 版),p.233,北京:化学工业出版社(1990)

5. 杨文治.电化学基础,p.26,北京大学出版杜(1982)

B.24 电动势的测定及其应用

测定可逆电池的电动势在物理化学实验中占有重要的地位,应用十分广泛.如平衡电势、活度系数、解离常数、溶解度、络合常数、溶液中离子的活度以及某些热力学函数的改变量等,均可以通过电池电动势的测定来求得.

电池的电动势不能直接用伏特计来测量,因为电池与伏特计相接后,便构成了回路,有电流通过,发生化学变化、电极被极化、溶液浓度改变、电池电势不能保持稳定.且电池本身有内阻,伏特计所量得的电势降不等于电池的电动势.利用对消法(又叫补偿法)可使我们在电池无电流(或极小电流)通过时,测得其二极的静态电势,这时的电势降即为该电池的平衡电势,此时电池反应是在接近可逆条件下进行的.因此,对消法测电池电势的过程是一个趋近可逆过程的例子.

对消法的线路示意于图 B.24-1:E_N 是标准电池,它的电动势是准确知道的;E_X 是待测电池;G 是检流计;R_N 是标准电池的补偿电阻;R 是被测电池电动势的补偿电阻,它由已经知道阻值的各进位盘电阻所组成,可以调节 R_K 的数值,使其电压降与 E_X 相补偿,r 是调节工作电流的变阻器;B 是作为电源用的电池;K 是转换开关.

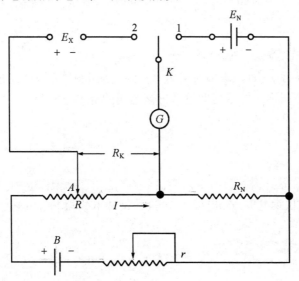

图 B.24-1 对消法原理线路图

测量时,首先将转换开关 K 合在 1 的位置,调节变阻器 r,使检流计指示为零,这时 $E_N = IR_N$,其中 I 是流过 B、R、R_N 和 r 上回路的电流.工作电流调好后,将转换开关 K 合在 2 的位置,移动滑动触头 A,再次使检流计 G 指示为零,这时 $E_X = IR_K$,因此得 $E_X = \dfrac{R_K}{R_N} E_N$.

本实验包括以下几项内容:(i) 电极势的测定;(ii) 溶度积的测定;(iii) 平衡常数的测定;(iv) 电动势与温度关系的测定.

这些实验所根据的原理、实验操作方法和应用的仪器大部分相同.要求通过这些实验掌握对消法的原理、了解仪器的构造和使用,并正确而熟练地进行操作(请参看本书 C.6 及 C.7).

一、电极势的测定

(一) 原理

电池是由两个电极(半电池)组成,电池的电势是两个电极势的差值(假设二电极溶液互相接触而产生的液接电势已经用盐桥消除掉).设左方电极的电极势为 $\varepsilon_{左}$,右方为 $\varepsilon_{右}$.我们规定 $\varepsilon_{电池}=\varepsilon_{右}-\varepsilon_{左}$,一定温度下电极势的大小决定于电极的性质和溶液中有关离子的活度.由于电极势的绝对值不能测量,在电化学中,电极势是以某一电极势为标准而求出的相对值.

通常使氢电极中氢气压力为 $p^{\ominus}(H_2)=100.0\,kPa$、溶液中 $a(H^+)=1$ 时的电极势定为零,称为标准氢电极电势.将待测电极与标准电极组成一电池,把待测电极写在右方,标准氢电极写在左方,如

$$Pt \mid H_2[p^{\ominus}(H_2)] \mid H^+[a(H^+)=1] \parallel X^+ \mid X$$

这样测得的电池电动势数值即为该电极的电极势.由于使用氢电极较为麻烦,故常用其他可逆电极作为参考电极来代替氢电极.常用的参考电极有甘汞电极、氯化银电极等.

本实验是测定几种金属电极的电极势.将待测电极与饱和甘汞电极组成如下电池

$$Hg \mid Hg_2Cl_2 \mid KCl(饱和溶液) \parallel M^{n+}(a_{\pm}) \mid M$$

其电动势 ε 为

$$\varepsilon=\varepsilon_{右}-\varepsilon_{左}=\varepsilon^{\ominus}(M/M^{n+})+\frac{RT}{nF}\ln a(M^{n+})-\varepsilon(甘汞)$$

式中:已设液接电势为零,$\varepsilon^{\ominus}(M/M^{n+})$ 为金属电极的标准电极势.因此通过实验测定 ε 值,再根据 ε(甘汞)和溶液中金属离子的活度即可求得该金属的标准电极势 $\varepsilon^{\ominus}$.

(二) 仪器药品

$ZnSO_4,CuSO_4$.

UJ 25 型直流电位差计,检流计,电阻箱,标准电池,直流稳压电源(或蓄电池),双刀开关,电键,半电池管,饱和甘汞电极,Zn 电极,Cu 电极,饱和 KCl 盐桥,Zn-Pb 电池,保温瓶.

(三) 实验步骤

1. 仪器装置
采用 UJ 25 型直流电位差计测量电动势,使用方法见 C.6.

2. 准备下列电极(半电池)
(1) $Hg \mid Hg_2Cl_2 \mid KCl(饱和)$(饱和甘汞电极)

(2) $Zn \mid ZnSO_4(0.1\,mol\cdot dm^{-3})$;$Zn \mid ZnSO_4(0.01\,mol\cdot dm^{-3})$

(3) $Cu \mid CuSO_4(0.1\,mol\cdot dm^{-3})$;$Cu \mid CuSO_4(0.01\,mol\cdot dm^{-3})$

制作时,电极金属都要用细砂纸打磨至光亮,然后用蒸馏水洗净.

对于锌电极先进行汞齐化.以稀硫酸浸洗锌电极后,再将其浸入 $Hg_2(NO_3)_2$ 溶液中,片刻后取出.用滤纸擦亮其表面,然后用蒸馏水洗净.汞齐化的目的是消除金属表面机械应力不同

的影响,使它获得重复性较好的电极势.汞齐化时必须注意,汞蒸气有剧毒,用过的滤纸应放到带水的盆中,绝不允许随便丢弃.铜电极以细砂纸擦亮,或以稀硫酸浸洗之.

取一个洁净的半电池管,插入已处理的电极金属,并塞紧封口使不漏气,然后由支管吸入所需的溶液并夹紧支管上的橡皮管即成.如图 B.24-2所示.

3.以饱和 KCl 溶液为盐桥,测定下列电池的电动势

(1) 饱和甘汞电极 $\parallel$ $ZnSO_4(0.1\,mol\cdot dm^{-3})\,|\,Zn$

(2) 饱和甘汞电极 $\parallel$ $ZnSO_4(0.01\,mol\cdot dm^{-3})\,|\,Zn$

(3) 饱和甘汞电极 $\parallel$ $CuSO_4(0.1\,mol\cdot dm^{-3})\,|\,Cu$

(4) 饱和甘汞电极 $\parallel$ $CuSO_4(0.01\,mol\cdot dm^{-3})\,|\,Cu$

(5) $Zn\,|\,ZnSO_4(0.1\,mol\cdot dm^{-3})\parallel CuSO_4(0.1\,mol\cdot dm^{-3})\,|\,Cu$

(6) $Zn\,|\,ZnSO_4(0.01\,mol\cdot dm^{-3})\parallel CuSO_4(0.01\,mol\cdot dm^{-3})\,|\,Cu$

图 B.24-2 半电池

(四) 数据处理

1.根据电池的结构和所测得电池电动势数据,并以饱和甘汞电极的电动势 ε(甘汞)、离子平均活度系数 $\gamma_\pm$ 及浓度数据计算锌、铜的标准电极势 $\varepsilon^\ominus$. $\gamma_\pm$ 的数据如表 B.24-1.

2.计算电池(5)、(6)的电动势,并与实验值比较.

表 B.24-1 离子平均活度系数 $\gamma_\pm$(25℃)

$c(MSO_4)$	$0.1\,mol\cdot dm^{-3}$	$0.01\,mol\cdot dm^{-3}$
$\gamma_\pm(CuSO_4)$	0.16	0.40
$\gamma_\pm(ZnSO_4)$	0.150	0.387

二、溶度积的测定

本实验是用电化学方法测定微溶盐 AgCl 的溶度积和溶解度.

(一) 原理

$$Ag\,|\,AgNO_3(a_1)\parallel AgNO_3(a_2)\,|\,Ag$$

(饱和 KNO_3 盐桥)

这是个用盐桥消除液接电势的浓差电池.其电动势为

$$\varepsilon = \frac{RT}{F}\ln\frac{a_2(Ag^+)}{a_1(Ag^+)} = \frac{RT}{F}\ln\frac{\gamma_2 c_2}{\gamma_1 c_1} \tag{1}$$

电池:

$$Ag\,|\,KCl(0.01\,mol\cdot dm^{-3})\text{与饱和 AgCl 液}\parallel AgNO_3(0.01\,mol\cdot dm^{-3})\,|\,Ag$$

(饱和 KNO_3 盐桥)

令 $0.01\,mol\cdot dm^{-3}$ KCl 溶液中 Ag^+ 的活度为 $a(Ag^+)$,则

$$\varepsilon = -\frac{RT}{F}\ln\frac{a(Ag^+)}{0.902\times 0.01} \tag{2}$$

式中：0.902 是 25℃ 时 0.01 mol·dm^{-3}AgNO$_3$ 的平均离子活度系数.

由于氯化银活度积 $K_{sp} = a(Ag^+) \cdot a(Cl^-)$，因此代入式(2)，得

$$\varepsilon = + \frac{RT}{F} \ln(0.902 \times 0.01) - \frac{RT}{F} \ln K_{sp} + \frac{RT}{F} \ln a(Cl^-)$$

所以

$$\lg K_{sp} = \lg(0.902 \times 0.01) + \lg[\gamma_\pm c(Cl^-)/c^\ominus] - \frac{\varepsilon F}{2.303 RT}$$

$$= \lg(0.902 \times 0.01) + \lg(0.901 \times 0.01) - \frac{\varepsilon F}{2.303 RT}$$

在纯水中，AgCl 的溶解度很小，$\gamma(Ag^+) = \gamma(Cl^-) \approx 1$，故活度积就是溶度积，即

$$K_{sp}(AgCl) = a(Ag^+) \cdot a(Cl^-)$$
$$= [\gamma(Ag^+) \cdot c(Ag^+)/c^\ominus][\gamma(Cl^-) \cdot c(Cl^-)/c^\ominus]$$
$$= [c(Ag^+)/c^\ominus]^2$$
$$= [c(Cl^-)/c^\ominus]^2$$

因此

$$c(Ag^+) = c(Cl^-) = \sqrt{K_{sp}} \, c^\ominus$$

即 AgCl 在纯水中的溶解度为 $\sqrt{K_{sp}} \, c^\ominus$.

(二) 实验步骤

1. 制备电极

银丝用浓氨水浸洗后，再用水洗净.然后浸入稀硝酸中片刻，取出用水洗净[1].把处理好的两根银丝浸入同样浓度的 AgNO$_3$ 溶液，测其电池电动势.如果电池电动势不接近于 0(允许相差 1~2 mV)，则银丝必须重新处理.

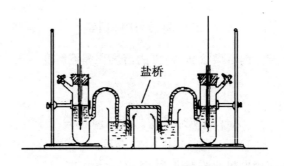

图 B.24-3　浓差电池示意图

按图 B.24-3 组成电池.其中左方电极(半电池)的制备方法如下：将新制的 Ag 丝插入半电池管中，封好，吸入加有 2 滴 0.1 mol·dm^{-3} AgNO$_3$(不能多加)的 0.01 mol·dm^{-3} KCl 溶液即可.

---

[1] 银丝也可用平衡常数测定实验中所述方法进行处理.为了能达到要求，最好两根银丝同时处理.

2．测定电池电动势

（三）数据处理

计算 AgCl 的溶度积和溶解度．

三、平衡常数的测定

（一）原理

电动势法测平衡常数，关键在于设计一个电池，使其中发生欲测的化学反应．本实验求下述反应的平衡常数．

$$H_2Q + 2Ag^+ \Longrightarrow Q + 2Ag\downarrow + 2H^+$$

式中：H_2Q 表示对苯二酚 $C_6H_4(OH)_2$，Q 表示醌 $C_6H_4O_2$．

上面的反应可设计成下面的电池，在两极上进行下列二反应

$$Pt\,|\,\text{氢醌},HNO_3(0.1\,mol\cdot dm^{-3})\,\left\|\begin{array}{l}AgNO_3(0.001\,mol\cdot dm^{-3})\\HNO_3(0.1\,mol\cdot dm^{-3})\end{array}\right|\,Ag$$

$$(0.1\,mol\cdot dm^{-3}\ HNO_3\ \text{盐桥})$$

左电极反应 $\qquad\qquad H_2Q \Longrightarrow Q + 2H^+ + 2e$

右电极反应 $\qquad\qquad 2Ag^+ + 2e \Longrightarrow 2Ag\downarrow$

电池反应 $\qquad\qquad H_2Q + 2Ag^+ \Longrightarrow Q + 2H^+ + 2Ag\downarrow$ $\qquad$ (3)

电池电动势 $\qquad\qquad \varepsilon = \varepsilon^\ominus - \dfrac{RT}{2F}\ln\dfrac{a^2(H^+)\cdot a(Q)}{a^2(Ag^+)\cdot a(H_2Q)}$ $\qquad$ (4)

式中：$\varepsilon^\ominus = -\dfrac{RT}{2F}\ln K$，$K$ 即为该电池反应的平衡常数．

可见，只要测出电池电动势 ε 及电池中各物质活度 $a(H^+)$、$a(Ag^+)$、$a(H_2Q)$、$a(Q)$，就可以求出 $\varepsilon^\ominus$．进一步算出平衡常数 K．

由于氢醌（$H_2Q\cdot Q$）为醌与对苯二酚的等分子化合物，在水溶液中依下式部分地溶解

$$C_6H_4O_2\cdot C_6H_4(OH)_2 \Longrightarrow C_6H_4O_2 + C_6H_4(OH)_2$$

在酸性溶液中，对苯二酚的解离度极小，因此醌与对苯二酚的活度可以认为相同，即 $a(Q) = a(H_2Q)$．又因为在两半电池中的溶液离子强度近似相等，而 H^+ 和 Ag^+ 的价态一样，故可近似地认为这二离子的活度系数相同，因此，上式可化成

$$\varepsilon = \varepsilon^\ominus - \frac{RT}{F}\ln\frac{c(H^+)}{c(Ag^+)}$$ $\qquad$ (5)

故只要知道电池中 H^+ 与 Ag^+ 的浓度，并测得电池电动势 ε，就能求出此反应的平衡常数[①]．

---

① 氢醌电极制作简便，不易"受毒"．但不能用在碱性溶液，pH 超过 8.5，对苯二酚易氧化．高浓盐溶液，氢醌电极可能产生不准确的 pH，因为对苯二酚和醌的盐析效应不同，使这两物质在溶液中有不同浓度．

(二) 实验步骤

1. 银丝处理

以 Ag 丝作为阳极[①], Pt 作为阴极, 置于 $0.1\,\mathrm{mol\cdot dm^{-3}}$ HNO_3 溶液中进行电解. 用电阻箱调节电流, 维持电流强度 $I=2\,\mathrm{mA}$, 通电几分钟. 取出后以水洗净即可.

直流电源可采用 2 V 的蓄电池或直流稳压电源. 电流大小用毫安表量度.

2. 制备下列电极

(1) 氢醌电极. 取一半电池管, 洗净. 加入少量氢醌($0.1\,\mathrm{g}$ 即已足够, 因氢醌在水中溶解度很小, 约 $1.1\,\mathrm{g\cdot dm^{-3}}$), 然后插入一铂电极, 封好, 吸入已知其准确浓度的硝酸溶液(约 $0.1\,\mathrm{mol\cdot dm^{-3}}$), 摇动数分钟.

(2) Ag|Ag$^+$ 电极. 取一半电池管, 插人一已处理好的银丝, 封好; 吸入已知准确浓度(约为 $0.001\,\mathrm{mol\cdot dm^{-3}}$)的 $AgNO_3$ 的硝酸溶液, 硝酸浓度与氢醌电极中一样.

3. 以上述 HNO_3 溶液为盐桥, 组成电池, 测电池电动势.

(三) 数据处理

1. 根据电池电动势 ε 和 $c(H^+)$ 和 $c(Ag^+)$, 代入(5)式求出 $\varepsilon^{\ominus}$.
2. 根据 $\varepsilon^{\ominus}$ 算出反应(3)的平衡常数 K, 并与文献值比较.
3. 计算该反应的 $\Delta_r G_m^{\ominus}$.

四、电动势与温度关系的测定

本实验是测定不同温度之下电池的电动势, 并根据吉布斯-亥姆霍兹(Gibbs-Helmholtz)公式, 求电池内化学变化的 $\Delta_r H_m$ 和 $\Delta_r S_m$.

(一) 原理

化学反应的热效应可以用量热计直接量度, 也可用电化学方法来测量. 由于电池的电动势可以测得很准, 因此所得数据常较热化学方法所得的结果可靠.

在恒温、恒压可逆的操作条件下, 电池所作的电功是最大有用功. 利用对消法测定电池的电动势 ε, 即可获得相应的电池反应的自由能的改变值

$$\Delta_r G_m = -n\varepsilon F \tag{6}$$

根据吉布斯-亥姆霍兹公式

$$\Delta_r G_m - \Delta_r H_m = T\left(\frac{\partial \Delta_r G_m}{\partial T}\right)_p = -T\Delta_r S_m \tag{7}$$

将(6)式代入, 得

$$\Delta_r H_m = -n\varepsilon F + nFT\left(\frac{\partial \varepsilon}{\partial T}\right)_p \tag{8}$$

$$\Delta_r S_m = nF\left(\frac{\partial \varepsilon}{\partial T}\right)_p \tag{9}$$

---

① Ag 丝(纯度为 99.98%), 并事先在 400 ℃ 左右退火 0.5 h.

116

因此,按照化学反应设计成一个电池,测量各个温度下,电池的电动势,以温度对电动势作图,从曲线的斜率可以求得任一温度下的 $d\varepsilon/dT$ 值.利用上述公式,即可求得该反应的热力学函数 $\Delta_r G_m$、$\Delta_r H_m$、$\Delta_r S_m$ 等.对于下列反应

$$Zn(s) + PbSO_4(s) \Longrightarrow ZnSO_4 + Pb(s)$$

为求此反应的热力学函数,可按照该反应设计成一个可逆的电池

$$\underset{(6\%Zn)}{Zn(Hg)} \left| \underset{(0.02\,mol\cdot dm^{-3})}{ZnSO_4} \right| \underset{(悬浮液)}{PbSO_4} \left| \underset{(6\%Pb)}{Pb(Hg)} \right.$$

此电池是一个无迁移的电池,不存在液体接界电势,因而其电动势可以测准.若略去锌汞齐和铅汞齐的生成热,则根据不同温度下的电动势数据,就很容易计算出这一反应的热力学函数.

(二) 实验步骤

1. 制备电池

电池的构造如图 B.24-4 所示.由 H 型管构成.管底焊接两根铂丝,作为电极的导线.管的两边分别装上锌汞齐和铅汞齐,在铅汞齐上部悬浮固体 $PbSO_4$,整个电池管中充满 $ZnSO_4$ 溶液.在 H 形管的横臂上放有磨砂玻璃片,或塞有洁净的玻璃毛,以防止悬浮的 $PbSO_4$ 固体玷污锌半电池管.在管口,塞以橡皮塞,并用封蜡密封,以便浸入恒温水槽中不致发生渗漏.将塞子之一钻个孔,接根玻璃管,使溶液在热膨胀时有伸缩余地.

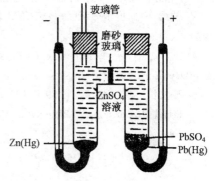

图 B.24-4 Zn-Pb 电池

(1) 汞齐的制备.用称量法称准 6% 的锌或铅,放在研钵中与汞一起研磨片刻,至铅粒或锌粒溶入之后,加入少量的稀硫酸($0.5\,mol\cdot dm^{-3}$)继续研磨.加酸的目的在于防止在表面上生成氧化物的浮渣,同时加快汞齐化.汞齐先用蒸馏水洗,再用 $ZnSO_4$ 溶液洗 3~4 次.所得的汞齐加入电池管中,要使铂丝全部能够浸没.如果锌汞齐表面形成较稠的淤渣,可以稍加温热而使其易于流动.

(2) 配制 $0.02\,mol\cdot dm^{-3}$ 的 $ZnSO_4$ 溶液,加到锌汞齐上.而铅汞齐上则加入带有悬浮的 $PbSO_4$ 颗粒的 $ZnSO_4$ 溶液.为此,取 100 mL $0.02\,mol\cdot dm^{-3}$ $ZnSO_4$ 溶液,加入约 2 g $PbSO_4$,剧烈地摇动,将此悬浮液加到铅汞齐上.加时要小心,不要让 $PbSO_4$ 跑到锌极上.

2. 测定不同温度下电池的电动势

在 15~50 ℃ 温度范围之间,每隔 5~10 ℃ 测一次.为了测定不同温度的电动势,将上述电池置于保温瓶中,加入温水,浸入电池.在保温瓶盖上开两小孔,一孔插入(1/10) ℃ 的温度计,另一孔将电池的两个电极用导线引出,接至电势计上.电池在暖瓶内,充分地达到热平衡后,测量其电动势,并记录其温度.测定一个温度的电动势之后,用吸管吸去一部分保温瓶内热水,加入等量的冷水,调节至另一个温度.放入电池,待电池充分达到热平衡后,测其电动势.每次测定时,都要使电动势准确到十分之几毫伏.5 min 内,测量值变化在 1 mV 内,即达稳定.

(三) 数据处理

1. 将所得的电动势 ε 与热力学温度 T 作图,并由图上的曲线求取 18 ℃,25 ℃,35 ℃ 三个

温度下的 ε 和 $d\varepsilon/dT$ 数值. $d\varepsilon/dT$ 值是通过作曲线的切线, 由切线的斜率求得.

2. 利用方程(6)~(9)计算 18℃、25℃、35℃时的 $\Delta_r G_m$、$\Delta_r H_m$ 与 $\Delta_r S_m$ 的数值.

3. 根据所得的 $\Delta_r G_m$ 值, 计算该反应的平衡常数 K, 利用列夏忒里原理解释实验结果.

思　考　题

1. 为何测电动势要用对消法. 对消法的原理是什么?

2. 怎样计算标准电极势? "标准"是指什么条件?

3. 测电动势为何要用盐桥? 如何选用盐桥以适合不同的体系?

4. 测量电动势时, 光点只向一边漂, 不能补偿, 其原因何在?

参 考 资 料

1. 查全性等著. 电极过程动力学导论(第 2 版), 北京: 科学出版社(1987)

2. Allen J. Bard, Larry R. Faulkner. Electrochemical Methods: Fundamentals and Applications, John Wiley & Sons, New York, Chichester, Brisbane, Toronto (1980)

3. 戴维·P·休梅尔等著; 俞鼎琼, 廖代伟译. 物理化学实验(第 4 版), p.242, 北京: 化学工业出版社(1990)

4. F. Daniels et al. Experimental Physical Chemistry, 7th ed., p.178, McGraw-Hill Book Company, Inc., New York (1970)

5. 杨文治. 电化学基础, p.89 及 102, 北京大学出版社(1982)

6. David P. et al. Experimental in Physical Chemistry, 6th ed., McGraw-Hill Book Company, New York(1996)

B.25 氢超电势的测定

采用恒电流方法测定氢在汞电极上的超电势,并了解超电势的规律和测定方法.

(一) 原理

离开平衡值的电极电势值称为超电势.超电势包括迁越超电势、浓差超电势和欧姆极化等.

从阴极上析出氢的反应实验数据及理论探讨中,总结出的电化学动力学的许多规律,带有相当的普遍性,可以应用到其他电化学反应.研究方法也适用于其他电极过程,所以氢超电势规律的总结及研究在电化学中占有重要的地位.

汞在许多方面是最方便的电极材料,很容易提纯,有理想的、光滑的和容易更新的表面,并且 H_2 在汞上有很高的超电势值.所以关于氢超电势及许多其他电化学动力学的研究,多是在汞电极上实现的.本实验也采用汞电极.

在氢超电势中,主要部分是迁越超电势,而其他部分超电势可在测量中,设法减小到可忽略的程度.因此氢超电势一般是单指迁越超电势或活化超电势.

由于 H^+ 在电极上放电过程是由迁越步骤所控制,因此超电势 η 与电流密度 i 的对数符合塔菲尔(Tafel)关系,即

$$\eta = a + b\lg \frac{i}{A \cdot cm^{-2}}$$

式中:a 和 b 为常数.a 表示电流密度 i 为 $1\,A \cdot cm^{-2}$ 时的超电势值,代表了电极反应不可逆的程度,它依赖于金属电极的性质、表面状态、溶液的组成和温度等;常数 b 通常不依赖金属的性质及溶液的组成,对许多有洁净表面而未氧化的金属,b 的数值接近于 $2RT/F$.就是说,在以 10 为底数的对数,温度为 298.2 K 时,b 接近于 $120\,mV$.

在氢超电势理论中,讨论 b 和 RT/F 的关系是重要的问题,常把 b 表示为 $RT/\alpha F$,因此,$\alpha = RT/bF$ 称为传递系数.对于大多数金属,α 接近于 0.5.

塔菲尔关系式在电流密度 i 非常小时是不适用的.实验证明,当 $\eta < 5 \sim 10\,mV$ 时与 i 呈直线关系

$$\eta = ki$$

氢超电势的测量主要有两个问题:(i) 如何避免浓差超电势和溶液的欧姆电势降;(ii) 如何控制测量条件,使数据有比较好的重复性.

浓差超电势可用搅拌或使电解液快速流动来减少,在不太大的电流密度下,氢的浓差超电势不大,可以忽略不计.减小溶液的欧姆电势降可用鲁金(Luggin)毛细管,使毛细管尖端尽量靠近被测电极;一般将毛细管放置在离电极 $2\,d$ 远处(d 为鲁金毛细管头的外径);此外,缩小电极表面积也可减少电阻影响(因为对同一电流密度,就有较小的电流强度,而欧姆电势降是与电流强度成正比的).准确可靠的办法是改变鲁金毛细管尖端与电极间的距离,分别测出不同距离的电势值,然后将电势和距离作图,用渐近法求出距离为零时的超电势.间接法是使被

测电极在一极短时间之内,没有电流通过,此时迅速测定超电势,因为欧姆降在停电后立即消失,而迁越超电势的消失的对数值和时间成正比.因此只要尽量加快测量速度,即可测出迁越超电势.

(二) 仪器药品

H_2SO_4 ($0.2\,mol\cdot dm^{-3}$),饱和 KCl 溶液.

电位差计,毫安表,可变电阻,30 V 直流稳压电源,铂电极,甘汞电极,电解池.

(三) 实验步骤

1. 仪器装置

本实验所采用的线路如图 B.25-1 所示.此装置可分三部分:(ⅰ) 电解池,(ⅱ) 极化线路和 (ⅲ) 测量线路.

铂片阳极池 A 和汞阴极池 C 组成电解池的基本部分.极化线路由稳压电源 B,可变电阻 R($\approx 100\,k\Omega$),阴极 C,阳极 A 和毫安表串联而成的.测量线路是由被测电极 C 和参比电极 K(饱和甘汞电极)及高阻抗的数字电压表 V(或电位差计)所组成.被测电极通过 E 管和参比电极相连.E 管内在充满 $0.2\,mol\cdot dm^{-3}$ 的 H_2SO_4 后关闭活塞,在全部测量过程中,活塞一直处于关闭状态(活塞不能涂油,而用电解液润湿之.在使用高阻抗数字电压表测量时,它仍处于导通状态.),以防止 KCl 向被测电极扩散.D 中为饱和 KCl 溶液.

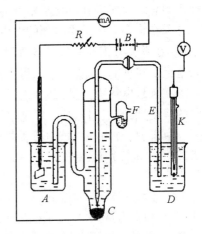

图 B.25-1　氢超电势测量装置图

2. 超电势的测定

电解池依次用洗液、自来水、蒸馏水、电导水洗净.装好电解液(H_2SO_4 浓度 $0.2\,mol\cdot dm^{-3}$).

接好极化线路,用 20 mA 左右的电流,使汞阴极极化数小时,使溶液及电极纯化.接好测量线路,调节可变电阻,改变电流,测电流为 0.1 mA, 0.2 mA, 0.3 mA, 0.4 mA, 0.6 mA, 0.8 mA, 1.0 mA, 1.5 mA, 2.0 mA, 2.5 mA, 3.0 mA, 4.0 mA, 5.0 mA, 7.0 mA, 9.0 mA 时的超电势.

在测量过程中,一套数据必须连续测定,不得中断电流(较短的时间关系不大),否则由于电极表面的变化将引起极化的改变.在 1 min 内被测电势读数如只改变 1~2 mV,就可认为是已达稳定值.

(四) 数据处理

1. 根据实验用的电解液中 H^+ 的活度计算氢电极的平衡电极势,并查出在实验所处的温度下甘汞电极的电极势.

2. 求出汞的表面积,并根据电流强度数值求出电流密度 i.

3. 按照不同的电流密度下所测得的电极势的数据,计算氢的超电势,并将结果列入下表.已知

超电势 = 电极势 - (甘汞电极势 + 平衡氢电极势)

电流 mA	电流密度 i ($mA \cdot cm^{-2}$)	$lg \dfrac{i}{mA \cdot cm^{-2}}$	电极势 mV	超电势 mV

4. 作 η-$lg \dfrac{i}{mA \cdot cm^{-2}}$ 图.

5. 从图上求出塔菲尔公式中的 a、b 及 α, 写出超电势 η 和电流密度 i 的经验公式.

思 考 题

1. 在测定超电势时, 为什么要用三个电极? 各有什么作用?

2. 恒电流极化线路有什么特点?

参 考 资 料

1. 查全性等著. 电极过程动力学导论(第2版), 北京: 科学出版社(1987)

2. [日] 藤岛昭, 相泽益男, 井上彻著; 陈震, 姚建年译. 电化学测定方法, 北京大学出版社(1995)

3. 傅献彩, 沈文霞, 姚天扬. 物理化学(第4版), 下册, p.668, 北京: 高等教育出版社(1990)

4. 杨文治. 电化学基础, p.150, 北京大学出版社(1982)

B.26　铁的极化和钝化曲线的测定

测定铁在 H_2SO_4 中的阴极极化,阳极极化和钝化曲线.求算铁的自腐蚀电势、腐蚀电流和钝化电势、钝化电流等.掌握恒电势法的测量原理和实验方法.

(一) 原理

铁在 H_2SO_4 溶液中,将不断被溶解,同时产生 H_2,即

$$Fe + 2H^+ \Longrightarrow Fe^{2+} + H_2 \uparrow \tag{a}$$

Fe/H_2SO_4 体系是一个二重电极,即在 Fe/H_2SO_4 界面上同时进行两个电极反应

$$Fe \Longrightarrow Fe^{2+} + 2e \tag{b}$$

$$2H^+ + 2e \Longrightarrow H_2 \tag{c}$$

反应(b)及(c)称为共轭反应,正是由于有反应(c)存在,反应(b)才能不断进行,这就是铁在酸性介质中腐蚀的主要原因.

当电极不与外电路接通时,其净电流 $I_{总}$ 为零.在稳定状态下,铁溶解的阳极电流 $I(Fe)$ 和 H^+ 还原出 H_2 的阴极电流 $I(H)$,它们在数值上相等但符号相反,即

$$I_{总} = I(Fe) + I(H) = 0 \tag{1}$$

$I(Fe)$ 表示流过 Fe 电极电流,它的大小反映了 Fe 在 H_2SO_4 中的溶解速率,而维持 $I(Fe),I(H)$ 相等时的电势称为 Fe/H_2SO_4 体系的自腐蚀电势 ε_{cor}.

图 B.26-1 是 Fe 在 H_2SO_4 中的阳极极化和阴极极化曲线图.当对电极进行阳极极化(即加更大正电势)时,反应(c)被抑制,反应(b)加快.此时,电化学过程以 Fe 的溶解为主要倾向.通过测定对应的极化电势和极化电流,就可得到 Fe/H_2SO_4 体系的阳极极化曲线 rba.由于反

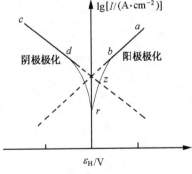

图 B.26-1　Fe 的极化曲线

应(b)是由迁越步骤所控制,所以符合塔菲尔(Tafel)半对数关系,即

$$\eta(Fe) = a(Fe) + b(Fe)\lg \frac{i(Fe)}{A \cdot cm^{-2}} \tag{2}$$

直线的斜率为 $b(Fe)$.

当对电极进行阴极极化,即加更负的电势时,反应(b)被抑制,电化学过程以反应(c)为主要倾向.同理,可获得阴极极化曲线 rdc.由于 H^+ 在 Fe 电极上还原出 H_2 的过程也是由迁越步骤所控制,故阴极极化曲线也符合塔菲尔关系,即

$$\eta(H) = a(H) + b(H)\lg \frac{i(H)}{A \cdot cm^{-2}} \tag{3}$$

当把阳极极化曲线 abr 的直线部分 ab 和阴极极化曲线 cdr 的直线部分 cd 外延,理论上应交于一点(z),则 z 点的纵坐标就是 $\lg[I_{cor}/(A \cdot cm^{-2})]$,即腐蚀电流 I_{cor} 的对数,而 z 点的横坐标则表示自腐电势 ε_{cor} 的大小.

当阳极极化进一步加强时,铁的阳极溶解进一步加快,极化电流迅速增大.当极化电势超过 ε_p 时,$I(Fe)$ 很快下降到 d 点,如图 B.26-2 所示.此后虽然不断增加极化电势,但 $I(Fe)$ 一直维持在一个很小的数值,如图中 de 段所示.直到极化电势超过 1.5 V 时,$I(Fe)$ 才重新开始增加,如 ef 段示.此时 Fe 电极上开始出氧.从 a 点到 b 点的范围称为活化区,从 c 点到 d 点的范围称为钝化过渡区,从 d 点到 e 点的范围称为钝化区,从 e 点到 f 点称为超钝化区.ε_p 称为钝化电势,I_p 称为钝化电流.

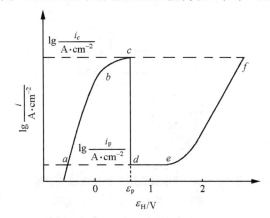

图 B.26-2　Fe 的钝化曲线

铁的钝化现象可作如下解释:图 B.26-2 中 ab 段是 Fe 的正常溶解曲线,此时铁处在活化状态.bc 段出现极限电流是由于 Fe 的大量快速溶解.当进一步极化时,Fe^{2+} 离子与溶液中 SO_4^{2-} 离子形成 $FeSO_4$ 沉淀层,阻滞了阳极反应.由于 H^+ 不易达到 $FeSO_4$ 层内部,使 Fe 表面的 pH 增加;在电势超过 ≈ 0.6 V 时,Fe_2O_3 开始在 Fe 的表面生成,形成了致密的氧化膜,极大地阻滞了 Fe 的溶解,因而出现了钝化现象.由于 Fe_2O_3 在高电势范围内能够稳定存在,故铁能保持在钝化状态,直到电势超过 O_2/H_2O 体系的平衡电势($+1.23$ V)相当多时($+1.6$ V),才开始产生氧气,电流重新增加.

金属钝化现象有很多实际应用.金属处于钝化状态对于防止金属的腐蚀和在电解中保护不溶性的阳极是极为重要的;而在另一些情况下,钝化现象却十分有害,如在化学电源,电镀中的可溶性阳极等,这时则应尽力防止阳极钝化现象的发生.

凡能促使金属保护层破坏的因素都能使钝化后的金属重新活化,或能防止金属钝化.例如,加热、通入还原性气体、阴极极化、加入某些活性离子(如 Cl^-)、改变 pH 等均能使钝化后的金属重新活化或能防止金属钝化.

对 Fe/H_2SO_4 体系进行阴极极化或阳极极化(在不出现钝化现象情况下)既可采用恒电流方法(如实验 B.25),也可以采用恒电势的方法,所得到的结果一致.但对测定钝化曲线,必须采用恒电势方法,如采用恒电流方法,则只能得到图 B.26-2 中 $abcf$ 部分,而无法获得完整的钝化曲线.

(二) 仪器药品

H_2SO_4 溶液($1\ mol\cdot dm^{-3}$,AR).

恒电势仪,三室电解池,铂片辅助电极,饱和甘汞电极,圆柱形铁工作电极.

(三) 实验步骤

1. 仪器装置

实验装置如图 B.26-3 所示.采用三室电解池.辅助电极室和工作电极室之间采用玻璃砂隔板.工作电极采用纯铁,并加工成 $\varnothing 2.5\ mm \times 10\ mm$ 的小圆棒,一端有螺纹,可拧在电极杆末端的螺丝上.工作电极的结构见图 B.26-4 所示.

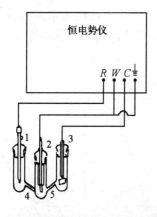 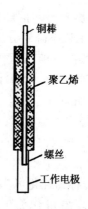

图 B.26-3　恒电势法测定极化曲线装置图
　1. 饱和甘汞电极　2. Fe 工作电极
　3. 铂片辅助电极　4,5. 玻璃砂隔板

图 B.26-4　工作电极

2. 电极处理

工作电极分别用 200 号至 800 号水砂纸打磨,抛光成镜面.用卡尺测量其外径和长度.将电极固定在电极杆上,擦拭干净后放入乙醇、丙酮中去油.

去油后的工作电极进一步进行电抛光处理.即将电极放入 $HClO_4$、HAc 的混合液中(按 4:1 配制)进行电解.工作电极为阳极,Pt 电极为阴极,电流密度为 $85\ mA\cdot cm^{-2}$(铁电极),电解 2 min,取出后用重蒸水洗净,用滤纸吸干后,立即放入电解池中.

恒电势阳极极化曲线的测量原理和方法

控制电势法测量极化曲线时,一般采用恒电势仪,它能将研究电极的电势恒定地维持在所需值,然后测量对应于该电势下的电流.由于电极表面状态在未建立稳定状态之前,电流会随时间而改变,故一般测出的曲线为"暂态"极化曲线.在实际测量中,常采用的控制电势测量方法有下列两种.

(1) 静态法

将电极电势较长时间地维持在某一恒定值,同时测量电流随时间的变化,直到电流值基本上达到某一稳定值.如此逐点地测量各个电极电势(例如当工作电极浸入电解池后,立即测其自腐蚀电势 ε_{cor}.每 2 min 测量一次,直到二次测量值相差 1~2 mV 为止,此值即为 ε_{cor}).

由自腐蚀电势开始,每次改变电势的毫伏值(其绝对值)为 2, 2, 2, 2, 2, 5, 5, 5, 5, 5, 10, 10,….改变电势值后 1 min 读取相应的电流值.先阴极极化后阳极极化,共改变电势 200 mV 左右.

(2) 动态法

控制电极电势以较慢的速率连续地改变(扫描),并测量对应电势下的瞬时电流值,并以瞬时电流与对应的电极电势作图,获得整个的极化曲线.所采用的扫描速率(即电势变化的速率)需要根据研究体系的性质选定.一般来说,电极表面建立稳态的速率愈慢,则扫描速率也应愈慢,这样才能使所测得的极化曲线与采用静态法接近.

上述两种方法都已获得了广泛的应用.从测定结果的比较可以看出,静态法测量结果虽较接近稳态值,但测量时间太长.本实验采用动态法.

3．实验操作

将处理好的电极，浸入 H_2SO_4 溶液中，记录自腐蚀电势 ε_{cor}，并确定扫描速率和扫描范围．一般极化曲线电势选择范围为距自腐蚀电势 $\pm 200\,mV$．阳极钝化曲线则选择偏离自腐蚀电势 $\approx 1.8\,V$ 左右．

（四）数据处理

1．用半对数坐标纸，作阳极极化曲线和阴极极化曲线，由二条切线的交点 z 求 ε_{cor}、I_{cor}、i_{cor}，并分别求出斜率 $b(H)$ 和 $b(Fe)$．

2．用半对数坐标纸作钝化曲线，由曲线求钝化电势 ε_p、钝化电流 I_p 和钝化电流密度 i_p．

思 考 题

1．从极化电势的改变，如何判断所进行的极化是阳极极化？还是阴极极化？

2．测定钝化曲线为什么不能采用恒电流法？

3．试比较恒电势法和恒电流法异同，在装置上各有什么特点？

参 考 资 料

1．杨文治．电化学基础，p.249，北京大学出版社(1982)

2．L.J.Krstuloric et al. Corroion Science, 21, 95 (1981)

B.27 ε-pH 曲线的测定

测定 Fe^{3+}/Fe^{2+}-EDTA 体系的 ε-pH 图. 掌握测量原理和 pH 计的使用方法.

(一) 原理

标准电极电势的概念被广泛应用于解释氧化还原体系之间的反应. 但很多氧化还原反应的发生都与溶液的 pH 有关, 此时, 电极电势不仅随溶液的浓度和离子强度变化, 还要随溶液的 pH 而变化. 对于这样的体系, 有必要考查其电极电势与 pH 的变化关系, 从而对电极反应得到一个比较完整、清晰的认识. 在一定浓度的溶液中, 改变其酸碱度, 同时测定电极电势和溶液的 pH, 然后以电极电势对 pH 作图, 这样就制作出体系的 ε-pH 曲线, 称做 ε-pH 图.

设电极反应为

$$Ox + ne \Longrightarrow Re$$

根据能斯特 (Nernst) 公式, 电极电势与溶液浓度的关系为

$$\varepsilon = \varepsilon^{\ominus} + \frac{2.303RT}{nF}\lg\frac{a_{Ox}}{a_{Re}} = \varepsilon^{\ominus} + \frac{2.303RT}{nF}\lg\frac{c_{Ox}}{c_{Re}} + \frac{2.303RT}{nF}\lg\frac{\gamma_{Ox}}{\gamma_{Re}} \tag{1}$$

式中: $\varepsilon^{\ominus}$ 为标准电极电势, a_{Ox}、c_{Ox} 和 γ_{Ox} 分别是氧化态 (Ox) 的活度、浓度和活度系数; a_{Re}、c_{Re} 和 γ_{Re} 分别是还原态 (Re) 的活度、浓度和活度系数.

在温度及溶液离子强度保持恒定时, 式 (1) 中的末项 $\frac{2.303RT}{nF}\lg\frac{\gamma_{Ox}}{\gamma_{Re}}$ 也为一常数, 用 b 表示之, 则

$$\varepsilon = (\varepsilon^{\ominus} + b) + \frac{2.303RT}{nF}\lg\frac{c_{Ox}}{c_{Re}} \tag{2}$$

显然, 在一定温度下, 体系的电极电势将与溶液中氧化态和还原态浓度比值的对数成线性关系.

本实验所讨论的是 Fe^{3+}/Fe^{2+}-EDTA 络合体系. 在一定 pH 范围, 以 Y^{4-} 代表 EDTA 酸根离子 $(CH_2)_2N_2(CH_2COO)_4{}^{4-}$, 体系的基本电极反应为:

$$FeY^- + e \Longrightarrow FeY^{2-}$$

则其电极电势为

$$\varepsilon = (\varepsilon_1^{\ominus} + b_1) + \frac{2.303RT}{F}\lg\frac{c(FeY^-)}{c(FeY^{2-})} \tag{3}$$

由于 FeY^- 和 FeY^{2-} 这两个络合物都很稳定, 其 $\lg K_{稳}$ 分别为 25.1 和 14.32. 因此, 在 EDTA 过量的情况下, 所生成的络合物的浓度就近似地等于配制溶液时的铁离子浓度, 即

$$c(FeY^-) = c^0(Fe^{3+})$$
$$c(FeY^{2-}) = c^0(Fe^{2+})$$

这里, $c^0(Fe^{3+})$ 和 $c^0(Fe^{2+})$ 分别代表 Fe^{3+} 和 Fe^{2+} 的配制浓度.

所以式 (3) 变为

$$\varepsilon = (\varepsilon_1^\ominus + b_1) + \frac{2.303RT}{F}\lg\frac{c^0(Fe^{3+})}{c^0(Fe^{2+})} \tag{4}$$

由式(4)可知,在温度及溶液离子强度保持恒定时,Fe^{3+}/Fe^{2+}-EDTA 络合体系的电极电势随溶液中的 $c^0(Fe^{3+})/c^0(Fe^{2+})$ 比值变化,而与溶液的 pH 无关.对具有某一定的 $c^0(Fe^{3+})/c^0(Fe^{2+})$ 比值的溶液而言,其 ε-pH 曲线应表现为水平线.

但 Fe^{3+} 和 Fe^{2+} 除能与 EDTA 在一定 pH 范围内生成 FeY^- 和 FeY^{2-} 外,在低 pH 时,Fe^{2+} 还能与 EDTA 生成 $FeHY^-$ 型的含氢络合物,甚至可生成溶解度很小的 H_4Y 沉淀;在高 pH 时,Fe^{3+} 则能与 EDTA 生成 $Fe(OH)Y^{2-}$ 型的羟基络合物.在低 pH 时的基本电极反应为

$$FeY^- + H^+ + e \Longrightarrow FeHY^-$$

则

$$\varepsilon = (\varepsilon_2^\ominus + b_2) + \frac{2.303RT}{F}\lg\frac{c(FeY^-)}{c(FeHY^-)} - \frac{2.303RT}{F}pH$$

$$= (\varepsilon_2^\ominus + b_2) + \frac{2.303RT}{F}\lg\frac{c^0(Fe^{3+})}{c^0(Fe^{2+})} - \frac{2.303RT}{F}pH \tag{5}$$

同样,在较高 pH 时,有

$$Fe(OH)Y^{2-} + e \Longrightarrow FeY^{2-} + OH^-$$

$$\varepsilon = (\varepsilon_3^\ominus + b_3) + \frac{2.303RT}{F}\lg\frac{c[Fe(OH)Y^{2-}]}{c(FeY^{2-})} - \frac{2.303RT}{F}\lg a(OH)$$

$$= \left(\varepsilon_3^\ominus + b_3 - \frac{2.303RT}{F}\lg K_w\right) + \frac{2.303RT}{F}\lg\frac{c^0(Fe^{3+})}{c^0(Fe^{2+})} - \frac{2.303RT}{F}pH \tag{6}$$

式中:K_w 为水的离子积.

由式(5)及(6)可知,在低 pH 和高 pH 时,Fe^{3+}/Fe^{2+}-EDTA 络合体系的电极电势不仅与 $c^0(Fe^{3+})/c^0(Fe^{2+})$ 的比值有关,而且也和溶液的 pH 有关.在 $c^0(Fe^{3+})/c^0(Fe^{2+})$ 比值不变时,其 ε-pH 为线性关系,其斜率为 $-2.303RT/F$.

图 B.27-1 是 $Pt/Fe^{+3}, Fe^{+2}$-EDTA 络合体系[c^0(EDTA)均为 $0.15\ mol\cdot dm^{-3}$]的一组 ε-pH 曲线.图中每条曲线都分为三段:中段是水平线,称电势平台区;在低 pH 和高 pH 时则都是斜线.

图 B.27-1 所标的电极电势都是相对于饱和甘汞电极的值. Ⅰ~Ⅳ 4 条曲线对应各组分的浓度如表 B.27-1 所示.

天然气中含有 H_2S,它是有害物质.利用 Fe^{3+}-EDTA 溶液可以将天然气中的硫分氧化为元素硫除去,溶液中的 Fe^{3+}-EDTA 络合物被还原为 Fe^{2+}-EDTA 络合物;通入空气可使低铁络合物被氧化为 Fe^{3+}-EDTA,使溶液得到再生,不断循环使用.其反应式如下:

$$2FeY^- + H_2S \xrightarrow{\text{脱硫}} 2FeY^{2-} + 2H^+ + S\downarrow$$

$$2FeY^{2-} + \frac{1}{2}O_2 + H_2O \xrightarrow{\text{再生}} 2FeY^- + 2OH^-$$

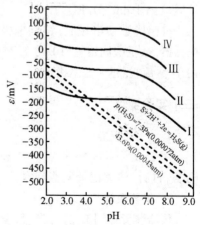

图 B.27-1　$Pt/Fe^{+3}, Fe^{+2}$-EDTA 络合体系的 ε-pH 曲线

表 B.27-1　Pt/Fe^{+3}, Fe^{+2}-EDTA 络合体系 ε-pH 曲线可对应的浓度关系

曲线	$c^0(\text{Fe}^{3+})/(\text{mol}\cdot\text{dm}^{-3})$	$c^0(\text{Fe}^{2+})/(\text{mol}\cdot\text{dm}^{-3})$	$c^0(\text{Fe}^{3+})/c^0(\text{Fe}^{2+})$
I	0	9.9×10^{-2}	
II	6.2×10^{-2}	3.1×10^{-2}	2
III	9.6×10^{-2}	6.0×10^{-4}	160
IV	10.0×10^{-2}	0	

在用 EDTA 络合铁盐法脱除天然气中的硫时,Fe^{3+}/Fe^{2+}-EDTA 络合体系的 ε-pH 曲线可以帮助我们选择较合适的脱硫条件.例如,低含硫天然气 H$_2$S 含量约为 $0.1\sim0.6\,\text{g}\cdot\text{m}^{-3}$,在 25 ℃时相应的 H$_2$S 分压为 $7.3\sim43.6\,\text{Pa}$,根据其电极反应

$$\text{S} + 2\text{H}^+ + 2e \Longrightarrow \text{H}_2\text{S}(g)$$

在 25 ℃时,相对于饱和 Ag/AgCl 电极电势 ε 与 H$_2$S 的分压 $p(\text{H}_2\text{S})$ 及 pH 的关系为

$$\varepsilon = -0.029 - 0.0296\lg\frac{p(\text{H}_2\text{S})}{p^\ominus} - 0.0591\,\text{pH} \tag{7}$$

在图 B.27-1 中以虚线标出了这三者的关系.由 ε-pH 图可见,对任何一定 $c^0(\text{Fe}^{3+})/c^0(\text{Fe}^{2+})$ 比值的脱硫液而言,此脱硫液的电极电势与利用(7)式得到的电势之差值在电势平台区内,随着 pH 的增大而增大,到平台区的 pH 上限时,两极电势差值最大,超过此 pH 时,两极电势差值不再增大.这一事实表明,任何一个一定 $c^0(\text{Fe}^{3+})/c^0(\text{Fe}^{2+})$ 比值的脱硫液在它的电势平台区的上限时,脱硫的热力学趋势达到最大;超过此 pH 后,脱硫趋势保持定值而不再随 pH 增大而增大.由此可知,根据图 B.27-1,从热力学角度看,用 EDTA 络合铁盐法脱除天然气 H$_2$S 时脱硫液的 pH 选择在 $6.5\sim8$ 之间,或者高于 8 都是合理的,但 pH 也不宜过高,否则会产生沉淀.

(二) 仪器药品

FeCl$_3\cdot6\,$H$_2$O, FeCl$_2\cdot4\,$H$_2$O, HCl 溶液($4\,\text{mol}\cdot\text{dm}^{-3}$), NaOH 溶液($1\,\text{mol}\cdot\text{dm}^{-3}$), EDTA.

pH 计,数字电压表,铂丝电极,复合电极、温度探头,磁力搅拌器,微量酸滴定管(10 mL),碱式滴定管(50 mL),量筒(100 mL),称量瓶,超级恒温槽.

(三) 实验步骤

1. pH 计校准

用 25 ℃下 pH 分别为 4.01 和 6.86 的两份标准缓冲溶液校准 pH 计.注意记录调整范围.

2. 仪器装置

仪器装置如图 B.27-2 所示,复合电极、温度探头和铂电极分别插入反应器的 3 个孔内,反应器的夹套通以恒温水.测量体系的 pH 采用 pH 计,测量体系的电势采用数字电压表.连线时注意使接触电阻尽量小.用磁力搅拌器搅拌.

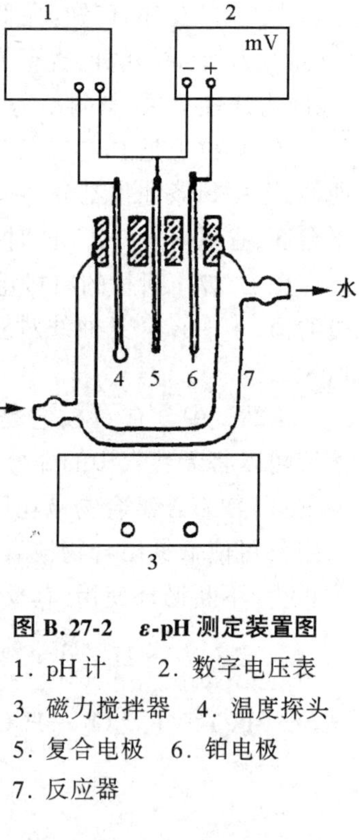

图 B.27-2　ε-pH 测定装置图
1. pH 计　　2. 数字电压表
3. 磁力搅拌器　4. 温度探头
5. 复合电极　6. 铂电极
7. 反应器

3．配制溶液

用台秤称取 7.0 g EDTA,转移到烧杯中,加 40 mL 蒸馏水,加热溶解,让 EDTA 溶液冷至室温后转移到反应器中.迅速称取 1.7 g $FeCl_3 \cdot 6H_2O$ 和 1.2 g $FeCl_2 \cdot 4H_2O$,立即转移到反应器中.加适量水冲洗,总用水量控制在 80 mL 左右.

4．pH 和 ε 测定

调节超级恒温槽水温为 25℃,并将恒温水通入反应器的恒温水套中.开动磁力搅拌器,用碱滴定管从反应器的一个孔缓慢滴加 1 mol·dm^{-3} NaOH 直至溶液 pH=8 左右(用碱量约 38 mmol),此时溶液为褐红色[加碱时要防止局部生成 $Fe(OH)_3$ 而产生沉淀].注意记录现象.

测定此时溶液的 pH 和 ε.

用 10 mL 微量酸滴定管,缓慢滴入少量 4 mol·dm^{-3}HCl,待搅拌 0.5 min 后,重新测定此时溶液的 pH 和 ε.

如此,每滴加一次 HCl 后(其滴加量以引起 pH 改变 0.3 左右为限),测一次 pH 和 ε,得出该溶液的一系列 pH 和电极电势,直至溶液变混浊(pH≈2.3)为止.由于 Fe^{2+} 易受空气氧化,如有条件最好向反应器通入 N_2 保护.

(四) 数据处理

1．用表格形式列出所测得的 pH 和电池电势 ε 数据,以测得的电池电势(即相对于饱和 Ag/AgCl 电极体系的电极电势)为纵轴,pH 为横轴,作出 Fe^{3+}/Fe^{2+}-EDTA 络合体系的 ε-pH 曲线.从所得曲线上水平段确定 FeY^- 和 FeY^{2-} 稳定存在的 pH 范围.

2．25℃时由电极反应 $S + 2H^+ + 2e \Longrightarrow H_2S(g)$,得

$$\varepsilon\,(vs.\,饱和\,Ag/AgCl) = -0.029 - 0.0296\,\lg\frac{p(H_2S)}{p^{\ominus}} - 0.0591\,pH$$

$$p(H_2S) = 1\,Pa\,(0.00001\,atm)$$

将 pH=2、5 所对应的 ε 值列表,在同一图上作 ε-pH 直线,求直线与曲线交点的 pH,并指出脱硫最合适的 pH 范围.

思 考 题

1．写出 Fe^{3+}/Fe^{2+}-EDTA 络合体系在电势平台区,低 pH 和高 pH 时,体系的基本电极反应及其所对应的 Nernst 公式的具体形式,并指出每项的物理意义.

2．玻璃电极比起氢电极等有何优缺点?其使用注意事项是什么?

3．用数字电压表和电位差计测电极电势的原理有什么不同?它们的测量精度各是多少?

参 考 资 料

1．四川大学化学系天然气脱硫科研组.四川大学学报,323 (1976)
2．复旦大学等.物理化学实验(第 2 版),p.96,北京:高等教育出版社(1993)
3．杨文治.电化学基础,p.193,北京大学出版社(1982)

B.28　循环伏安法

了解循环伏安法的基本原理和测量技术;对 $Pt/K_3Fe(CN)_6$, $K_4Fe(CN)_6$ 体系在不同的浓度和不同的扫描速率下的循环伏安图进行分析.

(一) 原理

通过恒电势仪对研究电极施加一个如图 B.28-1 的电势信号:电势 E 随时间呈线性变化,$E = E_i - vt$,$v = dE/dt$ 称为扫描速率.当电势从 A 扫至 B 后,再向回扫至 C,如此循环.

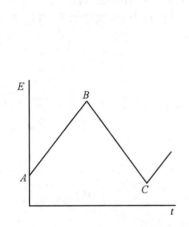

图 B.28-1　电势随时间变化图

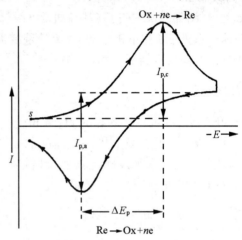

图 B.28-2　典型的循环伏安电流响应图

电流的响应如图 B.28-2,电流随电势的变化而逐渐加大,反应速率逐渐加快,当电极表面反应物的浓度由于浓度极化的影响,来不及供应时,电极表面反应物的浓度变为零,出现峰值电流 I_p,所以,对于整个循环伏安图而言,循环一周有阴极峰值电流 $I_{p,c}$ 和阳极峰值电流 $I_{p,a}$.与峰值电流相对应的电势称为峰值电势. $E_{p,c}$ 为阴极峰值电势,$E_{p,a}$ 为阳极峰值电势,它们是循环伏安法中最重要的参数.

设电极反应为

$$Ox + ne \rightleftharpoons Re$$

式中:Ox 表示反应物的氧化态,Re 表示反应物的还原态.

当电极反应完全可逆时,在 25 ℃ 下,有峰值电流($A \cdot cm^{-2}$)

$$I_p = 269n^{3/2}AD^{1/2}v^{1/2}c$$

其中:A 为研究电极的表面积(cm^2),D 为反应物的扩散系数($cm^2 \cdot s^{-1}$),c 为反应物的浓度($mol \cdot dm^{-3}$),v 为扫描速率($V \cdot s^{-1}$).

当电极反应完全可逆时,符合能斯特方程,则有

$$I_{p,c}/I_{p,a} = 1$$

且在 25 ℃ 时,$\Delta E_p = E_{p,c} - E_{p,a} = \dfrac{57 \sim 63}{n}(mV)$ 表明此时的峰值电势差在 $\dfrac{57}{n} \sim \dfrac{63}{n}(mV)$ 之间.

峰值电势与标准电极电势之间的关系为:

$$E_{Ox/Re}^{\ominus} = \frac{E_{p,c} + E_{p,a}}{2} + \frac{0.029}{n}\lg\frac{D_{Ox}}{D_{Re}}$$

当电极反应(25℃)完全不可逆时

$$I_p = 299\, An\, (\alpha_c n_a)^{1/2} cD^{1/2} v^{1/2} \quad (A \cdot cm^{-2})$$

此时,峰值电势与扫描速率有关:一般当 v 增加 10 倍时,峰值电势向阴极方向移动 $30/\alpha n$ (mV), α 为传递系数.

$$E_p = -\frac{RT}{\alpha nF}\Big[0.780 + \frac{1}{2}\ln\frac{D_{Ox}\alpha vnF}{RT} - \ln k^{\ominus}\Big]$$

利用循环伏安图(见图 B.28-3)的结果,可以得到许多有关电极反应的信息:

1. 判断反应的稳定性

2. 判断电极反应的可逆性

下面我们列出可逆电极反应、准可逆电极反应和不可逆电极反应的判据(见下表):

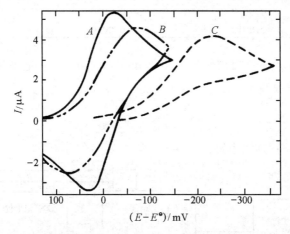

图 B.28-3 完全可逆、准可逆和完全不可逆电极反应的循环伏安图

A. 可逆　B. 准可逆($k_s = 0.03, \alpha = 0.5$)　C. 不可逆($k_s = 10^{-6}$ cm·s^{-1}, $\alpha = 0.5$)

$A = 0.02$ cm^2　$c_0 = 10^{-4}$ mol·dm^{-3}　$D_{Ox} = D_{Re} = 10^{-5}$ cm^2·s^{-1}　$v = 1$ V·s^{-1}　$E^{\ominus} = 0$

有关的电极反应	判 据
可逆电极反应	① E_p 与扫描速率 v 无关,在 25℃ 时,$\Delta E_p = \frac{59}{n}$mV,且与 v 无关 ② $I_p/v^{1/2}$ 与 v 无关 ③ $I_{p,c}/I_{p,a} = 1$,与 v 无关
准可逆电极反应	① E_p 随 v 移动,在低 v,ΔE_p 可接近 $\frac{60}{n}$mV,但随 v 增加而增加 ② $I_p/v^{1/2}$ 实际上与 v 无关 ③ 仅当 $\alpha = 0.5$ 时,$I_{p,c}/I_{p,a} = 1$ ④ 随 v 增加,其响应越来越接近不可逆电极反应
不可逆电极反应	① v 增加 10 倍,$E_{p,c}$ 向阴极方向移动 $30/\alpha n$(mV) ② $I_p/v^{1/2}$ 是常数,即 I_p 与扫描速率 $v^{1/2}$ 成正比 ③ 无反扫电流峰

3．研究电化学-化学耦联反应的过程

其中包括：(ⅰ) 前行化学反应，(ⅱ) 可逆随后化学反应，(ⅲ) 不可逆随后化学反应以及(ⅳ) 催化反应等．

4．判断电极反应是在电极/溶液界面上进行，还是在电极表面上进行

若在电极表面进行，如吸附反应，则 $I_p \propto v$（详见有关参考书）．

（二）仪器和药品

所需药品如下表所示．

成　分 编　号	$c[K_3Fe(CN)_6]$ $mol \cdot dm^{-3}$	$c[K_4Fe(CN)_6]$ $mol \cdot dm^{-3}$	$c(KCl)$ $mol \cdot dm^{-3}$
①	0.020	0.020	0.5
②	0.010	0.010	0.5
③	0.0050	0.0050	0.5
④	0.0020	0.0020	0.5
⑤	0.0010	0.0010	0.5

ZF-3 恒电势仪，ZF-4 电势扫描信号发生器和 TYPE3086X-Y 记录仪；Pt 研究电极，参比电极，对电极；三室电解池两个．

（三）实验步骤

1．按照下面的线路图连接电路．

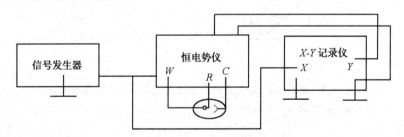

2．用游标卡尺测量研究电极的表面积．

3．在 $1\ mol \cdot dm^{-3}\ H_2SO_4$ 溶液中，将研究电极与对电极进行电解，每隔 30 s 变换一次电极的极性，如此反复 10 次，使电极表面活化．

4．分别以 $5\ mV \cdot s^{-1}$，$10\ mV \cdot s^{-1}$，$20\ mV \cdot s^{-1}$，$50\ mV \cdot s^{-1}$，$100\ mV \cdot s^{-1}$，$200\ mV \cdot s^{-1}$ 的扫描速率对 $0.010\ mol \cdot dm^{-3}\ K_3Fe(CN)_6 + 0.010\ mol \cdot dm^{-3}\ K_4Fe(CN)_6 + 0.5\ mol \cdot dm^{-3}\ KCl$ 体系进行循环伏安研究，求出 ΔE_p、$I_{p,a}$、$I_{p,c}$，作 $I_{p,c}\text{-}v^{1/2}$ 图．

5．配制浓度为 $0.020\ mol \cdot dm^{-3}$，$0.010\ mol \cdot dm^{-3}$，$0.0050\ mol \cdot dm^{-3}$，$0.0020\ mol \cdot dm^{-3}$ 和 $0.0010\ mol \cdot dm^{-3}$ 的 $K_3Fe(CN)_6$，$K_4Fe(CN)_6 + 0.5\ mol \cdot dm^{-3} KCl$ 溶液，以 $50\ mV \cdot s^{-1}$ 的扫描速率对其进行循环伏安研究，了解 $I_{p,c}$、ΔE_p 与浓度 c 的关系．

6．对一未知浓度的 $K_3Fe(CN)_6$ 及 $K_4Fe(CN)_6 + 0.5\ mol \cdot dm^{-3}\ KCl$ 进行循环伏安扫描．以 $50\ mV \cdot s^{-1}$ 的扫描速率进行实验．

7．实验完毕，将仪器恢复原位，打扫卫生．

注意　为得到满意结果，在每一次循环伏安实验前，必须严格按照步骤 3 中所述，处理电极．

(四) 数据处理

从循环伏安图上读出 $I_{p,c}$、$I_{p,a}$、ΔE_p，作 $I_{p,c}$-$v^{1/2}$图，作 $I_{p,c}$-c 图，并求未知液的浓度．

关于循环伏安法　在最近 20 年中，循环伏安法在电化学的电极过程动力学和电分析化学中，已得到广泛的应用．它的数学描述已有充分的发展，可以广泛地应用于测定各种电极反应机理的动力学参数．在电极反应的动力学研究中，循环伏安法是一种有效的手段，称为"电化学光谱"，可以从中分析在某一电势下所发生的电极过程，从扫描速率的关系可以鉴别偶合均相反应和其他的复杂过程，如吸附．所以，当人们对一未知体系进行首次研究时，总是利用循环伏安法．

在一般的实验中，扫描速率范围为几个 $mV \cdot s^{-1} \sim$ 几百 $V \cdot s^{-1}$．在首次用循环伏安法研究一个未知体系时，为了对体系进行摸索，一般先从定性开始，然后进行半定量和定量研究，从而计算出动力学参数．在一个典型的定性实验中，通常是在一个较大的扫描速率范围内，对不同的扫描范围和不同的起始扫描电势下所得的循环伏安法图，进行分析所出现的几个峰，并观察在电势扫描范围变化和扫描速率变化时，这些峰是怎样出现和消失的，并记录第一次循环和后继循环之间的差别，这样有可能提供由这些峰所表示的有关过程的信息．同时从扫描速率与峰值电流和峰值电势的关系，可以用来鉴别电极反应是否与吸附、扩散和耦合均相化学反应等有关．而从第一次和后继循环伏安图的差别中，可以分析电极反应的机理．但是必须强调，动力学的数据只能从第一次的扫描结果中进行分析．

思　考　题

1．如何根据扫描方向判断 $I_{p,c}$ 和 $I_{p,a}$？

2．在三电极体系中，工作电极、参比电极和辅助电极各起什么作用？

3．鲁金毛细管起什么作用？

参　考　资　料

1．田昭武．电化学研究方法，p.230～246，北京：科学出版社(1984)

2．[美] F. Anson 讲授；黄慰曾等编译．电化学和电分析化学，p.1～30，北京大学出版社(1983)

3．[英] 南安普顿大学化学系电化学小组著；柳厚田，徐品弟等译．电化学中的仪器方法，p.179～185，上海：复旦大学出版社(1992)

4．[美] A. J. Bard，L. R. Faulkner 著；谷林瑛等译．电化学方法——原理及应用，北京：化学工业出版社(1986)

B.29 溶液表面吸附的测定

测定不同浓度的正丁醇水溶液的表面张力,根据吉布斯(Gibbs)吸附公式计算溶液表面的吸附量以及饱和吸附时每个分子所占的表面面积;通过最大气泡压力的测定,可进一步了解气泡压力与半径及表面张力的关系.

(一) 原理

当液体中加入某种溶质时,液体的表面张力就会升高或降低,对同一溶质来说,其变化的多少随着溶液浓度不同而异.

吉布斯在 1878 年,以热力学方法导出溶质的吸附量与溶液的表面张力及溶液浓度之间变化关系的吸附公式,对两组分的稀溶液而言

$$\Gamma = - \frac{c}{RT} \times \frac{\mathrm{d}\gamma}{\mathrm{d}c} \tag{1}$$

式中:Γ 为表面吸附量($mol \cdot m^{-2}$);c 为溶液浓度($mol \cdot dm^{-3}$);γ 为表面张力,它的物理意义是在一定温度下液体表面积增加 $1\ m^2$ 所需的功.当 $\mathrm{d}\gamma/\mathrm{d}c < 0$ 时,$\Gamma > 0$,称之为正吸附,也就是增加浓度时,溶液表面张力降低,表面层的浓度大于溶液内部的浓度;反之,当 $\mathrm{d}\gamma/\mathrm{d}c > 0$ 时,$\Gamma < 0$,称之为负吸附,也就是增加浓度时,溶液表面张力增加,表面层的浓度小于溶液内部的浓度.

溶于液体中使 γ 降低的物质称为表面活性物质;反之,称为非表面活性物质.在水溶液中,表面活性物质有显著的不对称结构,它是由极性(亲水)部分和非极性(憎水)部分构成的.在水溶液表面,一般极性部分取向溶液内部,而非极性部分取向空气部分.

对于有机化合物来说,表面活性物质的非极性部分为碳氢基;而极性部分一般为:—NH_2,—OH,—SH,—$COOH$,—SO_3H 等.

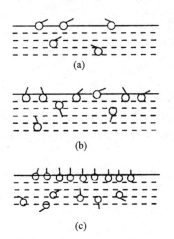

图 B.29-1 被吸附的分子在界面上的排列

表面活性物质分子在溶液表面的排列情况,随其在溶液中的浓度不同而异.在浓度极小的情形下,物质分子平躺在溶液表面上如图 B.29-1(a)所示,浓度逐渐增加时,分子的排列如图 B.29-1(b).最后,当浓度增加至一定程度时,被吸附的分子占据了所有的表面,形成饱和的吸附层,如图 B.29-1(c).

以 γ 对 c 作图,可得 $\gamma = f(c)$ 的等温曲线(图 B.29-2),可以看出,开始 γ 随 c 的增加下降很快,随后,则变化比较缓慢.根据 $\gamma = f(c)$ 曲线,可通过作图求得 $\Gamma = \varphi(c)$ 关系,即在 $\gamma = f(c)$ 曲线上取一点 a,通过 a 点作曲线的切线和平行于横坐标的直线,分别与纵坐标轴交于 b,b'.令 $bb' = z$,则

$$z = - c \frac{\mathrm{d}\gamma}{\mathrm{d}c}$$

而

$$\Gamma = - \frac{c}{RT} \times \frac{\mathrm{d}\gamma}{\mathrm{d}c}$$

所以
$$\Gamma = \frac{z}{RT}$$

取曲线上不同的点,可求得不同的 z 值,从而得到 $\Gamma = \varphi(c)$.

朗格缪尔(Langmuir)提出 Γ 与 c 的关系式

$$\Gamma = \Gamma_\infty \times \frac{Kc}{1 + Kc} \tag{2}$$

式中:Γ_∞ 为饱和吸附值,K 为一常数。如果将此式两边取倒数,并同乘以 c,可得

$$\frac{c}{\Gamma} = \frac{c}{\Gamma_\infty} + \frac{1}{K\Gamma_\infty} \tag{3}$$

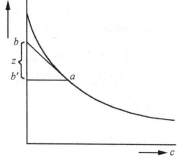

图 B.29-2　表面张力和浓度关系图

可见,若 $\frac{c}{\Gamma}$-c 作图,所得直线斜率的倒数即为 Γ_∞.

如果以 N 代表 1 m² 表面上的饱和吸附分子数,则,得 $N = \Gamma_\infty N_A$,N_A 为阿伏伽德罗(Avogadro)常数,每个分子在表面上所占的面积即为

$$q = \frac{1}{\Gamma_\infty N_A} \tag{4}$$

因为 Γ 实际上是一个过剩量,即使其等于零(即无吸附),表面上仍有溶质分子,所以公式(4)在得出分子面积 q 时忽略了表面上原有的溶质分子.对于较浓的溶液,在计算表面上溶质分子数时,除了吸附分子还应考虑原有分子,故溶液浓度为 c 时每个分子在表面上的实际面积为 $q_c = 1/[\Gamma N_A + (cN_A)^{2/3}]$,式中 Γ 是溶液浓度为 c 时的吸附量.

若 Γ 以 mol·m^{-2} 为单位,c 以 mol·dm^{-3} 为单位,q_c 以 nm² 为单位,则

$$q_c = \frac{10^{18}}{\Gamma N_A + 100 \times (cN_A)^{2/3}}$$

设有一半径为 r 的气泡,其周围为液体,p 和 p_0 分别为平衡时气泡内外的压力,则

$$\Delta p = p - p_0 = \frac{2\gamma}{r} \tag{5}$$

式中:γ 为液-气界面的表面张力.

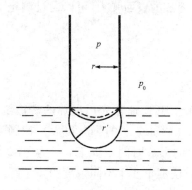

图 B.29-3　毛细管口气泡示意图

图 B.29-3 表示毛细管尖端在试管中液面上的情形.当打气时,毛细管中的压力(p)加大,逐渐将管中的液体压至管口,并形成气泡,其曲率半径由大而小变化.当形成曲率半径最小(即等于毛细管半径 r)的半球形气泡时,它所能承受的压力差也最大,即

$$\Delta p_r = p - p_0 = \frac{2\gamma}{r} \tag{6}$$

如果试管中压力再增加极少量,则试管内的压力将把此气泡压出管口.假设此时气泡的半径为 r',根据(5)式,此时"泡"之表面膜能承受的平衡压力差减少为

$$\Delta p_{r'} = p - p_0 = \frac{2\gamma}{r'} < \Delta p_r \tag{7}$$

但在实际上所加压力差比 Δp_r 还大,所以半径为 r' 的"气泡"不能处于平衡状态而将破裂.破裂时将气带出试管,压力差即下降,所以最大的压力差就表示了气泡半径为 r 时的压力

差值.

(二) 仪器药品

不同浓度的正丁醇溶液.

试管,毛细管,缓冲瓶,活塞,压力计,四通管,双连球.

(三) 实验步骤

按图 B.29-4 装置仪器,将待测表面张力的溶液~2 mL 装入干燥(或用待测液洗过)的试管1内,使洁净的毛细管 2 尖端恰好与液面接触,关闭缓冲瓶上部 3 和通往大气的活塞 4,用双连球给缓冲瓶逐渐加压至适当程度,小心调节活塞 3,当气泡逸出毛细管尖端的时刻,压力计液柱差就突然下降,从突然下降前压力计两边液柱的最大高度差 h,可以计算试液的表面张力.因为毛细管直径很小时,管径(r)及压力计之压力差(Δp)与液体的表面张力 γ 关系为

$$\gamma = \frac{r}{2}\Delta p$$

对两种溶液的表面张力 γ_1 及 γ_2 以同一毛细管测定时,可得

$$\gamma_1 = \frac{r}{2}\Delta p_1 \qquad \gamma_2 = \frac{r}{2}\Delta p_2$$

即

$$\frac{\gamma_1}{\gamma_2} = \frac{\Delta p_1}{\Delta p_2} = \frac{h_1}{h_2}$$

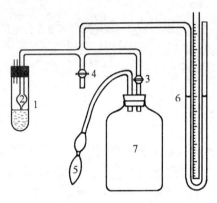

图 B.29-4　仪器装置图

1. 试管　2. 毛细管
3. 调节活塞　4. 安全阀
5. 双连球　6. 气压计　7. 缓冲瓶

式中:h_1 及 h_2 为两次测量时压力计中液柱高之差.因此得

$$\gamma_1 = \gamma_2 \frac{h_1}{h_2}$$

如果以某已知表面张力的液体(如水)作为标准,则另一溶液的表面张力,可以通过测定 h 计算出来.对同一根毛细管而言,有

$$\gamma_1 = \frac{\gamma_2}{h_2}h_1 = Kh_1$$

式中:K 称为毛细管常数,可由实验数值 h_2 和已知的 γ_2 求得.

本实验的关键在于毛细管尖端的洁净,所以首先应洗净毛细管,通常先用温热的洗液洗,再分别用自来水及二次水冲洗 2~3 次.标准液可以采用纯水(杂质对 γ 的影响很大).控制活塞(3),使毛细管尖端气泡产生的速度均匀,一般每一个气泡的形成时间不少于 8 s.为了减小误差,可读 3 次数据,取其平均值.测定标准液后,再以同样方法测定 8 个不同浓度的正丁醇水溶液(0.02 mol·dm^{-3},0.05 mol·dm^{-3},0.1 mol·dm^{-3},0.2 mol·dm^{-3},0.3 mol·dm^{-3},0.4 mol·dm^{-3},0.5 mol·dm^{-3},0.7 mol·dm^{-3})的压力差值.每次测量前,必须用新的溶液洗涤毛细管内壁和试管 2~3 次,注意保护毛细管尖端勿使其碰损.

此实验最好在恒温槽中进行.否则应注意勿使温度有明显变化.

本实验也可测定乙醇、正丙醇、正戊醇等在不同浓度的水溶液中的表面张力,然后对比其

实验结果.

（四）数据处理

1. 列出实验数据表.

2. 求出各浓度正丁醇水溶液的 γ 值(浓度以 mol·dm^{-3}为单位，γ 以 J·m^{-2}表示).

3. 在坐标纸上作 γ-c 图,注意曲线必须光滑.

4. 在光滑曲线上取 6～7 个点(浓度在 0.45 mol·dm^{-3}以下,例如 0.03, 0.05, 0.10, 0.15, 0.20, 0.30, 0.40, 0.45 mol·dm^{-3}),作切线,求出 z 值.

5. 由 $\Gamma = z/RT$ 计算不同浓度溶液的 Γ 值,并计算出 c/Γ 值,并作"Γ-c"图.

6. 作图 $\frac{c}{\Gamma}$-c,由直线的斜率求出 Γ_∞(以 mol·m^{-2}表示),计算出 q 值(以 nm^2 表示).

7. 求算在最高丁醇浓度时表面上的实际丁醇分子面积 q_c 值(以 nm^2 表示).

思 考 题

1. 影响本实验结果好坏的关键因素是什么? 如果气泡出得很快,或两三个一起出来,对结果有什么影响? 毛细管尖端为何要刚好接触液面? 为什么要读取最大压力差?

2. 在本实验中 Γ-c 图形应该是怎样的? 将实验结果所求得的 q 值与理论值比较,讨论产生误差的原因.

3. 本实验要求全部用手工作图,求出 q 值.另外,也可将(3)式代入式(1),即

$$-\frac{1}{RT} \times \frac{d\gamma}{dc} = \frac{1}{\dfrac{c}{\Gamma_\infty} + \dfrac{1}{K\Gamma_\infty}} = \frac{K\Gamma_\infty}{Kc + 1}$$

将上式积分,得

$$\gamma = -\Gamma_\infty RT\ln(1 + Kc) + b$$

式中:b 为积分常数.将实验测定的 γ 和 c 代入上式,利用计算机进行非线性拟合计算,直接求得 $\gamma = f(c)$,并得到常数 Γ_∞ 和 K,从而可求得 q.将此结果再与手工作图结果进行比较,并进行讨论.

参 考 资 料

1. 周祖康,顾惕人,马季铭著.胶体化学基础,p.27,北京大学出版社(1991)

2. 赵国玺.表面活性剂物理化学(第 2 版),p.26,北京大学出版社(1991)

3. 复旦大学编.物理化学实验(第 2 版),北京:高等教育出版社(1993)

B.30 溶胶的制备和性质

利用不同的方法制备胶体溶液,并利用热渗析法进行纯化;了解胶体的光学性质和电学性质;研究电解质对憎液胶体稳定性的影响.

(一) 原理

固体以胶体分散程度分散在液体介质中即组成溶胶.溶胶的基本特征为

(1) 它是多相体系,相界面很大.

(2) 胶粒大小在 $1 \sim 100$ nm.

(3) 它是热力学不稳定体系(要依靠稳定剂使其形成离子或分子吸附层,才能得到暂时的稳定).

溶胶的制备方法可分为两类.

1. 分散法

即把较大的物质颗粒变为胶体大小的质点.常用的分散法有:

(1) 机械作用法,如用胶体磨或其他研磨方法把物质分散.

(2) 电弧法,以金属为电极通电产生电弧,金属受高热变成蒸气,并在液体中凝聚成胶体质点.

(3) 超声波法,利用超声波场的空化作用,将物质撕碎成细小的质点,它适用于分散硬度低的物质或制备乳状液.

(4) 胶溶作用,由于溶剂的作用,使沉淀重新"溶解"成胶体溶液.

2. 凝结法

即把物质的分子或离子聚合成胶体大小的质点.常用的凝聚法有:

(1) 凝结物质蒸气.

(2) 变换分散介质或改变实验条件(如降低温度),使原来溶解的物质变成不溶.

(3) 在溶液中进行化学反应,生成一不溶解的物质.

制成的胶体溶液中常有其他杂质存在,而影响其稳定性,因此必须纯化.常用的纯化方法是半透膜渗析法.渗析时,以半透膜隔开胶体溶液和纯溶剂.胶体溶液中的杂质,如电解质及小分子能透过半透膜,进入溶剂中,而胶粒却不透过.如果不断更换溶剂,则可把胶体溶液中的杂质除去.要提高渗析速度,可用热渗析或电渗析的方法.

胶粒大小的分布随着制备条件和存放时间而异.不同大小的胶粒对光的散射性质不同,根据瑞利公式,若胶粒质点尺寸在 $1 \sim 100$ nm 范围内,散射光强与入射光波长 4 次方成反比.当白光在溶胶中散射时,波长短的散射光强度大,散射光呈淡蓝色,透射光则呈淡红色.从散射光和透射光颜色的变化,可看出胶粒大小变化情况.由于胶粒能散射光,而真溶液散射光极弱,当一束光透过溶胶时,可看到"光路",即丁达尔现象.根据此性质可判断一清亮溶液是胶体溶液还是真溶液.

胶粒是荷电的质点,带有过剩的负电荷或正电荷,这种电荷是从分散介质中吸附或解离而得.研究胶粒的电性,能深入了解胶粒形成过程和胶粒的结构.

胶体稳定的原因是胶体表面带有电荷以及胶粒表面溶剂化层的存在.憎水胶体的稳定性主要决定于胶粒表面电荷之多少.憎水溶胶在加入电解质后能聚沉,起聚沉作用的主要是与胶粒荷电相反的离子.一般说来,反号离子的聚沉能力是

$$三价 > 二价 > 一价$$

但不成简单的比例.聚沉能力的大小通常用聚沉值表示,聚沉值是使胶粒发生聚沉时需要电解质的最小浓度值,其单位为 $mmol \cdot dm^{-3}$.正常电解质的聚沉值与胶粒电荷相反离子的价数 6 次方成反比.

亲液胶体(如动物胶、蛋白质等)的稳定性主要决定于胶粒表面的溶剂化层,因此加入少量盐类不会引起明显的沉淀.但若加入酒精等能与溶剂紧密结合的物质,则能使亲液胶体聚沉.亲液胶体的聚沉常常是可逆的,即当加入过多的酒精等物质时,聚沉的亲液溶胶又能自动地转变为胶体溶液.如果将亲液胶体加入憎液溶胶中,则在绝大多数情况下,可以增加憎液溶胶的稳定性.这一现象称为保护作用,保护作用可通过聚沉值的增加显示出来.

(二)仪器药品

NaCl 溶液($5\ mol \cdot dm^{-3}$),$Na_2S_2O_3$ 溶液($0.1\ mol \cdot dm^{-3}$),H_2SO_4($0.1\ mol \cdot dm^{-3}$),$AlCl_3$ 溶液($0.001\ mol \cdot dm^{-3}$),$FeCl_3$ 溶液($10\%,20\%$),K_2SO_4 溶液($0.01\ mol \cdot dm^{-3}$),KI 溶液($0.01\ mol \cdot dm^{-3}$),$K_3Fe(CN)_6$ 溶液($0.001\ mol \cdot dm^{-3}$),$AgNO_3$ 溶液($0.01\ mol \cdot dm^{-3}$),10% $NH_3 \cdot H_2O$,松香,硫黄,酒精.

试管,烧杯,量筒,移液管,锥形瓶,银电极,滴定管,电阻丝,观察丁达尔现象的暗箱.

(三)实验步骤

1.胶体溶液的制备

(1)化学反应法

① $Fe(OH)_3$ 溶胶(水解法).在 250 mL 烧杯中放 95 mL 蒸馏水,加热至沸,慢慢地滴入 5 mL 10% $FeCl_3$ 溶液,并不断搅拌,加完后继续沸腾几分钟.水解后,得红棕色的氢氧化铁溶胶,其结构可用式

$$\{m[Fe(OH)_3] \cdot nFeO^+ \cdot (n-x)Cl^-\}^{x+} \cdot xCl^-$$

表示.

② 硫溶胶.取 $0.1\ mol \cdot dm^{-3}$ $Na_2S_2O_3$ 溶液 5 mL 放入试管中,再取 $0.1\ mol \cdot dm^{-3}$ H_2SO_4 溶液 5 mL,将两液体混合,观察丁达尔现象.同法配制混合液,在亮处仔细观察透射光和散射光颜色的变化;当混浊度增加到盖住颜色时(约经 5 min),把溶胶冲稀 1 倍,继续观察颜色,记下透射光和散射光颜色随时间变化的情形.

③ AgI 溶胶.AgI 溶胶微溶于水($9.7 \times 10^{-7}\ mol \cdot dm^{-3}$),当硝酸银溶液与易溶于水的碘化物混合时,应析出沉淀.但是如果混合稀溶液并且取其中之一过剩,则不产生沉淀,而形成胶体溶液,胶体溶液的性质与过剩的是什么离子有关.在此,胶粒的电荷是由过剩的离子被 AgI 所吸附,在 $AgNO_3$ 过剩时,得正电性的胶团,其结构为

$$\{m[AgI]\ nAg^+\ (n-x)NO_3^-\}^{x+} \cdot xNO_3^-$$

在 KI 过剩时,得负电性的胶团

$$\{m[AgI]\,nI^-\,(n-x)K^+\}^{x-}\cdot xK^+$$

取 30 mL 0.01 mol·dm^{-3} KI 溶液注入 100 mL 的锥形瓶中,然后用滴定管把 0.01 mol·dm^{-3} 的 AgNO$_3$ 溶液 20 mL 慢慢地滴入,制得带负电性的 AgI 溶胶(A).

按此法取 30 mL 0.01 mol·dm^{-3} AgNO$_3$ 溶液,慢慢加 20 mL 0.01 mol·dm^{-3} KI 溶液,制得带正电性溶胶(B).

将制得的溶胶按下表的量混合,并逐个观察混合后的现象、溶胶颜色的变化、透过光颜色的变化,说明其稳定性的程度和原因.

试管编号	①	②	③	④	⑤	⑥	⑦
V_A/mL	1	2	3	4	5	6	0
V_B/mL	5	4	3	2	1	0	6

(2) 改变分散介质和实验条件

① 硫溶胶.取少量硫黄置于试管中,注入 2 mL 酒精,加热到沸腾(重复数次,使硫得到充分的溶解),在未冷却前把上部清液倒入盛有 20 mL 水的烧杯中,搅匀,观察变化情况及丁达尔现象.

② 松香溶胶.以 2% 松香的酒精溶液逐滴地加入到 50 mL 蒸馏水中,同时剧烈搅拌,观察变化情况.

(3) 胶溶法

① Fe(OH)$_3$ 溶胶.取 1 mL 20% FeCl$_3$ 溶液放在小烧杯中,加水稀释到 10 mL.用滴管逐渐加入 10% NH$_3$·H$_2$O 到稍微过量时为止(如何知道?).过滤,用水洗涤数次.取下沉淀放在另一烧杯中,加水 20 mL,再加入 20% FeCl$_3$ 约 1 mL,用玻璃棒搅动,并用小火加热,沉淀消失,形成透明的胶体溶液,利用溶胶的光性加以鉴定.

(4) 电弧法(选做)

① 银溶胶.仪器装置如图 B.30-1 所示,图中 R 为数百欧姆固定电阻(此处用电热丝),电源用 220 V 交流电,在 100 mL 烧杯中放入 50 mL 的 0.001 mol·dm^{-3} NaOH 溶液,烧杯用冷水冷却,把两根上部套橡皮管的银电极插入烧杯中,用手使两极接触立即分开,产生火花,连续数次,得银溶胶.观察溶胶的各种性质.

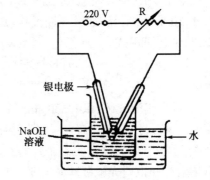

图 B.30-1　电弧法制备胶体

2. 胶体溶液的纯化(选做)

(1) 半透膜的制备

选择一个 100 mL 的短颈烧瓶,内壁必须光滑,充分洗净后烘干.在瓶中倒入几毫升的 6% 火棉胶溶液,小心转动烧瓶,使火棉胶在烧瓶上形成均匀薄层;倾出多余的火棉胶,倒置烧瓶于铁圈上,让剩余的火棉胶液流尽,并让乙醚蒸发,直至用手指轻轻接触火棉胶膜而不粘着.然后加水入瓶内至满(注意加水不宜太早,因若乙醚未蒸发完,则加水后膜呈白色而不适用;但亦不可太迟,到膜变干硬后不易取出),浸膜于水中约几分钟,剩余在膜上的乙醚即被溶去.倒去瓶内之水,再在瓶口剥开一部分膜,在此膜和瓶壁间灌水至满,膜即脱离瓶

140

壁.轻轻取出所成之袋,检验袋里是否有漏洞.若有漏洞,只须擦干有洞的部分,用玻璃棒醮火棉胶少许,轻轻接触漏洞,即可补好.也可用简便的玻璃纸代替火棉胶蒙在广口瓶口上,进行渗析.

(2) 溶胶的纯化

把制得的 $Fe(OH)_3$ 溶胶,置于半透膜袋内,用线栓住袋口,置于 400 mL 烧杯内,用蒸馏水渗析,保持温度在 60～70 ℃,半小时换一次水,并取 1 mL 检验其 Cl^- 及 Fe^{3+}(分别用 $AgNO_3$ 溶液及 KSCN 溶液检验),直至不能检查出 Cl^- 和 Fe^{3+} 为止.也可通过测溶胶的电导率,来判断溶胶纯化的程度.一般实验室中简便的纯化方法可在广口瓶内装入溶胶,蒙上玻璃纸,倒悬于盛有蒸馏水的玻璃缸中,经常换水,在室温下保持 1 周以上即可.

3. 溶胶的聚沉作用

用 10 mL 移液管在 3 个干净的 50 mL 锥形瓶中各注入 10 mL 前面用水解法制备的 $Fe(OH)_3$ 溶胶(若条件许可应使用经渗析纯化过的溶胶),然后在每个瓶中分别用滴定管逐滴地慢慢加入 0.5 $mol \cdot dm^{-3}$ 的 KCl 溶液,0.01 $mol \cdot dm^{-3}$ 的 K_2SO_4 溶液,0.001 $mol \cdot dm^{-3}$ 的 $K_3Fe(CN)_6$ 溶液,不断摇动.

注意,在开始有明显聚沉物出现时,即停止加入电解质,记下每次所用溶液的毫升数(若加入电解质的量达到 10 mL 后仍无聚沉物出现,则不再继续加入该电解质),并计算聚沉值大小.说明溶胶带何种电? 与理论值比较,说明什么问题?

参 考 资 料

1. [苏] 普季洛娃.胶体化学实验作业指南,p.13,p.163,北京:高等教育出版社 (1955)

2. H. D. Crockford et al. Laboratory Manual of Physical Chemistry, John Wiley, New York (1975)

3. 周祖康,顾惕人,马季铭.胶体化学基础,p.11,北京大学出版社 (1991)

4. 傅献彩,沈文霞,姚天杨.物理化学(第 4 版),下册,p.987,北京:高等教育出版社(1990)

B.31 胶体体系电性的研究

本实验包括:(i)测定素瓷片的电渗和(ii)$Fe(OH)_3$溶胶的电泳,计算双电层的 ζ 电势并了解胶粒的电性质.

原理 胶粒表面由于电离或吸附粒子而带电荷,在胶粒附近的介质中必定分布着与胶粒表面电性相反而电荷数量相等的离子,因此胶粒表面和介质间就形成一定的电势差.胶粒周围有一定厚度的吸附层,称为溶剂化层,它与胶粒一起运动.由溶剂化层界面到均匀液相内部(此处电势等于 0)的电势差叫做电动电势或 ζ 电势. ζ 电势是表征胶粒特性的重要物理量之一,在研究胶体性质及实际应用中起着重要的作用. ζ 电势的数值和胶粒性质、介质成分及溶胶浓度等有关.

根据扩散双电层的物理图像,假设:

(1) 扩散双电层内外的液体性质皆相同,因而流体力学公式对双电层内外的液体皆适用;

(2) 液体流动(电渗)或胶体质点运动(电泳)的速率很慢,而且是流线型的;

(3) 液体或胶粒的移动是外加电场与双电层的电场共同作用的结果;

(4) 双电层的厚度远小于胶粒的曲率半径.

由此,可得到关于电渗、电泳的 ζ 电势(V)表达式

$$\zeta = \frac{\eta u}{\varepsilon_r \varepsilon_0 E} \tag{1}$$

式中: ζ 为电动电势(V), η 为介质的粘度(Pa·s), u 为液体(电渗)或胶粒(电泳)的相对移动速率($m \cdot s^{-1}$), E 为电势梯度($V \cdot m^{-1}$), ε_r 为介质的相对介电常数, ε_0 为真空介电常数(8.854×10^{-12} $F \cdot m^{-1}$).

由于电渗及电泳中所测的有关物理量不同,故公式(1)在电渗及电泳的情况下分别化为具体的形式.

1. 电渗

$$\zeta = \frac{\eta V \kappa}{I t \varepsilon_r \varepsilon_0} \tag{2}$$

式中: ζ 为电动电势(V), η 为介质的粘度(Pa·s), V 是在时间 t(s)内流过的液体体积(m^3), κ 为液体介质的电导率($S \cdot m^{-1}$), I 是电流强度(A), ε_r 为介质的相对介电常数, ε_0 为真空介电常数(8.854×10^{-12} $F \cdot m^{-1}$).

因此,在不同电流强度下测定不同时间的体积 V 就可求出 ζ 值,因为 ζ 电势是胶体体系的性质,它与实验测定的情况无关.若保持 V 不变时测定不同电流强度 I 下的时间,则 It 是个常数.

2. 电泳

$$\zeta = \frac{\eta s l}{\varphi t \varepsilon_r \varepsilon_0} \tag{3}$$

式中: ζ 为电动电势(V), s 为在时间 t(s)内胶体与辅助液界面移动的距离(m), l 为两电极间

距离(m), φ 为两电极间的电势差(V), η 为介质的粘度(Pa·s), ε_r 为介质的相对介电常数, ε_0 为真空介电常数(8.854×10^{-12} F·m^{-1}).

注意 公式(3)是根据溶胶与辅助液的电导率相等下得到的[本实验近似地符合这条件, 故利用(3)式求 ζ].若溶胶的电导率 κ 与辅助液的电导率 κ 不同时(3)式必须修正.

对一定的溶胶而言,若固定 φ 及 l,测不同 t 时的 s 值,就可计算出 ζ.

一、素瓷片的电渗

本实验是测定素瓷片带电符号及素瓷片对 0.01 mol·dm^{-3} 的 KCl 溶液的 ζ 电势.用素瓷片作为膜片,它可看做由许多毛细管组成的.在毛细管与介质(KCl 溶液)两相界面上有双电层存在,当外加电场时,双电层中扩散层离子朝带相反电荷的电极运动.由于分子间的内聚力和内摩擦力存在,因而离子运动时带着毛细管中的液体一起走,故测定单位时间内流过薄片的液体体积就可求出 ζ.

(一) 仪器药品

KCl 溶液(0.01 mol·dm^{-3}), CuSO$_4$ 溶液(10%).
250 V 直流稳压电源,毫安表,电渗仪,烧杯,停表.

(二) 实验步骤

仪器装置如图 B.31-1 所示.将毛细管与电渗仪顺次用蒸馏水及 0.01 mol·dm^{-3} KCl 液洗净(薄素瓷片不能用洗液洗),并在其中注满 0.01 mol·dm^{-3} 的 KCl 溶液,注意电渗仪内不能有气泡及漏气.按图接好线路并使毛细管水平,用滴管吸走毛细管右口多余的液体,经检查后才可接电源进行实验.

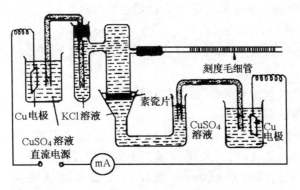

图 B.31-1 电渗仪器装置

实验要求电流强度恒定,故必须用稳压电源控制电流数值.用反向开关控制 Cu 电极的正负号.起初先使毛细管中的液体由右向左流动(即由薄素瓷片的上方向下方流动),待液面到毛细管中部后停电 4~5 min,然后接通电源,调节稳压电源使电流固定在 4 mA.用停表记录液体流过 10 小格(体积是 0.01 mL)的时间,切断电路,等待 1 min.用反向开关接通电源,但使电流方向与上次相反,记录液体反向流过同样体积(10 小格)的时间,停止通电 1 min.用同样操作再重复测定两个往返的时间.同法固定电流为 5 mA 与 6 mA,再进行测量.

(三) 数据处理

1．据电极符号及液体流动方向断定薄素瓷片带电的符号(即 ζ 电势的符号)．

2．由测得的电流强度 I，时间 t，液体流过的体积 V，利用公式(2)求不同 I 值下的 ζ 值，并求 ζ 平均值．将数据及处理结果列成表格．

利用公式(2)求 ζ 时，η、ε 皆用水的相应值代替．水的 η 及 $0.01\ \mathrm{mol \cdot dm^{-3}}$ KCl 的电导率值 κ 见附录，水的 ε_r 按式

$$\varepsilon_r = 80 - 0.4\left(\frac{T}{\mathrm{K}} - 293\right) \tag{4}$$

计算．T 为实验时的热力学温度．

二、Fe(OH)$_3$ 溶胶的电泳

本实验利用 U 型管电泳仪测定 Fe(OH)$_3$ 溶胶的胶粒带电符号及其 ζ 电势．

(一) 仪器药品

Fe(OH)$_3$ 溶胶，KCl 溶液($0.001\ \mathrm{mol \cdot dm^{-3}}$)，饱和 CuCl$_2$ 溶液．

250 V 直流稳压电源，停表，电泳仪，铜电极．

(二) 实验步骤

1．仪器装置

U 型电泳管如图 B.31-2 所示．管 1 上有刻度可以观察溶胶界面移动的距离，管上方用一带有活塞 4 的横管相连接，使装入溶胶后液面能保持水平，上端的弯管 5 是装电解液及插电极用的，U 型管中部的活塞 2 及 3 其孔径等于 U 型管的内径．

使用电泳仪时应注意：

(1) 仪器应保持清洁，有杂质，特别是电解质时，会影响 ζ 电势的数值．

(2) 转动活塞 2 时，勿振动仪器或漏出溶胶．

2．胶粒带电符号的测定

将电泳管先用蒸馏水，后用已渗析过的 Fe(OH)$_3$ 溶胶洗几次．再装 Fe(OH)$_3$ 溶胶至活塞 2，3 以上，关闭活塞 2，3，在活塞 2，3 下不能有气泡．将活塞 2，3 上部的溶胶倒掉，顺序用蒸馏水及辅助液 ($0.001\ \mathrm{mol \cdot dm^{-3}}$ KCl)洗涤三次，然后装辅助液至支管口．把仪器固定在铁架上，用滴定管吸取饱和的 CuCl$_2$ 溶液注入两支管 5 中，加入量以 Cu 电极插入后，CuCl$_2$ 溶液不流入 U 型管为限，插好 Cu 电极后

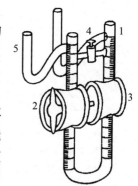

图 B.31-2　电泳仪

打开活塞 4，再装辅助液于 U 型管内，使液面达支管口上部并使两液面水平，这时 KCl 溶液与 CuCl$_2$ 溶液在管 5 内相接．将两电极与直流稳压电源相连，工作电压调至 150~200 V 之间．关闭活塞 4，再小心地打开活塞 2，3，观察界面移动的方向，再根据电极的正负确定胶粒带电符号．切断电源，倒掉溶液，洗净仪器，进行下一步的测定．

3. $Fe(OH)_3$ 溶胶的 ζ 电势测定

这步测定要求事先在一个活塞中装满辅助液,而在另一个活塞装满 $Fe(OH)_3$ 溶胶,除这一点外,其他操作同步骤 2 中所述.

先在一个活塞中装满辅助液,并关好.然后,用蒸馏水及 $Fe(OH)_3$ 溶胶分别洗电泳仪,再装溶胶至另一活塞以上,关闭这个活塞.以下步骤就按 2 中所述进行.注意,要根据胶粒带电符号连通电源,使装有溶胶的活塞一边的界面向上移动,这就保证了通电开始不久,在 U 型管两边都可以读出溶胶界面移动的距离.

接好线路,经检查无误后再接通电源,当 U 型管两边溶胶的界面清晰后,打开停表,准确记录 U 型管两边界面各自移动 0.5 cm,1 cm,1.5 cm,2 cm 时所需的时间.测完后关闭电源,用细铜丝测量两电极间的距离 l.最后计算 ζ 电势.

(三) 数据处理

1. 据电极符号及溶胶移动方向确定胶粒所带电荷的符号(即 ζ 电势的符号).

2. 由 U 型管的两边在时间 t 内界面移动的距离 s 值,求出 s/t,并取平均值.再按公式(3)计算 ζ 电势[用水的 η、ε 值代入(3)式].

思 考 题

1. 薄素瓷片膜需事先长时间在 $0.01\ mol \cdot dm^{-3}$ KCl 溶液中浸泡,说明其原因.

2. 为什么电渗仪内不能有气泡,也不能漏气?

3. 毛细管为什么必须保持水平? 若垂直放置本实验能否进行?

4. 连续通电使溶液不断发热,会引起什么后果?

5. 电泳中辅助液的选择根据哪些条件?

6. $CuCl_2$ 溶液为何不能进入 U 型管内?

提 示

1. 电泳所用的 $Fe(OH)_3$ 溶胶必须严格纯化,否则其界面将会不清.纯化后的溶胶,其电导率为 10^{-3} $S \cdot m^{-1}$ 左右.溶胶的制备和纯化见 B.30.

2. 电泳和电渗可不用 Cu 电极和 $CuCl_2$ 溶液,直接用 Pt 电极插入 KCl 溶液中.电泳仪也可采用无活塞的 U 型电泳仪,但装液较困难.

参 考 资 料

1. [美] S. Glasstone.电化学概论,上册,p.37,北京:科学出版社(1959)

2. [苏] 普季洛娃.胶体化学实验作业指南,第六章,北京:高等教育出版社 (1955)

3. 傅献彩,沈文霞,姚天杨.物理化学(第 4 版),下册,p.1012,北京:高等教育出版社(1990)

B.32 沉 降 分 析

用扭力天平测定氧化铝颗粒在静止液体中沉降的速率,求算氧化铝的颗粒分布.掌握测定原理和扭力天平的使用方法.

(一) 原理

利用物质颗粒在介质中的沉降速率来测定物质的分散度,称为沉降分析法.根据斯托克斯(Stokes)定律,半径为 r 的球粒在恒定的外力作用下,在粘度为 η 的均相介质中作等速运动,其速率为 v.则粒子所受到的阻力(摩擦力)f 由式

$$f = 6\pi\eta r v \tag{1}$$

所决定.若外力是重力,当颗粒的下降速率恒定后,摩擦力应等于重力,即

$$6\pi\eta r v = \frac{4}{3}\pi r^3 (\rho - \rho_0) g \tag{2}$$

式中:ρ 为颗粒密度;ρ_0 为介质密度;g 为重力加速度.由(2)式化简,得

$$v = \frac{2}{9} g r^2 \frac{\rho - \rho_0}{\eta} \tag{3}$$

若知道颗粒的沉降速度,则利用(3)式可解得颗粒半径 r

$$r = \sqrt{\frac{9}{2g}} \sqrt{\frac{\eta v}{\rho - \rho_0}} \tag{4}$$

在导出斯托克斯公式时,有下述假定:

(1) 颗粒是球形的;

(2) 和介质的分子相比,颗粒要大得多;

(3) 和正在下降的颗粒相比,液体体积要大得多;

(4) 颗粒作等速运动,因此速率不应太大,不超过某一极限值.

实际上,悬浮液中的颗粒常常不是球形的,因而由(4)式得出的半径并非真正的实际半径,而是具有相同质量和运动速率的颗粒的有效半径,或称等当半径.上述条件规定了在进行测定时,分散介质的浓度不能很大,否则颗粒间的相互作用会改变颗粒的沉降情形,一般不应大于 $1\% \sim 2\%$.另外条件 2 与 4,也规定了沉降分析的应用范围,颗粒大小约需在 $0.1 \sim 50\ \mu m$ 间,故沉降分析不适用于典型的胶体溶液.当颗粒小于 $0.1\ \mu m$ 时,可以在离心场中进行沉降分析,而大于 $50\ \mu m$ 的颗粒可用金属筛分离.

设沉降颗粒均匀地分布在介质中,并设所有颗粒大小完全一样,沉降速率相等.如按图 B.32-3装置,称量不同时间(t_i)落在盘中的颗粒质量(P_i),作出 P-t 曲线(沉降曲线),其形状如图 B.32-1(a)所示,为一条通过原点的直线,其斜率决定于颗粒的浓度、大小及介质的性质,而直线的长短决定于液面至盘的高度(h)和颗粒的沉降速率.至 t_1 时,原来处在液面的颗粒亦全部落在盘上,盘的质量不再改变,根据 t_1 和 h 数值可算出颗粒的沉降速率

$$v = h/t_1 \tag{5}$$

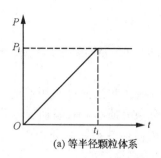
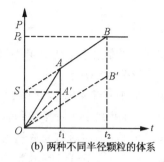

(a) 等半径颗粒体系　　(b) 两种不同半径颗粒的体系

图 B.32-1　分散体系的沉降曲线

将 v 值代入(4)式,即可求出颗粒的半径 r.

对于含两种半径颗粒的分散体系,其沉降曲线的形状如图 B.32-1(b)所示: OA 段代表两种粒子同时沉降的线段,斜率大;至 t_1 时,只剩第二种颗粒沉降,沉降线发生曲折,按 AB 段上升;至 t_2 时,两种颗粒均已沉降,质量不再改变.由 t_1, t_2 及 h 数值可求两种粒子的大小,而其对应质量可通过 AB 线段的延线和纵轴交点 S 求得, OS 为第一种颗粒的质量, P_cS 为第二种颗粒的质量.

实际上所遇到的悬浮液均为颗粒半径连续分布的体系,其沉降曲线一般有图 B.32-2 形状,在任意时间 t_1 已沉降的颗粒总量为 P_1,按其大小可分为两部分:

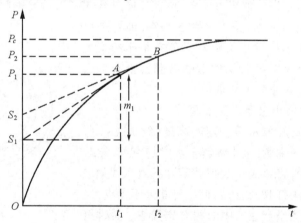

图 B.32-2　颗粒半径连续分布体系的沉降曲线

(1) 颗粒半径 $\geqslant r_1$($K \sqrt{h/t_1}$)已全部沉降的部分,其质量为 S_1;

(2) 半径小于 r_1,而在 t_1 时仍继续沉降的颗粒,其已沉降质量为 m_1.由于它们到 t_1 时仍以同样速率继续沉降,其沉降速率可由 A 点的斜率 $\mathrm{d}P/\mathrm{d}t$ 表示,故

$$m_1 = t_1 \frac{\mathrm{d}P}{\mathrm{d}t}$$

$$S_1 = P_1 - t_1 \frac{\mathrm{d}P}{\mathrm{d}t}$$

若总沉降质量为 P_c,则 S_1/P_c 为半径 $\geqslant r_1$ 的颗粒在总量中所占的比例,而其所占的质量分数为

$$Q = \frac{S_1}{P_c} \times 100$$

本实验是测定所给的氧化铝样品的颗粒大小的分布,亦即要求出在某一半径范围内颗粒的质量(dS/dr)和质量分数(dQ/dr).

对沉降分析最大的干扰是液体的对流(包括机械的和热的原因引起的对流)和粒子的聚结.保持体系温度恒定可以减少热对流.适当调节分散介质的 pH、添加少量适当的电解质可在一定程度上防止粒子聚结.添加适当的分散剂(如表面活性剂和高分子化合物)则是防止粒子聚结的较为行之有效的方法.但分散剂的类型和用量必须经过试验,添加量一般不超过0.1%,以免影响体系的性质.

(二) 仪器药品

氧化铝样品.

扭力天平,1000 mL 大量筒,带小钩玻璃丝,金属小盘,有机玻璃搅棒,烧杯,停表,比重瓶,电子天平.

(三) 实验步骤

1. 了解扭力天平的构造及使用方法

开始进行实验前,首先了解扭力天平的构造(见图 B.32-3).调整螺旋支架使保持水平,旋钮 1 是天平的开关,打开旋钮,使天平臂 5 腾空,即可进行称量.旋钮 2 用来调节读数指针 3,使转盘落在指示的某个质量处(相当于在天平上加所指示质量的砝码),当天平已达到平衡时,平衡指针 4 应与零线重合.

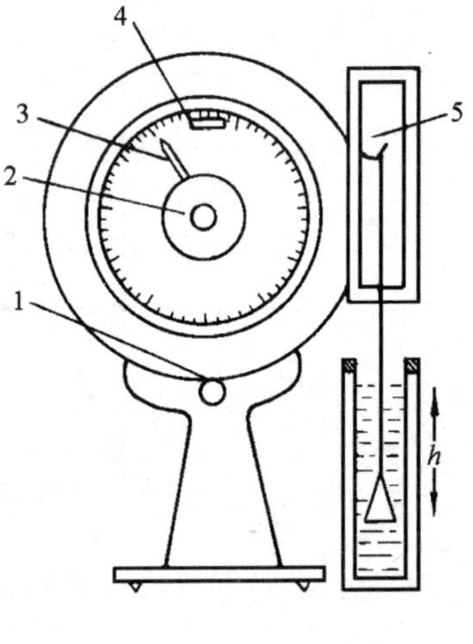

2. 测定空盘质量及小盘至水面高度 h

将量筒、小盘等洗净,放水至一定的高度(约 30 cm,所用的水可用自来水加热沸腾,赶走溶解于水中的空气,然后冷却至室温即可使用),将金属小盘用玻璃丝挂在天平臂 5 上,悬在水中,把开关 1 打开.旋转 2,使指针 4 处于零点,这时转盘指示的质量即为空盘在水中的相对质量 P_0.同时用米尺量出平衡时小盘至水面的高度 h,测出水温,查出水的粘度 η 和密度 ρ.

图 B.32-3　扭力天平

3. 配制悬浮液及进行测量

称取 10 g 左右的氧化铝粉末样品,放在小烧杯内,然后加入少量量筒中的水,搅拌均匀成稀浆,再倒入量筒,由于氧化铝占体积不大,可认为液面高度不变.也可将氧化铝直接倒入量筒.

用玻璃搅棒上下搅动悬浮液(搅拌时不要太猛烈,以免引起气泡产生,气泡附在金属小盘上会影响结果的正确性),至颗粒分布均匀后,迅速将量筒放在天平侧旁(参看图 B.32-3),将小盘浸入量筒内,将玻璃丝挂在天平臂的小钩 5 上,在小盘浸入 $h/2$ 高度时打开停表,开始记录时间.称量沉降在小盘上的质量和对应的时间,从搅拌完毕到第一次读数,动作要迅速,时间愈短愈好,一般以 $10\sim15$ s 为宜.

通常在实验开始时的沉降速度最大,每隔 30 s 进行一次读数,随后沉降速率变小,两次读数时间间隔可长一些.当 2 min 时间内,沉淀增加的质量不超过 0.5 mg 时,实验即可结束.每次称量时指针要向一个方向,以极慢的速率增加,保持每次条件一致.而读数次序则是先记时间,后记下天平上的读数.实验完毕后,将天平关闭,取下小盘.

在实验中应该注意量筒、玻璃棒等物的清洁,少量杂质(电解质)的引入可能引起分散颗粒的聚结,从而影响结果的真实性.另外将小盘浸入量筒中时,应使其位置在横截面中心,并保持水平,靠近筒壁的颗粒在沉降时不遵守斯托克斯定律.

实验数据记入表 B.32-1 中.

表 B.32-1

时间 t/s	天平读数/mg	沉降质量 P/mg

4. 测量氧化铝的密度

固体密度常用比重瓶法测定(测定具体步骤见 C.8 中"固体密度的测定"部分).

(四) 数据处理

1. 作沉降曲线,并求沉降量的极限值

根据表 B.32-1 中的实验数据作图,纵坐标为沉降量 P,单位是毫克(mg),横坐标为相应的实验时间 t,单位为秒.实验所得的 P-t 曲线应该是光滑的,沉降曲线的极限值 P_c 的数值可用作图法求得,即在沉降曲线纵轴左边作 P-A/t 图(A 是任意常数,如 $A = 100$;t 是时间),由 t 值较大的各点作直线外推与纵轴的交点,即得 P_c.

2. 根据沉降曲线,求 t 时的 S 和 Q

在 P-t 曲线上作 9~15 条切线,如图 B.32-2 所示,在斜率改变较大的地方多作几条,一直到水平部分.求出相应于这些点的时间 $t_1, t_2, t_3, \cdots, t_n$ 及半径 $r_1, r_2, r_3, \cdots, r_n$,切线交于纵轴得截距 $S_1, S_2, S_3, \cdots, S_n$.并求出半径大于相应于某一 r 值的颗粒所占的质量分数 $Q_1, Q_2, Q_3, \cdots, Q_n$,将结果列于表 B.32-2 中:

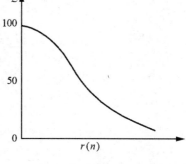

图 B.32-4 积分分布曲线

表 B.32-2

t/s	$r/\mu m$	S/mg	Q

3. 作积分分布曲线和微分分布曲线

根据表 B.32-2 画出颗粒的积分分布曲线(Q-r 曲线),如图 B.32-4 所示:纵坐标是各颗粒组的总质量分数 Q,横坐标是颗粒的半径 r,其值采取该颗粒组中半径的最小值.

积分曲线的物理意义是:在曲线上任意一点,表示体系中半径大于该值的颗粒的总质量分数.

从积分曲线可以求得微分分布曲线.作微分分布曲线时,纵轴代表分布函数 dQ/dr,横轴代表半径,微分分布曲线表示各颗粒组的相对含量,曲线和横轴 r_1、r_2 间包围的面积和曲线下面整个面积之比,表示半径在 r_1 至 r_2 间的相对含量.为了找出微分分布曲线,先由积分曲线求 $\Delta Q/\Delta r$,所得结果记入表 B.32-3(所取 Δr 应较小,使 $\Delta Q/\Delta r$ 较接近 dQ/dr).

表 B.32-3

r 的范围/μm	ΔQ	$\Delta r/\mu m$	$(\Delta Q/\Delta r)/\mu m^{-1}$

根据表 B.32-3 数据,作 dQ/dr 对 r 的曲线.求微分分布曲线方法如下:先画出长方形(如图 B.32-5 所示),长方形的底是颗粒组半径范围,其高是 $\Delta Q/\Delta r$,连接各长方形顶边的中点得到光滑的曲线,即为微分分布曲线.若半径间隔是同等的,则长方形的高和颗粒组的质量分数相应,曲线的最高点相应于体系中含量最大的颗粒的半径 r_m.

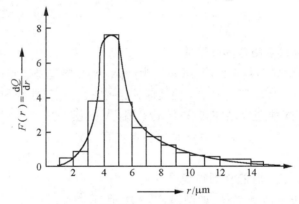

图 B.32-5　微分分布曲线

参 考 资 料

1. [苏] 普季洛娃.胶体化学实验作业指南,p.265,北京:高等教育出版社 (1955)

2. F. Daniels et al. Experimental Physical Chemistry, 7th ed., p.344, McGraw-Hill Book Company, New York (1970)

3. 周祖康,顾惕人,马季铭.胶体化学基础,p.164,北京大学出版社 (1991)

4. 复旦大学等编.物理化学实验(第 2 版),北京:高等教育出版社(1993)

5. 武汉大学化学与环境科学学院编.物理化学实验,武汉大学出版社(2000)

B.33 固体在溶液中的吸附

测定活性炭在醋酸水溶液中对醋酸的吸附作用,并推算活性炭的比表面积,了解溶液吸附法测定比表面积的基本原理.

(一) 原理

对于比表面积很大的多孔性或高度分散的吸附剂,像活性炭和硅胶等,在溶液中有较强的吸附能力.由于吸附剂表面结构的不同,对不同的吸附质有着不同的相互作用,因而,吸附剂能够从混合溶液中有选择地把某一种溶质吸附.这种吸附能力的选择性在工业上有着广泛的应用,如糖的脱色提纯等.

吸附能力的大小常用吸附量 Γ 表示之.Γ 通常指每克吸附剂上吸附溶质的量.在恒定的温度下,吸附量和吸附质在溶液中的平衡浓度 c 有关,弗朗特里希(Freundlich)从吸附量和平衡浓度的关系曲线,得一经验方程

$$\Gamma = \frac{x}{m} = kc^{\frac{1}{n}} \tag{1}$$

式中:x 为吸附溶质的量,以 mol 为单位;m 为吸附剂的质量,以 g 为单位;c 为吸附平衡时溶液的浓度,以 mol·dm^{-3}为单位;k 和 n 都是经验常数,由温度、溶剂、吸附质的性质所决定(一般 $n > 1$).将(1)式取对数,可得下式

$$\lg \frac{\Gamma}{\mathrm{mol \cdot g^{-1}}} = \frac{1}{n}\lg \frac{c}{\mathrm{mol \cdot dm^{-3}}} + \lg \frac{k}{\mathrm{mol}^{\frac{n-1}{n}} \cdot \mathrm{dm}^{3/n} \cdot \mathrm{g}^{-1}} \tag{2}$$

因此根据这方程以 $\lg[\Gamma/(\mathrm{mol \cdot g^{-1}})]$ 对 $[\lg c/(\mathrm{mol \cdot dm^{-3}})]$ 作图,可得一直线,由斜率和截距可求得 n 及 k.(1)式纯系经验方程式,只适用于浓度不太大和不太小的溶液.从表面上看,k 为 $c = 1\,\mathrm{mol \cdot dm^{-3}}$时的 Γ,但这时(1)式可能已不适用.一般吸附剂和吸附质改变时,n 改变不大而 k 值则变化很大.

朗格缪尔(Langmuir)吸附方程式系基于吸附过程的理论考虑,认为吸附是单分子层吸附,即吸附剂一旦被吸附质占据之后,就不能再吸附;在吸附平衡时,吸附和脱附达成平衡.设 Γ_∞ 为饱和吸附量,即表面被吸附质铺满单分子层时的吸附量.在平衡浓度为 c 时的吸附量 Γ 由式

$$\Gamma = \Gamma_\infty \frac{cK}{1 + Kc} \tag{3}$$

表示.将(3)式重新整理,可得

$$\frac{c}{\Gamma} = \frac{1}{\Gamma_\infty K} + \frac{1}{\Gamma_\infty}c \tag{4}$$

作 c/Γ 对 c 的图,得一直线.由此直线的斜率可求得 Γ_∞,再结合截距可求得常数 K.这个 K 实际上带有吸附和脱附平衡的平衡常数的性质,而不同于弗朗特里希方程式中的 k.

根据 Γ_∞ 的数值,按照朗格缪尔单分子层吸附的模型,并假定吸附质分子在吸附剂表面上

是直立的, 每个醋酸分子所占的面积以 $0.243\,\text{nm}^2$(根据水-空气界面上对于直链正脂肪酸测定的结果而得)计算. 则吸附剂的比表面积 $s_0(\text{m}^2 \cdot \text{g}^{-1})$ 可按下式计算

$$s_0 = \frac{\Gamma_\infty/(\text{mol} \cdot \text{g}^{-1}) \times 6.02 \times 10^{23} \times 0.243}{10^{18}} \tag{5}$$

式中:10^{18} 是因为 $1\,\text{m}^2 = 10^{18}\text{nm}^2$ 而引入的换算因子.

根据上述所得的比表面积, 往往要比实际数值小一些. 原因有二:(i) 忽略了界面上被溶剂占据的部分;(ii) 吸附剂表面上有小孔, 脂肪酸不能钻进去, 故这一方法所得的比表面一般偏小. 不过这一方法测定时手续简便, 又不需要特殊仪器, 故是了解固体吸附剂的性能的一种简便方法.

(二) 仪器药品

NaOH 溶液($0.1\,\text{mol} \cdot \text{dm}^{-3}$), HAc 溶液($0.4\,\text{mol} \cdot \text{dm}^{-3}$), 活性炭, 酚酞指示剂.

恒温槽, 振荡机, 磨口锥形瓶, 移液管, 滴定管.

(三) 实验步骤

取 7 个洗净、干燥的带塞锥形瓶, 编号, 每瓶称活性炭 1g(准确至 mg). 按下表中给出的数据, 配制各种不同浓度的醋酸.

瓶　号	①	②	③	④	⑤	⑥	⑦
$V(\text{HAc})^a/\text{mL}$	100	75	50	30	20	10	5
蒸馏水/mL	0	25	50	70	80	90	95

a　$c(\text{HAc}) = 0.4\,\text{mol} \cdot \text{dm}^{-3}$.

配法如下:将各瓶加好样后, 用磨口塞塞好, 并在塞上加橡皮套, 置恒温水槽中振荡(若室温变化不大, 可直接在室温下进行振荡), 使吸附达成平衡. 稀的较易达成平衡, 而浓的不易达成平衡. 因此在振荡半小时以后, 先取稀溶液进行滴定, 让浓溶液继续振荡.

为求得吸附量应准确标定醋酸的原始浓度 c_0 和吸附后的平衡浓度 c, 可用约 $0.1\,\text{mol} \cdot \text{dm}^{-3}$ 的 NaOH 溶液滴定. 其中 c_0 只要滴定原来 $0.4\,\text{mol} \cdot \text{dm}^{-3}$ HAc 即可. 而平衡浓度 c 则应在振荡完毕后, 用带有塞上玻璃毛的橡皮管的移液管吸取上部清净溶液, 再用 NaOH 溶液滴定. 由于吸附后 HAc 的浓度不同, 所取体积也应不同. ①~②号瓶各取 10 mL;③~④号瓶各取20 mL;⑤~⑦号瓶各取 40 mL.

注意

(1) 在浓的 HAc 溶液中, 应该在操作过程中防止 HAc 的挥发, 以免引起结果较大的误差.

(2) 本实验溶液配制用不含 CO_2 的蒸馏水进行.

(四) 数据处理

1. 由平衡浓度 c 及初始浓度 c_0 数据按下式计算吸附量

$$\Gamma = \frac{(c_0 - c)V}{m}$$

式中:V 为溶液的总体积(dm^3), m 为加入溶液中的吸附剂质量(g).

2．作吸附量 Γ 对平衡浓度 c 的等温线．

3．作 $\lg\dfrac{\Gamma}{\text{mol}\cdot\text{g}^{-1}}$ 对 $\lg\dfrac{c}{\text{mol}\cdot\text{dm}^{-3}}$ 图，并由斜率及截距求(1)式中之常数 n 和 k．

4．计算 c/Γ，作 c/Γ-c 图，由图求得 Γ_∞，将 Γ_∞ 值用虚线作一水平线在 Γ-c 图上．这一虚线即是吸附量 Γ 的渐近线．

5．由 Γ_∞ 根据(5)式计算活性炭的比表面积．

参 考 资 料

1．戴维·P·休梅尔等著；俞鼎琼，廖代伟译．物理化学实验(第4版)，p.334，北京：化学工业出版社(1990)

2．傅献彩，沈文霞，姚天杨．物理化学(第4版)，下册，p.960，北京：高等教育出版社(1990)

B.34　静态重量法测定固体比表面积

采用 BET 重量法测定硅胶的比表面积,掌握测定比表面积的原理和方法并熟悉高真空实验技术.

(一) 原理

固体物质比表面积的测定,已经成为了解物性的重要手段之一,因此,比表面积的测定已被广泛应用于科研和生产实际中.测定固体比表面积常用的方法是 BET 法.它可分为静态吸附法和动态吸附法;静态吸附法又分为重量法和容量法.重量吸附法是借助于测高仪进行的,即测量吸附样品吸附气体(或蒸气)后增重所引起石英弹簧的伸长,它能用称量的方法显示出吸附量来,并换算成一定单位,用 BET 公式计算比表面积.BET 法是基于物理吸附概念,经过一些假设,给出了恒温条件下,吸附量与吸附质的相对压力间的关系式

$$V = \frac{V_m C p}{(p_0 - p)[1 + (C - 1)p/p_0]} \tag{1}$$

式中:p 为吸附达到平衡时的压力(单位:Pa);p_0 为吸附温度下,吸附质的饱和蒸气压(单位:Pa);V 为平衡压力时,每克吸附剂所吸附的吸附质的量(单位:g/g);V_m 为在每克吸附剂表面上形成一个单分子层所需的吸附质的量(单位:g/g);C 为与温度、吸附热及气化热有关的常数.式(1)可以改写为线性形式

$$\frac{p}{V(p_0 - p)} = \frac{1}{V_m C} + \frac{C - 1}{V_m C} \times \frac{p}{p_0} \tag{2}$$

假设石英弹簧秤空载时的长度为 l_0,加上吸附剂并经过脱气后的长度为 l_1,吸附平衡时的长度为 l_2.则平衡吸附量 V 可表示为

$$V = \frac{K(l_2 - l_1)}{K(l_1 - l_0)} \tag{3}$$

式中:K 为弹力系数,$K(l_2 - l_1)$ 为被吸附气体的质量数,$K(l_1 - l_0)$ 为吸附剂的质量数.则(2)式可变为

$$\frac{(l_1 - l_0)}{(l_2 - l_1)} \times \frac{p}{p_0 - p} = \frac{1}{V_m C} + \frac{C - 1}{V_m C} \times \frac{p}{p_0} \tag{4}$$

以 $\dfrac{(l_1 - l_0)}{(l_2 - l_1)} \times \dfrac{p}{p_0 - p}$ 对 $\dfrac{p}{p_0}$ 作图.设直线斜率为 A,截距为 B,则

$$C = \frac{A}{B} + 1 \tag{5}$$

$$V_m = \frac{1}{BC} = \frac{1}{A + B} \tag{6}$$

根据所求得的 V_m,可以用下式计算吸附剂的比表面积 s_0(单位:$m^2 \cdot g^{-1}$):

$$s_0 = \frac{N_A V_m \sigma}{10^{18} M} \tag{7}$$

154

式中:N_A 为阿伏伽德罗常数;σ 为吸附气体分子的截面积(本实验用甲醇做吸附质,在 20~25℃时,甲醇分子的截面积 $\sigma = 0.25\ \text{nm}^2$);$M$ 为被吸附气体的摩尔质量.

用 BET 公式测定固体物质的比表面积,p/p_0 应取 0.05~0.35,在此范围内作图有较好的线性关系.所以,严格控制实验中的相对压力,是实验成败的关键之一.

(二) 仪器药品

甲醇(AR).

真空系统(包括:玻璃系统、真空机组、复合真空计、加热炉),测高仪,超级恒温水浴,硅胶,高真空活塞油等.

(三) 实验步骤

1. 实验装置

实验装置如图 B.34-1 所示.水银压力计 A,吸附质的样品管 B,带磨口的玻璃套管 C,悬挂于套管中的石英弹簧 D,以及悬挂于弹簧下端的,盛吸附剂的样品筐 E.抽真空用真空机组,它由机械泵和油扩散泵所组成.C 管加热,在脱附活化时用电炉加热.室温下恒温吸附用超级恒温水浴.读取水银压力计 A 的读数采用测高仪.

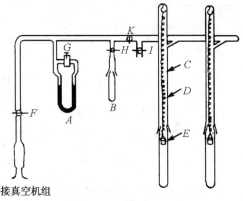

接真空机组

图 B.34-1　真空系统装置图

2. 比表面积的测定

(1) 吸附质甲醇的精制

首先测定甲醇的折射率,如不符合标准,则应进行精馏提纯.然后将合格的甲醇装入 B 管,用液氮冷冻,抽真空,除去溶于其中的气体杂质,反复数次之后,关闭活塞 H,待用(实验前已处理).

(2) 吸附剂硅胶的预处理

将硅胶过筛,挑选直径为 2~3 mm 的粒度范围,于 120℃下,烘烤 2 h 后,放入保干器中备用(实验前已处理).

测量前,还应检查系统活塞的润滑和密封情况.准备工作就绪后,用测高仪测定弹簧秤空载时的长度 l_0.根据弹簧秤的使用范围和可能的吸附量,用台秤称取约 0.2~0.3 g 的硅胶.将装有硅胶的样品筐小心地挂在弹簧秤上,并套上套管,按照 C.3"真空的获得"与"真空的测量"进行操作.关闭活塞 I,旋开活塞 F,K 和 G,对系统进行抽真空(实验前,必须熟悉 C.3 部分的操作).抽至 0.013 Pa(10^{-4}mmHg)左右后(用复合真空计测量,见 C.3),用电炉加热到 250℃,进行脱气活化,然后停止加热,撤去加热器,让套管自然冷却到室温.关闭活塞 F,G,使系统封闭.在玻璃套管外用超级恒温水浴的循环水恒温.当温度恒度后(20~25℃),开始进行吸附实验,用测高仪测定弹簧秤伸长度 l_1.关闭活塞 K 以后,缓慢地打开活塞 H,如此反复几次,使系统达到预期的压力为止.最后,将活塞 H 关闭,K 打开,每隔数分钟读取一次压力.如在半小时内压力读数不变时,即可认为达到吸附平衡.记下吸附管温度和平衡压力,并用测高仪测定此时弹簧伸长度 l_2.改变 p 值,重复上述操作.要求至少作 4~5 个不同的 p 值.

在进样时,应特别注意不能同时打开活塞 H 和 K,应交替地开和关,并要十分缓慢地旋动活塞,否则会造成严重后果.轻则将会把吸附剂吹出样品筐,重则会损坏石英弹簧秤.随意旋开或关闭活塞 G 也会造成重大事故.

(四) 数据处理

1. 由平衡压力 p,并查出吸附温度下甲醇的饱和蒸气压 p_0,计算表 B.34-1 中各量.

2. 以 $\dfrac{l_1 - l_0}{l_2 - l_1} \times \dfrac{p}{p_0 - p}$ 对 $\dfrac{p}{p_0}$ 作图.

表 B.34-1

l_0:	l_1:		吸附温度:	p_0:
p	l_2	$l_2 - l_1$	$\dfrac{l_1 - l_0}{l_2 - l_1} \times \dfrac{p}{p_0 - p}$	$\dfrac{p}{p_0}$

3. 由截距和斜率求出 V_m.

4. 由公式(7)求 s_0.

思　考　题

1. 高真空操作应注意哪些问题? 操作活塞 G, K 时要注意什么?

2. 分析引进误差的因素有哪几方面? 如何减小误差,以提高结果的精确度?

参　考　资　料

1. 高木,庆伊,米本,松元.触媒,2,473(1960)

2. Л. Н. Соболева, А. В. Ниселев. Ж . физ. Химии, 32, 49(1958)

3. 周祖康,顾惕人,马季铭.胶体化学基础,p.103,北京大学出版社(1991)

B.35　粘度法测高分子化合物的相对分子质量

测定聚乙烯醇的相对分子质量,掌握测量原理和使用三管粘度计的方法.

(一) 原理

粘度是指液体对流动所表现的阻力,这种力反抗液体中邻接部分相对移动,因此可看做内摩擦.图 B.35-1 是液体流动的示意图.当相距为 ds 的两个液层以不同速率(v 和 $v+dv$)移动时,产生的流速梯度为 dv/ds.当建立平稳流动时,维持一定的流速所需的力(即液体对流动的阻力)f' 与液层的接触面积 A 以及流速梯度 dv/ds 成正比,即

$$f' = \eta A \frac{dv}{ds} \qquad (1)$$

如以 f 表示单位面积液体的粘滞阻力,$f = f'/A$,则

$$f = \eta \left(\frac{dv}{ds} \right) \qquad (2)$$

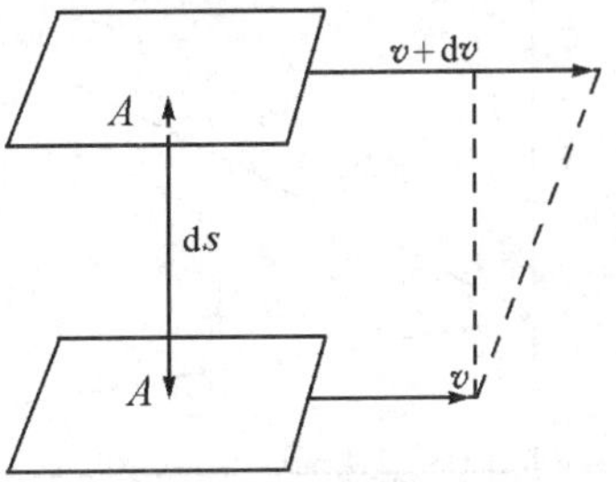

式(2)称为牛顿粘度定律的表示式,其比例常数 η 称为粘度系数,简称粘度.

图 B.35-1　液体流动示意图

高聚物在稀溶液中的粘度,主要反映了液体在流动时存在的内摩擦.

高聚物相对分子质量对于它的性能影响很大,如橡胶的硫化程度,聚苯乙烯和醋酸纤维等薄膜的抗张强度,纺丝粘液的流动性等,均与其相对分子质量有密切关系.通过相对分子质量的测定,可进一步了解高聚物的性能,指导和控制聚合时的条件,以获得具有优良性能的产品.

在高聚物中,相对分子质量大多是不均一的,所以高聚物相对分子质量是指统计的平均相对分子质量.

对线性型高聚物,相对分子质量的测定方法有下列几种,其适用的相对分子质量(M_r)的范围如下:

方法名称	适用 M_r 范围
端基分析	3×10^4
沸点升高,凝固点降低,等温蒸馏	3×10^4
渗透压	$10^4 \sim 10^6$
光散射	$10^4 \sim 10^7$
超离心沉降及扩散	$10^4 \sim 10^7$

此外还有粘度法,即利用高聚物分子溶液的粘度和相对分子质量间的某种经验方程,来计算相对分子质量的范围.但不同的相对分子质量范围,要用不同的经验方程.

上述方法除端基分析外,都需要较复杂的仪器设备和操作技术,而粘度法设备简单,测定技术容易掌握,实验结果亦有相当高的精确度.因此,用粘度法测高聚物相对分子质量,是目前应用较广泛的方法.但粘度法不是测相对分子质量的绝对方法,因为该方法中所用的特性粘度

与相对分子质量的经验方程是要用其他方法来确定的.高聚物不同,溶剂不同,相对分子质量范围不同,就要用不同的经验方程式.

高聚物溶液的粘度 η,一般都比纯溶剂的粘度 η_0 大得多,粘度增加的分数叫增比粘度,即

$$\eta_{sp} = \frac{\eta - \eta_0}{\eta_0} = \eta_r - 1 \tag{3}$$

式中

$$\eta_r = \frac{\eta}{\eta_0}$$

η_r 称为相对粘度.增比粘度随溶液中高聚物浓度的增加而增大,常采用单位浓度时溶液的增比粘度作为高聚物相对分子质量的量度,叫比浓粘度,其值为 η_{sp}/c.

比浓粘度随着溶液的浓度 c 而改变(图 B.35-2).当 c 趋近于 0 时,比浓粘度趋近一固定的极限值 $[\eta]$,$[\eta]$ 称为特性粘度,即

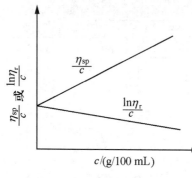

图 B.35-2　增比粘度和浓度关系

$$\lim_{c \to 0} \frac{\eta_{sp}}{c} = [\eta] \tag{4}$$

$[\eta]$ 值可利用 (η_{sp}/c)-c 图由外推法求得.因为根据实验,η_{sp}/c 和 $[\eta]$ 的关系可以用下述经验公式表示:

$$\frac{\eta_{sp}}{c} = [\eta] + K'[\eta]^2 c \tag{5}$$

所以作 (η_{sp}/c)-c 图,在 η_{sp}/c 轴上的截距,即为 $[\eta]$.当 c 趋近于 0 时,$\ln\eta_r/c$ 的极限值也是 $[\eta]$,因为

$$\frac{\ln\eta_r}{c} = \frac{\ln(1 + \eta_{sp})}{c} = \frac{\eta_{sp}}{c}\left(1 - \frac{1}{2}\eta_{sp} + \frac{1}{3}\eta_{sp}^2 - \cdots\right)$$

当浓度不大时,忽略其高次项,则得

$$\lim_{c \to 0} \frac{\ln\eta_r}{c} = \lim_{c \to 0} \frac{\eta_{sp}}{c} = [\eta] \tag{6}$$

因此,可以将经验公式表示为

$$\frac{\ln\eta_r}{c} = [\eta] + \beta[\eta]^2 c \tag{7}$$

这样以 $\frac{\eta_{sp}}{c}$ 和 $\frac{\ln\eta_r}{c}$ 对 c 作图(如图 B.35-2),得两条直线,它们在纵坐标轴上相交于同一点,其值为 $[\eta]$,可求出 $[\eta]$ 的数值.

$[\eta]$ 的单位是浓度单位的倒数,随浓度的表示方法而异,文献中常用 100 mL 溶液内所含高聚物的克数作为浓度单位.

$[\eta]$ 和高聚物的相对分子质量的关系可用下面的经验方程表示

$$[\eta] = K\overline{M}_r^\alpha \tag{8}$$

由(8)式求得的相对分子质量是一个平均相对分子质量,简称粘均相对分子质量.而 K 和 α 是经验方程的两个参数.对一定的高聚物分子,在一定的溶剂和温度下,K 和 α 是常数,其中指数 α 是溶液中高分子形态的函数,一般在 0.5~1.7 之间:如分子在良性溶剂中,舒展松懈,α 较大;反之,分子团聚紧密,则 α 较小.所以根据高分子在不同溶剂中 $[\eta]$ 的数值,也可以相互比较分子的形态.K 和 α 的数值要由其他实验方法(如渗透压法)定出.

由于定常数时所用的方法不同,各方法的准确度和平均相对分子质量不同,所用分级的相

对分子质量分布情况也可能有差异,所以 K 和 α 的数值有时也略有出入,现将常用的几个数值列于下表.

在良性溶剂中温度对 $[\eta]$ 的影响极微,因此如果测定时温度比下表指定温度稍有变动,K 和 α 的数值仍可应用.

高聚物	溶 剂	温 度	K	α
聚苯乙烯	苯	20℃	1.23×10^{-4}	0.72
	苯	30℃	1.06×10^{-4}	0.74
	甲苯	25℃	3.70×10^{-4}	0.62
聚乙烯醇	水	25℃	2.0×10^{-4}	0.76
	水	30℃	6.66×10^{-4}	0.64
聚乙二醇	水	30℃	1.25×10^{-4}	0.78

测定粘度的方法主要有毛细管法,转筒法和落球法,在测定高分子溶液的特性粘度 $[\eta]$ 时,以毛细管法最方便.液体的粘度系数 η 可以用 t 秒内液体流过毛细管的体积 V 来衡量,设毛细管的半径为 r,长度为 l,毛细管两端的压力差为 p(Pa),则粘度系数 η 可以表示为

$$\eta = \frac{\pi r^4 p}{8 l V} t \tag{9}$$

如考虑动能的影响,则更完全的公式可写成

$$\eta = \frac{\pi \rho g r^4 t}{8(l + \lambda) V} \left(h - \frac{m v^2}{g} \right) \tag{10}$$

(10)式中是以 $\rho g h$ 代替(9)式中的 p,其中:ρ 为液体的密度(g·cm^{-3}),h 为流经毛细管液体的平均液柱高度(cm),g 为重力加速率(cm·s^{-2});而 v 是液体在毛细管中的平均流动速率(cm·s^{-1});λ 是毛细管长度的校正项;m 为动能校正系数,是一个接近于 1 的仪器常数,视毛细管两端处液体的流动情况而异,通常 m 值大约为 1.12.当选用毛细管较细的粘度计作测定时,液体流动慢,动能校正项很小,可以忽略.

粘度系数 η 可作为液体粘度的量度,通常又称为粘度.在 C.G.S.制中,粘度的单位为泊 (P,1 P = 1 dyn·s·cm^{-2}).在国际单位制(SI)中,粘度的单位为(Pa·s).1 P = 0.1 Pa·s.粘度系数 η 的绝对值不易测定,一般都用已知粘度的液体测毛细管常数.未知液体的粘度就可以根据在相同条件下,流过等体积毛细管所需的时间求出来.因为用同一支毛细管,r、l、V 等一定.设液体在毛细管中的流动单纯受重力的影响,$p = \rho g h$,则对未知粘度的液体可得

$$\eta = \frac{\rho t}{\rho_0 t_0} \eta_0 \tag{11}$$

式中:η_0、ρ_0、t_0 为已知粘度的液体(如纯水、纯苯等)的粘度、密度和流经毛细管的时间;η、ρ、t 为待测液体的粘度、密度和流经毛细管的时间.当溶液很稀时,可看做 $\rho \approx \rho_0$,则

$$\eta = \frac{t}{t_0} \eta_0$$

(二) 仪器和药品

聚乙烯醇溶液.

三管粘度计,恒温槽,洗耳球,移液管,停表.

(三) 实验步骤

1. 粘度计的选择

测定不同浓度溶液的粘度,最简便适用的方法是在粘度计里逐渐稀释溶液,连续操作.三管粘度计很适用.它的构造见图 B.35-3 所示.粘度计毛细管 K 的直径和长度与 E 球的大小(流出体积)的选择,是根据所用溶剂的粘度而定,即溶剂流出时间不小于 100 s,使公式(10)中动能校正项很小,但毛细管的直径不宜小于 0.5 mm,否则测定时容易堵塞.F 球的容积应为从 B 管 a 处至 F 球底端的总容积的 10 倍左右,这样可以稀释至起始浓度的 1/5 左右.为使 F 球不致过大,E 球以 3～5 mL 为宜.D 球到 F 球底端距离应尽量小.由于三管粘度计是由玻璃吹制而成,三根管子很易折断破裂,使用时应特别小心.而三管之间的位置最好用软木塞系紧固定.安装粘度计时要注意垂直,并防止外界的震动.

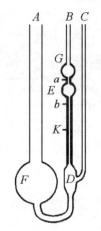

图 B.35-3　三管粘度计结构示意图

粘度计必须洁净,微量的灰尘、油污等会产生毛细管局部堵塞现象,影响溶液在毛细管中的流速,导致引起较大的误差.

实验前必须将粘度计彻底洗净,并用洁净干燥的压缩空气吹干或用水泵抽干,在 B、C 两管的头上套上橡皮管.橡皮管应事先用稀碱液煮沸,以除去管内的油脂.

2. 配制高聚物溶液

称 0.5 g 聚乙烯醇(可根据相对分子质量大小决定,一般测定时,使最浓和最稀的溶液与溶剂的相对粘度在 2～1.1 之间)放入 100 mL 的烧杯中,加入约 60 mL 二次水,稍加热至溶解,冷却至室温,滴入两滴正丁醇(去泡剂),移入 100 mL 的容量瓶,加水至刻度,放置 1～2 天后,用玻璃砂漏斗过滤,除去杂质,备用.

3. 测定溶液流过毛细管的时间

在 25.00±0.05 ℃ 的恒温槽中,垂直放入粘度计,使 G 球完全浸没于水中.用移液管移入 10 mL 预先恒温好的聚乙烯醇溶液,紧闭 C 管上的橡皮管,用洗耳球在 B 管上的橡皮管口慢慢抽气.至溶液升至 G 球一半,打开 C 管及 B 管,G 球液面逐渐下降,空气进入 D 球;当水平面通过刻度 a 时,按下停表,开始记录时间,至液面刚通过 b 时,按下停表,即得到液面从刻度 a 到 b 的时间.重复 3 次,每次相差不超过 0.4 s,求其平均值 t_1.依次加入二次水 3 mL,5 mL,5 mL,5 mL 和 10 mL,用洗耳球将溶液反复抽吸至 G 球内几次,充分混合均匀,再分别测定在这些浓度下,液面流经 a、b 的时间.同样,重复 3 次,求其平均值 t_2, t_3, t_4, t_5, t_6.

4. 测定溶剂水流过毛细管的时间 t_0

将粘度计用水充分洗涤干净,加入已恒温的二次水 10 mL,测定其流经 a、b 的时间,重复测量 3 次,每次误差不超过 0.2 s,求得平均时间 t_0.

实验完毕,将洗净的粘度计用丙酮润洗后,用水泵抽干,倒置.

(四) 数据处理

1. 将不同浓度(以 100 mL 的溶液中所含高聚物的克数表示)下,相应流过粘度计刻度的时间(t)以及它们的 η, η_{sp}, η_r, η_{sp}/c, $\ln\eta_r/c$ 等数值列表.

2. 作 $\dfrac{\eta_{sp}}{c}$-c 图和 $\dfrac{\ln\eta}{c}$-c 图,并外推至 $c=0$,求 $[\eta]$ 值.

3. 由 $[\eta]=K\,\overline{M_r^\alpha}$ 式及在所用溶剂和温度条件下的 K 和 α 值,计算聚乙烯醇的相对分子质量 M_r.

思　考　题

1. 三管粘度计有什么优点,本实验能否采用双管粘度计(去掉 C 管)?

2. 粘度计毛细管的粗细对实验有何影响?

3. 列出影响本实验测定准确度的因素.

4. 温度对粘度的影响很大,在室温下,水的粘度的温度系数 $\mathrm{d}\eta/\mathrm{d}T=0.02\,\mathrm{mPa\cdot s\cdot K^{-1}}$.因此,若要求 η 测定精确到 0.2%,则恒温槽的温度必须恒定在 $\pm0.05\,℃$ 的范围之内.请用误差计算来说明.

$$\left(\text{提示}\quad \eta_r=\dfrac{\eta}{\eta_0},\quad \dfrac{\mathrm{d}\eta_r}{\eta_r}=0.2\%\right)$$

参　考　资　料

1. 钱人元等.高分子化合物分子量的测定,北京:科学出版社(1958)

2. 钱人元等.粘度法测高聚物分子量,化学通报,7,306(1955)

3. 施良和.粘度法测定高聚物分子量实验技术上应该注意的一些问题,化学通报,5,276(1961)

4. 复旦大学等.物理化学实验(第 2 版),北京:高等教育出版社(1993)

B.36 稀溶液法测定极性分子的偶极矩

测定正丁醇分子的偶极矩,了解偶极矩与分子电性的关系,掌握测定偶极矩的原理和方法.

(一) 实验原理

分子是由带正电的原子核和带负电的电子所组成.分子中正、负电荷的数量相等,整体呈现电中性,但正、负电荷的中心可以重合,也可以不重合.前者称为非极性分子,后者称为极性分子.分子极性的大小常用(永久)偶极矩来度量,其定义为分子正负电荷中心所带的电荷 q 和分子正负电荷中心之间的距离 l 的乘积,即

$$\mu = ql$$

偶极矩是一个矢量,其方向规定为由正到负,量纲为 C·m[①].非极性分子的偶极矩为零,极性分子的极性大小可以由偶极矩的大小反映出来.从分子的偶极矩数据可以了解分子的对称性、分子的空间构型等结构特性.

当不存在外电场时,对非极性分子虽然由于分子内部的运动,正、负电荷中心可能发生暂时的相对位移而产生瞬时偶极矩,但实验上只能测量某一段时间内偶极矩的平均值,故实验测得的偶极矩为零.极性分子虽有永久偶极矩,但由于分子的热运动,偶极矩在空间各个方向的取向几率相等,总的平均偶极矩仍为零.

在电场中,分子产生诱导极化,它包括两部分: (i) 电子极化,由电子与原子核发生相对位移引起;(ii) 原子极化,由原子核间发生相对位移,即键长和键角的改变引起.诱导极化又称变形极化,诱导极化会产生诱导偶极矩.诱导极化可以用摩尔诱导极化度 $P_{诱}$ 来衡量.显然,$P_{诱}$ 为电子极化度 P_E 与原子极化度 P_A 之和,即

$$P_{诱} = P_E + P_A \tag{1}$$

极性分子在电场中会按一定取向有规则排列以降低其势能,这种现象称为分子的转向极化,可以用摩尔转向极化度 P_μ 来衡量,转向极化会产生转向偶极矩.P_μ 与分子的永久偶极矩的平方成正比,与热力学温度 T 成反比,即

$$P_\mu = \frac{1}{4\pi\varepsilon_0} \frac{4}{3}\pi N_A \frac{\mu^2}{3kT} = \frac{1}{9} N_A \frac{\mu^2}{\varepsilon_0 kT} \tag{2}$$

式中:N_A 为阿伏伽德罗常数,k 为玻兹曼常数,ε_0 为真空介电常数,T 为热力学温度,μ 为分子的永久偶极矩.

总摩尔极化度 P 为电子极化度、原子极化度以及转向极化度之和,即

$$P = P_A + P_E + P_\mu \tag{3}$$

---

① 在 CGS 单位中,分子中原子间距离的数量级为 10^{-8} cm,单位电荷电量的数量级为 10^{-10} e·s·u,所以偶极矩的数量级是 10^{-18} c·g·s 单位.习惯上把 10^{-18} c·g·s 单位作为偶极矩的单位,称之为"Debye",以 D 表示之(1 D = 3.33564×10^{-30} C·m).例如,硝基苯的偶极矩为 3.90 D、氯代苯为 1.58 D、水为 1.85 D 等.

摩尔极化度与物质的介电常数 ε 有关,在不考虑物质分子之间的作用力时,它们的关系可以用克劳修斯-莫索提-德拜(Clausius-Mosotti-Debye)方程式表示

$$P = \frac{\varepsilon - 1}{\varepsilon + 2} \times \frac{M}{\rho} \tag{4}$$

式中: M 为物质的摩尔质量, ρ 为密度.

当外电场方向改变时,偶极矩的方向也随之改变,偶极矩转向所需要的时间,称为松弛时间.不同类型的极化具有不同的松弛时间,如极性分子转向极化的松弛时间约为 $10^{-11} \sim 10^{-12}$ s,原子极化的松弛时间约为 10^{-14} s,电子极化的松弛时间小于 10^{-15} s.

在静电场或频率低于 $10^9 \sim 10^{10}$ s^{-1} 的电场中,测得的总摩尔极化度应该是电子极化度、原子极化度和转向极化度之和.若在频率为 $10^{12} \sim 10^{14}$ s^{-1} 的电场中(红外区),因为电场的交变周期小于极性分子转向的松弛时间,极性分子来不及转向, $P_\mu = 0$,测得总摩尔极化度,应该是电子极化度与原子极化度之和,即

$$P = P_A + P_E \tag{5}$$

在频率大于 10^{15} s^{-1} 的电场中(可见光及紫外区),电场交变周期小于 10^{-15} s,这时极性分子的转向极化和原子极化都来不及,即 $P_\mu = 0$, $P_A = 0$,所测得的总摩尔极化度实际上只是电子极化度,即

$$P = P_E \tag{6}$$

此时电子极化度可以用摩尔折射度 R 表示,即

$$P_E = R = \frac{n^2 - 1}{n^2 + 2} \times \frac{M}{\rho} \tag{7}$$

其中: n 为物质的折射率, M 为物质的摩尔质量, ρ 为密度, R 为摩尔折射度.

原子极化度 P_A 在 $P_诱$ 中只占 5% ~ 15%,与总摩尔极化度相比, P_A 只占极小的一部分,粗略测定时可以忽略不计.因此可得总摩尔极化度

$$P = P_E + P_\mu = R + P_\mu = R + \frac{N_A}{9\,\varepsilon_0 kT}\mu^2 \tag{8}$$

因此只要在频率小于 $10^9 \sim 10^{10}$ s^{-1} 或静电场中测得总摩尔极化度 P,在光波电场中测得摩尔折射度 R,偶极矩 μ(C·m,或 D)即可按下式计算

$$\begin{aligned}
\mu &= \sqrt{\frac{9\,\varepsilon_0 k}{N_A}} \times \sqrt{(P - R)T} \\
&= 4.273 \times 10^{-29} \sqrt{\left(\frac{P}{\text{m}^3 \cdot \text{mol}^{-1}} - \frac{R}{\text{m}^3 \cdot \text{mol}^{-1}}\right)\left(\frac{T}{\text{K}}\right)} \,(\text{C} \cdot \text{m}) \\
&= 12.81 \sqrt{\left(\frac{P}{\text{m}^3 \cdot \text{mol}^{-1}} - \frac{R}{\text{m}^3 \cdot \text{mol}^{-1}}\right)\left(\frac{T}{\text{K}}\right)} \,(\text{D})
\end{aligned} \tag{9}$$

严格而论,上式只适用于分子间相互作用可以忽略的气态样品.但一般情况下,所研究的物质并不一定以气体状态存在,或者在加热气化时早已分解.因此,通常将极性化合物溶于非极性溶剂中配成稀溶液,来代替理想的气体状态,而使式(9)仍可应用.

在稀溶液中,极性分子间若无相互作用,也不发生溶剂化现象时,溶剂及溶质的摩尔极化度等物理量可以认为具有加和性.因此,克劳修斯-莫索提-德拜方程式可以写成

$$P_{1,2} = \frac{\varepsilon_{1,2} - 1}{\varepsilon_{1,2} + 2} \times \frac{M_1 x_1 + M_2 x_2}{\rho_{1,2}} = x_1 \overline{P}_1 + x_2 \overline{P}_2 \tag{10}$$

式中:x_1、M_1、$\overline{P}_1$ 和 x_2、M_2、$\overline{P}_2$ 分别为溶液中溶剂与溶质的摩尔分数、摩尔质量、摩尔极化度;$\varepsilon_{1,2}$、$\rho_{1,2}$、$P_{1,2}$分别为溶液的介电常数、密度和摩尔极化度.

对于稀溶液,可以假设溶液中溶剂的性质与纯溶剂相同,则

$$\overline{P}_1 = P_1^0 = \frac{\varepsilon_1 - 1}{\varepsilon_1 + 2} \times \frac{M_1}{\rho_1} \tag{11}$$

$$\overline{P}_2 = \frac{P_{1,2} - x_1\overline{P}_1}{x_2} = \frac{P_{1,2} - x_1 P_1^0}{x_2} \tag{12}$$

在低频电场中测定纯溶剂和几个不同浓度(x_2)的稀溶液的介电常数和密度,通过(10)、(11)和(12)式,即可算出 $P_{1,2}$、P_1^0 和 $\overline{P}_2$ 值,作 $\overline{P}_2$-x_2 图,外推得 $x_2=0$ 时的 $\overline{P}_2$ 值$\overline{P}_2^\infty$,即可代表溶质的摩尔极化度.

$\overline{P}_2^\infty$ 也可以利用 Hedestrand 首先推导出的经验公式进行计算.由于在稀溶液中,溶液的介电常数和密度可以用以下的近似公式表示

$$\varepsilon_{1,2} = \varepsilon_1 + ax_2 \tag{13}$$

$$\rho_{1,2} = \rho_1 + bx_2 \tag{14}$$

因此

$$\begin{aligned}
\overline{P}_2^\infty &= \lim_{x_2 \to 0}\overline{P}_2 \\
&= \lim_{x_2 \to 0}\left\{\frac{\frac{\varepsilon_1 + ax_2 - 1}{\varepsilon_1 + ax_2 + 2} \times \frac{M_1 x_1 + M_2 x_2}{\rho_1 + bx_2} - x_1 \frac{\varepsilon_1 - 1}{\varepsilon_1 + 2} \times \frac{M_1}{\rho_1}}{x_2}\right\} \\
&= A(M_2 - bB) + aC
\end{aligned} \tag{15}$$

式中:$A = \dfrac{\varepsilon_1 - 1}{\varepsilon_1 + 2} \times \dfrac{1}{\rho_1}$, $B = \dfrac{M_1}{\rho_1}$, $C = \dfrac{3M_1}{(\varepsilon_1 + 2)^2 \rho_1}$.

作 $\varepsilon_{1,2}$-x_2 图,由直线斜率得 a,截距得 ε_1;作 $\rho_{1,2}$-x_2 图,由直线斜率得 b,截距得 ρ_1.进而计算 A,B,C,并代入式(15),求得 $\overline{P}_2^\infty$.

测定纯溶质的折射率和密度,求出摩尔折射度 R,据式(9)即可得 μ

$$\mu = 12.81\sqrt{\left(\frac{\overline{P}_2^\infty}{m^3 \cdot mol^{-1}} - \frac{R}{m^3 \cdot mol^{-1}}\right)\left(\frac{T}{K}\right)}(D) \tag{16}$$

本实验以正丁醇-环己烷体系为例,通过测定纯溶剂和几个不同浓度的稀溶液的密度及其在无线电波场中的介电常数,求得总摩尔极化度;同时测定纯溶质在光波电场中的摩尔折射度,求得电子极化度;进而利用(16)式即可求出正丁醇的偶极矩.

任何物质的介电常数 ε 可借助于一个电容器的电容值来表示,即

$$\varepsilon = \frac{C}{C_0} \tag{17}$$

式中:C 为某电容器以该物质为介质时的电容值,C_0 为同一电容器在真空中的电容值.通常空气的介电常数接近于 1,故介电常数近似地写成

$$\varepsilon = \frac{C}{C_空} \tag{18}$$

$C_空$为上述电容器以空气为介质时的电容值.因此介电常数的测定就变为电容的测定了.电容

的测定方法有很多,有桥法、拍频法和谐振电路法等.本实验所用的是桥法,选用 PCM-1 型精密电容测量仪.电容池的构造如图 B.36-1 所示.可将欲测样品置于电容池的样品室中测量.

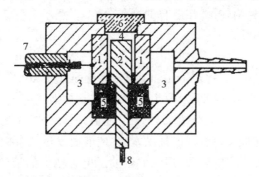

图 B.36-1 电容池
1. 外电极 2. 内电极 3. 恒温室 4. 样品室
5. 绝缘板 6. 池盖 7. 外电极接线 8. 内电极接线

实际所测的电容 $C'_{样}$ 包括了样品的电容 $C_{样}$ 和电容池的分布电容 $C_{分}$ 两部分,即

$$C'_{样} = C_{样} + C_{分} \tag{19}$$

对于给定的电容池,必须先测出其分布电容 $C_{分}$.可以先测出以空气为介质时的电容,记为 $C'_{空}$,再用一种已知介电常数 $\varepsilon_{标}$ 的标准物质,测得其电容 $C'_{标}$.则有

$$C'_{空} = C_{空} + C_{分} \tag{20}$$

$$C'_{标} = C_{标} + C_{分} \tag{21}$$

又因为

$$\varepsilon_{标} = \frac{C_{标}}{C_0} \approx \frac{C_{标}}{C_{空}} \tag{22}$$

由(20)~(22)式,可得

$$C_{分} = C'_{空} - \frac{C'_{标} - C'_{空}}{\varepsilon_{标} - 1} \tag{23}$$

$$C_0 = \frac{C'_{标} - C'_{空}}{\varepsilon_{标} - 1} \tag{24}$$

测出以不同浓度溶液为介质时的电容 $C'_{样}$,按(19)式计算 $C_{样}$,按(17)式计算不同浓度溶液的介电常数 $\varepsilon_{1,2}$.

(二) 仪器药品

正丁醇,环己烷,丙酮.

PCM-1 型精密电容测量仪,电容池,玻璃注射器,洗耳球,50 mL 磨口锥形瓶(7),滴管,吸量管,比重管,烧杯(50 mL,200 mL 各 1 个),电子天平,阿贝折射仪,循环水真空泵.

(三) 实验步骤

1. 溶液的配制

取 2 个磨口锥形瓶用于盛正丁醇和环己烷,另外 5 个用于配制摩尔分数分别为 0.05,

$0.08, 0.10, 0.12, 0.15$ 的正丁醇/环己烷溶液各 15 mL.根据预定摩尔分数算出每份溶液所需的环己烷和正丁醇的体积,按计算结果用移液管从锥形瓶中移取环己烷和正丁醇,用电子天平准确称出各自的质量,摇晃均匀,算出各自的摩尔分数.注意不要将液体沾在锥形瓶磨口部分,并随时盖好塞子以防止挥发.

2．介电常数的测定

打开精密电容测定仪电源,稳定 10 min 以上.将量程打在 20 pF 档,拔下电容池与测定仪的连接插头(断路),调节调零旋钮使示数为零,然后重新插上.

取下电容池盖,用洗耳球将电容池吹干,盖上池盖并拧紧,显示的数值即为电容池的 $C'_\text{空}$.用干燥的滴管吸取环己烷加入电容池的样品室中,使液面没过二电极,但不要超过白色绝缘垫的上沿,盖上池盖并拧紧,读取电容值.用注射器抽出电容池中的液体,用滤纸吸干剩余溶液,再用洗耳球吹,直至读数不再变化为止,盖上池盖,记录 $C'_\text{空}$.重新装样再测电容值,两次测定数据差应小于 0.01 pF,否则重测.

介电常数与温度有关,记录测定电容时的室温,环己烷的介电常数 $\varepsilon_\text{环}$ 与温度 T 的关系为

$$\varepsilon_\text{环} = 2.023 - 0.0016\left(\frac{T}{\text{K}} - 293\right)$$

用同法测定溶液的电容($C'_\text{样}$),同样要求两次测定数据差小于 0.01 pF.在测量过程中,如果 $C'_\text{空}$ 变化大于 0.01 pF,则需再次测量 $C'_\text{标}$,重新计算和 C_0 和 $C_\text{分}$.

3．密度的测定

按本书 C.8 部分所述,以水作为参考液体用比重管法测定正丁醇、环己烷以及各溶液的密度.记录测定密度时的温度,先装水和纯液体称量,各测两次,要求两次数据差小于 1mg,然后装所配溶液称量.每次装液前比重管要先恒重,各次称量数据变化小于 1mg.注意比重管用循环水泵抽干前应尽量倒干液体.

4．折射率的测定

利用阿贝折射仪测定正丁醇的折射率.方法见《有机化学实验》(北京大学化学系编).

(四) 数据处理

1．计算出各溶液的摩尔分数.

2．计算正丁醇、环己烷及各个溶液的密度.

3．由测得的电容值计算各个溶液的介电常数.

4．由测得的正丁醇的折射率和密度,用公式 $R = \dfrac{n^2 - 1}{n^2 + 2} \times \dfrac{M}{\rho}$ 计算折射度 R.

5．作 $\varepsilon_{1,2}\text{-}x_2$ 图,求出直线的截距 ε_1 和斜率 a.

6．作 $\rho_{1,2}\text{-}x_2$ 图,求出直线截距 ρ_1 和斜率 b.

7．按(15)式计算 $\overline{P}_2^\infty$.

8．按(16)式计算正丁醇的偶极矩 μ,并与文献值比较.

思　考　题

1．分子在电场中的极化有哪些类型? 本实验测定偶极矩时对这些类型的贡献是如何考虑的? 忽略原子极化度会引入多大误差?

2. 若电容测定中有 ±0.01 pF 的读数误差,将对最后结果引起多大误差?

3. 室温的变化对本实验的最终结果有多大影响?

参 考 资 料

1. P. Bender. J. Chem. Edu., 23, 179(1946)

2. 孙承谔. 化学通报, 5, 1(1957)

3. 徐光宪, 王祥云. 物质结构(第 2 版), p.446, 北京:高等教育出版社(1987)

4. 复旦大学等. 物理化学实验(第 2 版), p.211, 北京:高等教育出版社(1993)

5. 黄泰山等. 新编物理化学实验, p.98, 厦门大学出版社(1999)

6. 南开大学化学系物理化学教研室. 物理化学实验, p.398, 天津:南开大学出版社(1991)

B.37 HCl 红外光谱的测定

测定 HCl 的红外光谱,计算键矩和力常数等,并了解其测量原理及红外光谱仪的使用.

(一) 基本原理

分子有平动(t)、转动(r)、振动(v)和电子跃迁(e)等四种运动方式.因此,分子的总能量为

$$E = E_t + E_r + E_v + E_e \tag{1}$$

平动能级间隔极小,可看做连续的、非量子化的,而电子跃迁、振动和转动能级都是量子化的;分子的转动能级间隔较小,其能量差在 $0.0035 \sim 0.05\,\mathrm{eV}$ 之间.振动能级间隔较大,其能量差在 $0.05 \sim 1\,\mathrm{eV}$ 之间;电子运动的能级间隔更大,其能量差在 $1 \sim 20\,\mathrm{eV}$ 之间.在同一电子能级中还有若干振动能级,而在同一振动能级中又有若干转动能级.当用能量较低(频率较小,波长较长)的远红外线照射分子时,只能引起分子转动能级的变化,产生转动能级间的跃迁,得到转动光谱,即远红外光谱;当用能量高一些,频率大一些的红外光照射分子时,可引起振动能级的跃迁(伴随有转动能级的改变),得到振动-转动光谱,也就是红外光谱;当然,用能量更大、频率更高的可见、紫外光照射分子时,则可引起电子能级的跃迁(伴随有振动、转动能级的改变)得到电子光谱,即紫外、可见光谱.

在讨论双原子分子的红外光谱时,作为一种近似,可把双原子分子当做简谐振子和刚性转子来处理.

简谐振子的振动能为

$$E_v = \left(v + \frac{1}{2}\right) h\nu_e \qquad v = 0, 1, 2, 3, \cdots \tag{2}$$

$$\nu_e = \frac{1}{2\pi}\left(\frac{k}{\mu}\right)^{\frac{1}{2}} \tag{3}$$

式中:v 为振动量子数,ν_e 为振动频率,k 为力常数,μ 为折合质量.对于一个由质量 m_1 和 m_2 组成的,平衡键距为 r_e 的双原子分子,其折合质量为

$$\mu = \frac{m_1 m_2}{m_1 + m_2}$$

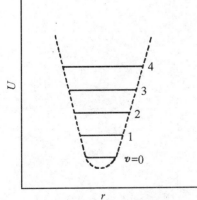

图 B.37-1 示出简谐振子的位能曲线及振动能级.对于极性分子,光子吸收和发射的选律是 $\Delta v = \pm 1$.

刚性转子的转动能级由下式给出

$$E_r = J(J + 1)\frac{h^2}{8\pi^2 I} \tag{4}$$

$$J = 0, 1, 2, 3, \cdots$$

$$I = \mu r_e^2 \tag{5}$$

式中:I 是转动惯量,J 是转动量子数.对于转动能级,光子吸收和发射的选律为 $\Delta J = \pm 1$.

图 B.37-1 简谐振子的位能和振动能级

光谱学上常以波数(cm^{-1})为单位表示能量.因此,(4)式变为

$$\tilde{\nu}_{\mathrm{r}} = \frac{E_J}{hc} = J(J+1)\frac{h}{8\pi^2 cI} = J(J+1)B \tag{6}$$

式中

$$B = \frac{h}{8\pi^2 cI} \tag{7}$$

B 称为转动常数.如 HCl, $B = 10.40\ \mathrm{cm}^{-1}$.

图 B.37-2 为 $v=0$ 和 $v=1$ 振动能级中的转动能级及振动-转动吸收示意图.图 B.37-2 的左边,纵向箭头表示某些 $\Delta J = +1$ 允许的跃许,右边纵向箭头表示某些 $\Delta J = -1$ 允许的跃迁,可观察到的振动转动能级跃迁由下式给出:

$$\tilde{\nu} = \frac{\Delta E}{hc} = (v' - v'')\tilde{\nu}_{\mathrm{e}} + [J'(J'+1) - J''(J''+1)]B \tag{8}$$

式中:"′"表示终态,而"″"表示始态.

若 $v''=0$ 和 $v'=1$,则对于 $J' = J'' + 1$,得

$$\tilde{\nu} = \tilde{\nu}_{\mathrm{e}} + 2(J''+1)B \qquad J'' = 0,1,2,3,\cdots \tag{9}$$

对于 $J' = J'' - 1$,得

$$\tilde{\nu} = \tilde{\nu}_{\mathrm{e}} - 2J''B \qquad J'' = 1,2,3,\cdots \tag{10}$$

(9)式称为 R 支,(10)式称为 P 支.

实际分子在振动转动过程中,既不是简谐振子也不是刚性转子,因此,必须对上述的简化模型进行修正后才能应用于实际双原子分子.

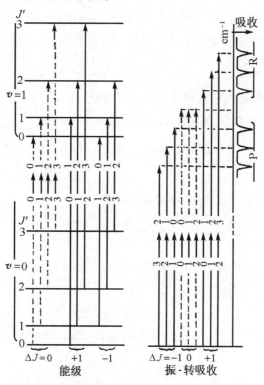

图 B.37-2　能级、振动-转动吸收示意图

169

先考虑振动的非简谐性.图 B.37-3 为双原子分子的位能曲线,位能曲线可用摩斯(Morse)函数近似地表达成

$$U = D_e[1 - e^{-\beta(r-r_e)}]^2 \tag{11}$$

式中

$$\beta = \nu_e\left[\frac{2\pi^2\mu}{D_e}\right]^{\frac{1}{2}} \tag{12}$$

D_e 是把两原子核移到相距无穷远处所需的能量,分子处在最低振动状态具有 $h\nu_e/2$ 的"零点能".离解能为

$$D_0 = D_e - \frac{1}{2}h\nu_e \tag{13}$$

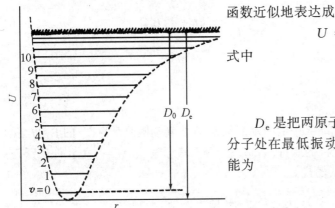

图 B.37-3　双原子分子的位能曲线与振动能级

将摩斯函数代入薛定谔方程,对 HCl 分子的非简谐性作一级近似处理,可得

$$E_v = \left(v + \frac{1}{2}\right)hc\tilde{\nu}_e - \left(v + \frac{1}{2}\right)^2 hcX_e\tilde{\nu}_e \tag{14}$$

非简谐常数为

$$X_e = \frac{h\tilde{\nu}_e c}{4D_e} \tag{15}$$

非简谐效应使得每个振动能级低于简谐振子的振动能级.振动能级随 v 增加而互相接近.另外,现在的选律为 $\Delta v = \pm 1, \pm 2, \pm 3, \cdots$.这样,除基频谱带 $v'' = 0 \to v' = 1$ 外,还可以观察到泛频谱带,如像 $v'' = 0 \to v' = 2$ 或 $v'' = 0 \to v' = 3$.泛频谱带往往比基频谱带的强度小得多.

其次,还应加入非刚性转子的修正项 $J^2(J+1)^2D$ 和振动转动的相互作用项

$$J(J+1)\left(v + \frac{1}{2}\right)\alpha$$

其中:D 为离心变形常数,α 为振动转动相互作用常数.

这样,双原子分子振动转动能级跃迁可由下式给出

$$\tilde{\nu} = \left(v + \frac{1}{2}\right)\tilde{\nu}_e - \left(v + \frac{1}{2}\right)^2 X_e\tilde{\nu}_e + J(J+1)B - J(J+1)\left(v + \frac{1}{2}\right)\alpha - J^2(J+1)^2D \tag{16}$$

如果将(16)式的第三、第四项合并,并定义转动系数为

$$B_v = B - \left(v + \frac{1}{2}\right)\alpha \tag{17}$$

则得到

$$\tilde{\nu} = \left(v + \frac{1}{2}\right)\tilde{\nu}_e - \left(v + \frac{1}{2}\right)^2 X_e\tilde{\nu}_e + J(J+1)B_v - J^2(J+1)^2D \tag{18}$$

当 $v''(=0) \to v', J \to J+1$(即 $J' = J''+1$),(18)式变为

$$\tilde{\nu}_R(J'') = v'[1 - (v'+1)X_e]\tilde{\nu}_e + 2B_{v'} + J''(3B_{v'} - B_0) + (J'')^2(B_{v'} - B_0) - 4(J''+1)^3D$$
$$J'' = 0, 1, 2, \cdots \tag{19}$$

即为 R 支.

当 $v''(=0) \to v', J \to J-1$(即 $J' = J''-1$),(18)式变为

170

$$\tilde{\nu}_P(J'') = v'[1-(v'+1)X_e]\tilde{\nu}_e - J''(B_{v'} + B_0) + (J'')^2(B_{v'} - B_0) - 4(J'')^3 D$$
$$J'' = 0,1,2,\cdots \tag{20}$$

即为 P 支.

(19)式和(20)式右边第一项称为谱带原线.

如果只考虑具有相同 J'' 值的 R 支和 P 支的组分(即具有相同起始态的组分),则得

$$\tilde{\nu}_R(J'') - \tilde{\nu}_P(J'') = 2(2J'+1)B_{v'} - 4[(J'+1)^3 + (J'')^3]D$$
$$J'' = 1,2,3,\cdots \tag{21}$$

由(21)式可得 $B_{v'}$ 和 D.若考虑具有相同终态的 R 支和 P 支的组分,则得

$$\tilde{\nu}_R(J'') + \tilde{\nu}_P(J''+2) = 2(2J'+3)B_0 - 4[(J'+1)^3 + (J'+2)^3]D$$
$$J'' = 0,1,2,3,\cdots \tag{22}$$

由此可以得到 B_0 和 D 的值.从(19)式和(20)式可看出,用两支组分相加可以推出包含谱带原线的方程.

$$\tilde{\nu}_R(J'') + \tilde{\nu}_P(J''+1) = 2v'[1-(v'+1)X_e]\tilde{\nu}_e + 2(J''+1)^2(B_{v'} - B_0)$$
$$J'' = 0,1,2,\cdots \tag{23}$$

这样,就能得到谱带原线及差值 $(B_{v'} - B_0)$.

(二) 仪器药品

VECTOR 22 FT-IR 光谱仪,气体池,HCl 气体发生装置,刻度准确的毫米尺.

(三) 实验步骤

1. HCl 气体的制备

HCl 气体发生装置,如图 B.37-4 所示.

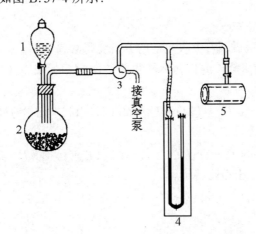

图 B.37-4　HCl 气体发生装置图
1—装有浓硫酸的分液漏斗　2—装有固体 NaCl 的小烧瓶
3—三通活塞　4—压力计　5—气体池

通过三通活塞(3),使真空汞与气体池连通,抽真空至 133 Pa (1 mmHg)左右,旋动活塞(3),使气体池与 HCl 发生器连通并同时打开盛硫酸的分液漏斗活塞,使硫酸与 NaCl 反应产

生 HCl 气体(事先已把系统内的空气赶尽).气体池充气至 80 kPa 为止,关闭(1)和(5)中的活塞,取下气体池.

2．拍摄红外光谱

打开 VECTOR 22 FTIR 光谱仪和计算机电源,运行 OPUS 程序,调节合适参数,先测量空气背景吸收光谱,将气体池装入红外吸收光谱仪的样品架内,测量样品的吸收光谱,取适当的文件名存档.HCl 气体红外光谱中的基频谱带如图 B.37-5 所示.

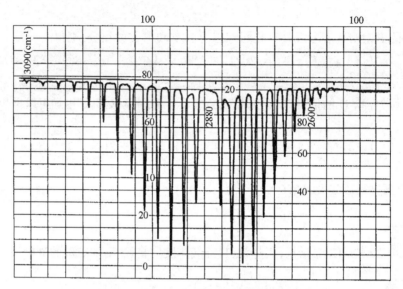

图 B.37-5　HCl 气体在红外光吸收中的基频谱带

(在 10 cm 的气体池中,气压约 40 kPa)

(四) 数据处理

由于整个系统由计算机控制,吸收光谱的分析变得容易许多.

1. 左双击文件名,利用软件的自动标峰功能在图谱中标出 $\tilde{\nu}_R(J'')$ 和 $\tilde{\nu}_P(J'')$ 各谱带的波数.

2. 以 $0.5[\tilde{\nu}_R(J'') - \tilde{\nu}_P(J'')]/(2J'+1)$ 对 $2[(J''+1)^3 + (J'')^3]/(2J''+1)$ 作图$(J''=1,2,\cdots)$,由斜率得 $-D$,由截距得 $B_{v'}$.

3. 以 $0.5[\tilde{\nu}_R(J'') - \tilde{\nu}_P(J''+2)]/(2J''+1)$ 对 $2[(J''+1)^3 + (J''+2)^3]/(2J''+3)$ 作图$(J''=0,1,2,\cdots)$,由斜率得 $-D$,由截距得 B_0.

4. 以 $0.5[\tilde{\nu}_R(J'') - \tilde{\nu}_P(J''+1)]$ 对 $(J''+1)^2$ 作图$(J''=0,1,2,\cdots)$,由截距得谱带原线,由斜率得 $B_{v'} - B_0$.

5. 用所得数据及公式求 r_e.

6. 用实验所得的基频谱带原线与表 B.37-1 中任一条泛频带原线一起计算 $\tilde{\nu}_e$ 和 X_e.当然,泛频带的波数也可以由实验直接测得.

172

表 B.37-1 $^1H^{35}Cl$ 泛频谱带原线

v'	2	3	4	5
$\tilde{\nu}_v/cm^{-1}$	5668.05	8346.98	10923.11	13396.55

7. 计算力常数 k,求出 D_0, D_e.

8. 求出摩斯函数的 β 值,作出非简谐振子势能曲线及其振动能级图.

思 考 题

1. 试比较分子光谱与原子光谱的异同.

2. 试解释 HCl 谱线强度分布.

3. 用 $\tilde{\nu}_R$, $\tilde{\nu}_P$ 数据,由最小二乘法求出表达式 $\tilde{\nu} = a + bm + cm^2 + dm^3$. 式中:对 R 支,$m = 1, 2, 3, \cdots$; 对 P 支,$m = -1, -2, \cdots$. 试解释 a, b, c, d 的物理意义.

参 考 资 料

1. 徐光宪,王祥云.物质结构(第二版),p.371,北京:高等教育出版社(1987)

2. 郑一善.分子光谱导论,上海科学技术出版社(1963)

3. A.J. Sonnessa. Introduction to Molecular Spectroscopy, Reinhold Publishing Corporaion, New York (1966)

4. H.D. Crockford et al. Laboratory Manual of Physical Chemistry, John Wiley, New York(1975)

5. 谢有畅,邵美成.结构化学,下册,p.214,北京:人民教育出版社(1980)

6. 杨文治.物理化学实验技术,p.19,北京大学出版社(1992)

7. 南开大学化学系物理化学教研室.物理化学实验,p.413,天津:南开大学出版社(1991)

B.38 X射线粉末图的测定

采用衍射仪拍摄 NaCl 的粉末图,测定 NaCl 的点阵型式并计算其晶体密度.掌握实验原理、了解衍射仪的构造和使用方法、学习有关 X 射线的防护知识、查阅 PDF 卡片.

(一) 实验原理

X射线是一种波长范围在 $0.001 \sim 10$ nm($0.01 \sim 100$Å)之间的电磁波.晶体衍射用的 X 射线波长约在 0.1 nm(1Å)左右.当 X 射线通过晶体时,可以产生衍射效应.衍射方向与所用波长(λ)、晶体结构和晶体取向有关.

若以($h'k'l'$)代表晶体的一族平面点阵(或晶面)的指标($h'k'l'$为互质的整数),$d(h'k'l')$是这族平面点阵中相邻两平面之间的距离,入射 X 射线与这族平面点阵的夹角 $\theta(nh'nk'nl')$ 满足布拉格(Bragg)公式时,即可产生衍射:

$$2d(h'k'l')\sin\theta(nh'nk'nl') = n\lambda \tag{1}$$

式中:n 为整数,表示相邻两平面点阵的光程差为 n 个波,所以 n 又叫衍射级数;$nh' \, nk' \, nl'$常用 hkl 表示,hkl 称为衍射指标,它和平面点阵指标是整数倍关系.

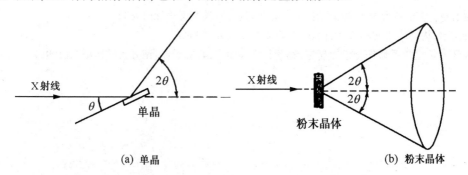

(a) 单晶　　　　　　　　　　　　　　(b) 粉末晶体

图 B.38-1　单晶和粉末晶体衍射示意图

当一束 X 射线照到单晶体上,和($h'k'l'$)平面点阵族的夹角为 θ 满足布拉格公式时,衍射线方向与入射线方向相差 2θ,如图 B.38-1(a)所示.对于粉末晶体,晶粒有各种取向,同样一族平面点阵和 X 射线夹角为 θ 的方向有无数个,产生无数个衍射,分布在顶角为 4θ 的圆锥上,如图 B.38-1(b)所示.晶体中有许多平面点阵族,当它们符合衍射条件时,相应地会形成许多张角不同的衍射线,共同以入射的 X 射线为中心轴,分散在 $2\theta(0 \sim 180°)$的范围内.

收集记录粉末晶体衍射线,常用的方法有德拜-谢乐(Debye-Schrrer)照相法和衍射仪法.本实验是采用衍射仪法.

X光衍射仪主机,由三个基本部分构成:X 光源(发射强度高度稳定的 X 光发生器),衍射角测量部分(一台精密分度的测角仪)和 X 光强度测量记录部分(X 光检测器及与之配合的一套量子计数测量记录系统).图 B.38-2 为 X 射线衍射仪组成框图.实验时,将样品磨细,在样品架上压成平片,安置在衍射仪的测角器中心底座上,计数管始终对准中心,绕中心旋转.样品

每转 θ 角,计数管转 2θ 角,电子记录仪的记录纸也同步转动,逐一地把各衍射线的强度记录下来.在记录所得的衍射图中,一个坐标代表衍射角 2θ,另一坐标表示衍射强度的相对大小.

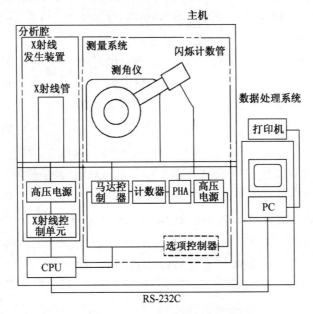

图 B.38-2   X 射线衍射仪组成框图

从粉末衍射图上量出每一衍射线的 2θ,根据(1)式求出各衍射线的 d/n 值,由衍射峰的面积求算各衍射线的强度(I),或近似地用峰的相对高度计算.这样即可获得"d/n-I"的数据.

由于每一种晶体都有它特定的结构,不可能有两种晶体的晶胞大小、形状、晶胞中原子的数目和位置完全一样,因此晶体的粉末图就像人的指纹一样各不相同,即每种晶体都有它自己的"d/n-I"的数据.由于衍射线的分布和强度与物质内部的结构有关,因此,根据粉末图得到的"d/n-I"数据,查对 PDF 卡片(该卡又称《X 射线粉末衍射数据资料集》,它汇集了数万种晶体的 X 射线粉末数据),就可鉴定未知晶体,进行物相分析,这是 X 射线粉末法的重要应用,PDF 卡片的查阅方法见本实验后面的"附:PDF 卡片的使用说明".粉末法的另一方面的应用,是测定简单晶体的结构.本实验着重于后一方面.

在立方晶体中,晶面间距 $d(h'k'l')$ 与晶面指标间存在下列关系

$$d(h'k'l') = \frac{a}{[(h')^2 + (k')^2 + (l')^2]^{1/2}} \tag{2}$$

式中,a 为立方晶体晶胞的边长.将(1)式和(2)式合并,整理得

$$\sin^2\theta = \frac{\lambda^2}{4a^2}(h^2 + k^2 + l^2) \tag{3}$$

属于立方晶系的晶体有三种点阵型式:简单立方(以 P 表示)、体心立方(以 I 表示)和面心立方(以 F 表示).它们可以由 X 射线粉末图来鉴别.

从(3)式可见,$\sin^2\theta$ 与$(h^2 + k^2 + l^2)$成正比.由于 3 个整数的平方和只能等于 1,2,3,4,5,6,8,9,10,11,12,13,14,16,17,18,19,20,21,22,24,25,….因此,对于简单立方点阵,各衍射线相应的 $\sin^2\theta$ 之比为

$$\sin^2\theta_1 : \sin^2\theta_2 : \sin^2\theta_3 : \cdots$$
$$= 1 : 2 : 3 : 4 : 5 : 6 : 8 : 9 : 10 : 11 : 12 : 13 : 14 : 16 : \cdots$$

对于体心立方点阵,由于系统消光的原因,所有 $(h^2 + k^2 + l^2)$ 为奇数的衍射线都不会出现.因此,体心立方点阵各衍射线 $\sin^2\theta$ 之比为

$$\sin^2\theta_1 : \sin^2\theta_2 : \sin^2\theta_3 : \cdots = 2 : 4 : 6 : 8 : 10 : 12 : 14 : 16 : 18 : 20 : \cdots$$
$$= 1 : 2 : 3 : 4 : 5 : 6 : 7 : 8 : 9 : 10 : \cdots$$

对于面心立方点阵,也由于系统消光原因,各衍射线 $\sin^2\theta$ 之比为

$$\sin^2\theta_1 : \sin^2\theta_2 : \sin^2\theta_3 : \cdots = 1 : 1.33 : 2.67 : 3.67 : 4 : 5.33 : 6.33 : 6.67 : 8 : \cdots$$
$$= 3 : 4 : 8 : 11 : 12 : 16 : 19 : 20 : 24 : \cdots$$

从以上 $\sin^2\theta$ 之比可以看到,简单立方和体心立方的差别,在于前者无"7","15","23",⋯等衍射线,而面心立方则具有明显的二密一稀分布的衍射线.因此,根据立方晶体衍射线 $\sin^2\theta$ 之比,可以鉴定立方晶体所属的点阵型式.表 B.38-1 列出立方点阵三种型式的衍射指标及其平方和.

表 B.38-1　立方点阵的衍射指标及其平方和

$h^2 + k^2 + l^2$	简　单 (P)	体　心 (I)	面　心 (F)	$h^2 + k^2 + l^2$	简　单 (P)	体　心 (I)	面　心 (F)
1	100			14	321	321	
2	110	110		15			
3	111		111	16	400	400	400
4	200	200	200	17	410, 322		
5	210			18	411, 330	411, 330	
6	211	211		19	331		331
7				20	420	420	420
8	220	220	220	21	421		
9	300, 221			22	332	332	
10	310	310		23			
11	311		311	24	422	422	422
12	222	222	222	25	500, 432		
13	320			⋯			

立方晶体的密度可由下式计算

$$\rho = \frac{Z(M/N_A)}{a^3} \tag{4}$$

式中: Z 为晶胞中摩尔质量或化学式量为 M 的分子或化学式单位的个数, N_A 为阿伏伽德罗常数.如果把一个分子或化学式单位与一个点阵联系起来,则简单立方的 $Z = 1$,体心立方的 $Z = 2$,面心立方的 $Z = 4$.

(二) 仪器药品

NaCl.

XRD-6000X 射线衍射仪,玛瑙研钵等.

(三) 实验步骤

1. 在玛瑙研钵中,将 NaCl 晶体磨至 340 目左右(手摸时无颗粒感).将样品框放于表面平滑的玻璃板上,把样品均匀地洒入框内,略高于样品框板面.用不锈钢片压样品,使样品足够紧密且表面光滑平整,附着在框内不至于脱落.将样品框插在测角仪中心的底座上.

2. 不同型号的衍射仪具体操作步骤略有差别.要拍摄出一张较好的粉末图,需选择合适的衍射仪使用条件.本实验使用铜靶(Cu Kα Ni 片滤波),闪烁计数器.选用狭缝:发射 1°,散射 1°,接收 0.4 mm.探头扫描速率 4°/min,走纸速率 20 mm/min.时间常数 1 s,记录仪满刻度 3000 脉冲/s.管压 40 kV,管流 20 mV,探头高压 1 kV.

开启计数系统电源,调好探头高压、计数率量程、时间常数、扫描速率、走纸速率等.

开启 X 光机冷却水(在开 X 光机高压前一定要先开冷却水),开启 X 光机高压(有的衍射仪先开低压钮,后开高压),调到 40 kV,开管流,调到 20 mA.

3. 用手将测角仪上探头调至 25.00°;调好记录低起点,打开角标钮,打开 X 光管窗口闸门,按下"连动"钮(有的衍射仪要同时打开测角仪扫描开关和记录仪运转开关),则自动地将各衍射线的位置(2θ)和强度记录下来.当 2θ 到达 87°时,按下"停止"钮,停止扫描,关闭 X 光管窗口闸门.取下样品框,动作要轻,不要将样品洒落在样品框插座上.将探头位置复原,用手转动测角仪时动作要轻.

4. 结束实验后,关闭记录系统、X 光机和冷却水等.

5. 实验时应注意安全,有关 X 射线的防护见附录 D.1.

(四) 数据处理

1. 在图谱上标出每条衍射线的 2θ 的度数.计算各衍射线的 $\sin^2\theta$ 之比,与表 B.38-1 比较,确定 NaCl 的点阵型式.

2. 根据表 B.38-1 标出各衍射线的指标 hkl,选择较高角度的衍射线,将 $\sin^2\theta$、衍射指标以及所用 X 射线的波长代入(3)式,求 a.

3. 用(4)式计算 NaCl 的密度.

4. 由各衍射线的 2θ 值计算(或查表)相应的 d 值,估算各衍射线的相对强度,同文献值(PDF 卡片)相比较.

5. 解释图谱中衍射(111)和(200)间出现的小衍射峰.

思 考 题

1. X 射线对人体有什么危害? 应如何防护?

2. 计算晶胞常数 a 时.为什么要用较高角度的衍射线?

参 考 资 料

1. 唐有祺.结晶化学,北京:高等教育出版社(1957)

2. 许顺生.金属 X 射线学,上海科学技术出版社(1962)

3. H. P. Klug, et al. X-Ray Diffraction Procedures for Polycrystalline and Amerphous Materials, Wiley, New York(1974)

4．H. D. Crockford, et al. Laboratory Manual of Physical Chemistry, John Wiley, New York (1975)

5．周公度.结构化学基础,北京大学出版社(1989)

附：PDF 卡片的使用说明

任何晶态物质都具有其特征的 X 光粉末衍射图谱．粉末衍射谱集（Powder Diffraction File,缩写为 PDF, 原称 ASTM 卡），由粉末衍射标准联合会（Joint Committee on Powder Diffraction Standard,缩写为 JCPDS)编辑出版，其中汇集了世界各国发表的各种单相物质（包括各种元素、合金、化合物）X 光粉末衍射数据．将它们的"d/n-I/I_1"列成卡片（PDF 卡片中把 d/n 简化为 d, I/I_1 是表示以最强线的强度 I_1 为 100 时的相对强度），按一定的方式编排而成的.

(一) PDF 粉末衍射卡片的内容

PDF 卡片分为无机类和有机类两大部分,分别编有无机类和有机类卡片索引．卡片的样式如下表所示.

10					7				8				
d	1A	1B	1C	1D									
I/I_1	2A	2B	2C	2D			$d/Å$	I/I_1	hkl	$d/Å$	I/I_1	hkl	
Rad.	λ			Filter		Dia.							
Cut off			I/I_1			Coll.							
Ref.		3				d Corr. abs?							
Sys.					S.G.								
a_0	b_0	c_0			A	C			9				
α	β	γ			Z	D_X							
Ref.		4											
$\varepsilon\alpha$	$n\omega\beta$	$\varepsilon\gamma$				Sign							
$2V$	D	mp				Color							
Ref.		5											
					6								

1．"1A"、"1B"、"1C"三栏列有试样衍射图谱上最强、次强、再次强三条衍射线对应的面间距 d/n,简写为 d, "1D"栏是试样中能产生衍射的最大面间距.

2．"2A"、"2B"、"2C"、"2D"分别表示上述各衍射线条的相对强度 I/I_1(以最强衍射线的强度为 100,偶尔也给出比 100 大的数值).

3．"3"栏为所用的实验条件,其中各符号的意义为:

Rad.—所用特征 X 射线(如 Cu Kα, Fe Kα 等);

λ—所用特征 X 射线波长;

Filter—滤波片材料;

Dia.—照相机直径;

Cut off—所用的摄谱方法所能测得的最大晶面间距;

Coll.—光栏狭缝的宽度或圆孔光栏的直径;

I/I_1—测定相对强度的方法;

d Corr. abs.? —指 d 值是否经过吸收校正;

Ref.——"3"和"9"栏中所用的文献.

4. "4"栏为有关晶体结构的资料,其中符号的意义为:

Sys.—样品所属的晶系;

S.G.—空间群;

a_0, b_0, c_0—晶胞参数,$A = \dfrac{a_0}{b_0}$,$C = \dfrac{c_0}{b_0}$;

α, β, γ—晶轴之间夹角;

Z—单位晶胞中化学式单位的数目;

D_X—根据 X 射线测量计算的密度;

Ref.—本栏数据的参考文献.

5. "5"栏为该物质一些性质的说明:

$\varepsilon\alpha, n\omega\beta, \varepsilon\gamma$—折射率;

Sign—晶体光学性质的"正"(+)或"负"(-);

$2V$—光轴角;

D—测量的密度;

mp—熔点;

Color —肉眼或显微镜下观察到的颜色;

Ref.—本栏参考文献.偶尔,也列其他数据,如硬度(H)和矿物光泽等.

6. "6"栏包括:样品来源,样品化学分析数据,升华点(sp),分解温度(dt),转化点(tp),样品处理条件,衍射图摄取的温度以及卡片使用、更正等作进一步的说明.

7. "7"栏为试样的化学式和英文名称(组成复杂时,化学式可能省略).

8. "8"栏为试样的结构式或其矿物学名称和通用名称.括弧内的名字表示人工合成的物质.右上角有☆者表示卡片数据有高度的可靠性,有"0"表示可靠程度较低;反之,无"0"表示可靠程度较高.

9. "9"栏为所摄取的全部衍射线条的面间距及其相应的相对强度和衍射指标."9"栏中下述省略字的意义为:

b—变宽,不清楚或弥散线;

d—双线;

n—由于各种原因不能得出的线;

n_c—所提出的单位晶胞不能证实的线;

n_i—所给出的单位晶胞不能指标化的线;

n_p—所给定的空间群不允许的指标;

β—由于 β 线的存在或重叠而不能确定的强度;

tr.—trace,即痕量(非常弱的线);

 +—可能是其他指标.

10. "10"栏为衍射卡片的编号.

　×—××××中:第一个数字为集号,后四位数字表示卡片在该集中的顺序号.

(二) 卡片索引的用法

PDF 卡片分为无机类和有机类两大部分.到1980年各发表了30集,收集物相在35000种以上,并且以每年约 2000 种的速率增长.为了检索这样大量的标准谱,JCPDS 编制了几种检索索引,如哈那瓦特(Hanawalt)索引、Fink 索引、文字索引等.分别编有无机类和有机类卡片索引.

1. 数字索引及其用法

数字索引的编排是采用哈那瓦特组合法,即将全部衍射卡片按其中最强衍射线所对应的面间距 $d(d/n)$ 值的大小次序分成若干大组.例如,d 为 $5.99 \sim 5.50$Å 为一大组,$5.49 \sim 5.00$Å 为一大组,等等,从大到小归成几十个大组.在每一个大组内各衍射卡片又按次强线的面间距的减小顺序排列.对于每一种物质,按强度由强到弱的次序,列出 8 条衍射线的 d 值.d 值小数后第三位的下标小字,表示相对强度,x 表示最强线强度为 10.同时,列出该物质的化学式和卡片编号.例如

4.05_x	2.49_2	2.84_1	3.14_1	1.87_1	2.47_1	2.12_1	1.93_1
SiO_2	11-695						
2.34_x	2.02_5	1.22_2	1.43_2	0.93_1	0.91_1	0.83_1	1.17_1
Al	4-787						

在实际编排时,为查找方便,每张卡片上的 3 条强线的 d 值分别归入相应的三个大组.这样,每张卡片在索引中出现了三次.

当对所测试样的物相组成完全不知道时,可以利用数字索引,按下列步骤进行.

(1) 从试样的衍射图谱的"d/n-I"数据中按强度次序抽出 $3 \sim 8$ 条强线的面间距 $d_1 \sim d_8$.

(2) 根据最强线条的面间距 d_1,在数字索引上找到所属的哈那瓦特大组,根据 d_2 大致判断试样可能是哪些物质,再根据 $d_3, d_4, \cdots$ 进一步确定可能是什么物质.若 $d_1, d_2, d_3, \cdots$ 及相对强度次序与索引上列出的某一物质的数据基本一致,可初步确定试样中含有该种物质.记下该物质的卡片号.

(3) 按索引上列出的卡片号找出卡片.将卡片上全部线条的"d-I/I_1"值与试样的"d/n-I(或 I/I_1)"值对比.如果完全符合,则可以最后确定试样即是卡片上所载物质.

应当注意:

① 在将试样的"d/n-I"与卡片上的"d-I/I_1"对比时,必须有"整体"观念.因为并不是一条衍射线代表一个物相,而是一整套特定的"d/n-I/I_1"才代表某一个特定的物相.因此,若有一条强线对不上,即可以否定.

② 对 d 值精确度的要求应该比较严,对于普通物相分析,小数后第二位上允许有些误差(± 0.02Å).有时由于实验上的原因(例如,用衍射仪记录时,起始位置 2θ 的标度与实际起始位置的 2θ 数值有偏离)可以引起系统偏离,应进行修正.

③ 对于强度 I(或 I/I_1),由于实验条件上的种种原因,会有些出入,有时还会有较大出入(例如,摄谱方法与条件不同.PDF 卡片上的数据通常是由照相法得到的,与衍射仪法所得的数据会有不同.此外,在衍射仪法中,若样品磨得不细,会产生一定程度的择优取向等),因此,最强线、次强线、再次强线的次序可能有颠倒.但一般说来,强线还应该是强的,弱线还应该是弱的,某些强度弱的衍射线也可能没有出现.

2. 文字索引及其用法

试样中可能包含的物相,若可以通过其他各种途径查到或估计出来,只是用 X 光物相分析最终确定;或者分析试样的目的只是要求确定其中有无某种物相存在,此时便可利用"文字

索引".

"文字索引"是根据物质的英文名称,按字母的顺序编排而成.1972 年版的文字索引中列出物质的英文名称、化学式、三条最强线的面间距和物质的卡片号.例如

Chloride Sodium	NaCl	2.82_x	1.99_6	1.63_2
	5-628			
Copper Sulfate Hydrate	$CuSO_4 \cdot 5H_2O$	4.73_x	3.71_9	3.99_6
	11-646			
Aluminum	Al	2.34_x	2.02_5	1.22_2
	4-787			

在进行物相分析时,按试样中所可能包含的物相,根据它们的英文名称,从文字索引中找到它们的卡片编号,然后找出卡片,将试样衍射数据"d/n-I"与卡片上的衍射数据一一对比.若试样与某张卡片上的衍射数据很好符合,即可确定该试样中含有此卡片上所载的物相.

上面讲的是单个物相分析,用 PDF 卡片容易进行.对混合物的物相分析则要困难一些;尤其当混合物是由两个以上物相组成时,情况就更为复杂.因为各个物相的衍射线条是同时出现在试样的衍射图上,衍射线条有可能相互重叠.因此,混合物试样衍射图上的最强线可能并非是单相物质的最强线,而是某些次强线叠加的结果;其他衍射线的强度次序也可能发生变化.所以,当以图谱上的最强线作为某物相的最强线,而找不到任何对应卡片时,就应重新假定试样图谱上的次强线为某物相的最强线,而选其他强线作为此物相的次强线和再次强线,重新从数字索引中寻找所对应的卡片.当物相 A 被确定后,把与物相 A 相应的衍射线挑出或做上记号;再对试样衍射图谱上的其余线条重复上述操作,直至逐步确定出混合物试样中其他各个物相,使试样衍射图谱上的各条衍射线都有着落.对混合物试样分析常同其他方法配合,先了解试样的情况,可以少走弯路.

除了数字索引和文字索引外,在有机类中还有分子式索引,在无机类中还有矿物名称索引,以便查找.

目前,有不少衍射仪配有计算机.用计算机存储标准谱并进行检索已经有了很大发展,已出现包括自动物相分析功能的全自动 X 射线衍射仪.

B.39 磁化率的测定

利用古埃(Guoy)磁天平测定几种固体物质的磁化率,计算其摩尔磁化率,并估算离子的不成对电子数.掌握古埃磁天平法测定磁化率的原理和方法.

(一) 实验原理

物质置于磁场中会被磁化,产生一个附加磁感应强度 B',这时物质内部的磁感应强度 B 等于外加磁感应强度 B_0 和附加磁感应强度 B' 之和,即

$$B = B_0 + B' = \mu_0 H + \mu_0 \kappa H \tag{1}$$

式中:B_0 为外磁场的磁感应强度;B' 为物质磁化产生的附加磁感应强度;μ_0 为真空磁导率,其数值等于 $4\pi \times 10^{-7}\,\mathrm{N \cdot A^{-2}}$;$\kappa$ 称为物质的体积磁化率,它是单位体积内磁场强度的变化,无量纲.化学上常用比磁化率 χ 表示物质的磁化能力,定义为

$$\chi = \kappa/\rho \tag{2}$$

式中:ρ 是物质的密度($\mathrm{kg \cdot m^{-3}}$),χ 是单位质量物质磁化能力的量度,也称单位质量磁化率.此外,还经常采用摩尔磁化率 χ_m 来表示,定义为

$$\chi_m = \chi M = \frac{\kappa M}{\rho} \tag{3}$$

式中:M 为物质的摩尔质量,χ_m 为物质的量为 $1\,\mathrm{mol}$ 时磁化能力的量度.

根据 κ 的特点可把物质分成三类:(i) $\kappa > 0$ 的物质称为顺磁性物质;(ii) $\kappa < 0$ 的物质称为反磁性物质;(iii) 另有少数物质,其 κ 值与外磁场 H 有关,它随外磁场强度的增加而急剧增加,并且往往还有剩磁现象,这类物质称为铁磁性物质,如铁、钴、镍等.

凡是原子、分子中具有自旋未配对电子的物质都是顺磁性物质.因为电子自旋未配对的原子或分子均存在着固有磁矩,这些原子或分子的磁矩像小磁铁一样,在外磁场中总是趋于顺着外磁场的方向排列;但原子分子的热运动又使这些磁矩趋向混乱.在一定温度下,这两个因素达到平衡,使原子或分子的磁矩部分顺着磁场方向定向排列,因而使物质内部磁场增强,显示顺磁性.

凡是原子或分子中电子自旋已经配对的物质,一般是反磁性的物质.大部分的物质都是反磁性物质.物质反磁性的根源在于物质内部原子或分子中电子的轨道运动受外磁场作用,感应出"分子电流",产生与外磁场方向相反的诱导磁矩.这个现象类似于线圈中插入磁铁会产生感应电流,并同时产生一个与外磁场方向相反的磁场的现象.一般说来,原子分子中含电子数目较多,电子运动范围较大时,其反磁化率就越大.

实际上顺磁性物质的磁化率除了分子磁矩定向排列所产生的 $\chi_{顺}$ 之外,还同时包含了感应所产生的反磁化率 $\chi_{反}$,即

$$\chi_m = \chi_{顺} + \chi_{反} \tag{4}$$

由于 $\chi_{顺}$ 比 $\chi_{反}$ 大 2~3 个数量级左右,因此顺磁性物质的反磁性被掩盖而总体表现为顺

磁性.在不是很精确的计算中,可以近似地把 $\chi_{顺}$ 当成 χ_m,即

$$\chi_m = \chi_{顺} \tag{5}$$

顺磁化率与分子磁矩的关系,一般服从居里定律

$$\chi_{顺} = \frac{N_A \mu^2 \mu_0}{3kT} \tag{6}$$

式中:N_A 为阿伏伽德罗常数;k 为玻兹曼常数;μ_0 为真空磁导率($4\pi \times 10^{-7}$ N·A^{-2});μ 为分子磁矩(J·T^{-1}).

由(6)式可得

$$\mu = \sqrt{\frac{3kT}{N_A \mu_0} \chi_{顺}} = 7.3972 \times 10^{-21} \sqrt{\frac{\chi_{顺}}{\text{m}^3 \cdot \text{mol}^{-1}} \left(\frac{T}{\text{K}}\right)} (\text{J} \cdot \text{T}^{-1}) = 797.7 \times \sqrt{\frac{\chi_{顺}}{\text{m}^3 \cdot \text{mol}^{-1}} \left(\frac{T}{\text{K}}\right)} \mu_B \tag{7}$$

其中:μ_B($1\mu_B = 9.274078 \times 10^{-24}$ J·T^{-1})为玻尔磁子,是单个自由电子自旋所产生的磁矩.

式(7)将物质的宏观性质(χ_m)与物质的微观性质(μ)联系起来,因此可通过实验测定 $\chi_{顺}$ 来计算物质分子的永久磁矩 μ.实验表明,对于自由基或其他具有未成对电子的分子和某些第一系列过渡元素离子的磁矩 μ 与未成对电子数 n 的关系为

$$\mu = \sqrt{n(n+2)} \mu_B \tag{8}$$

例如,Cr^{3+} 离子,其外层电子构型 $3d^3$,由实验测得其磁矩 $\mu = 3.77 \mu_B$,则由(8)式可算得 $n \approx 3$,即表明 Cr^{3+} 有 3 个不成对电子.又如,测得黄血盐 $K_4[Fe(CN)_6]$ 的 $\mu = 0$,则 $n = 0$,可见黄血盐中 Fe^{2+} 的 $3d^6$ 电子不是如图 B.39-1(a)排布,而是如图 B.39-1(b)排布.

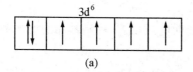
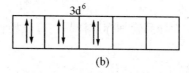

图 B.39-1 Fe^{2+} 离子外层电子排布图

由磁化率的测定来计算分子或离子中的未成对电子数,这对研究自由基和顺磁分子的结构,研究过渡元素离子的价态和配位场理论有着重要的意义.由(7)、(8)两式,可直接得到 n 的表达式

$$n = \sqrt{797.7^2 \frac{\chi_{顺}}{\text{m}^3 \cdot \text{mol}^{-1}} \left(\frac{T}{\text{K}}\right) + 1} - 1 \tag{9}$$

磁化率的测定可以用共振法或天平法.本实验采用古埃天平法.其测量原理见图 B.39-2.

当一个截面为 A 的圆柱体置于一个非均匀的磁场中,物体的一个小体积元 dV 在磁场梯度 dH/dz 方向上受到一个作用力 dF,则

$$dF = (\kappa - \kappa_0) H \frac{dH}{dz} dV = (\kappa - \kappa_0) HA dH \tag{10}$$

式中:$dV = A dz$,κ 为被测物质的磁化率,κ_0 为周围介质的磁化率(一般为空气).沿垂直于磁场方向悬挂一个样品,下端放于磁铁的极缝中心,该处是磁场强度很大的均匀磁场,上端位于磁场很弱的区域($H \rightarrow 0$),则样品受力 F 为

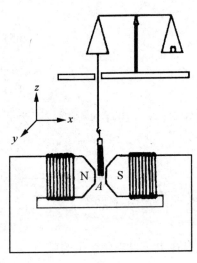

$$F = \int_{H_1}^{H_0} (\kappa - \kappa_0) AH \mathrm{d}H = -\frac{1}{2}(\kappa - \kappa_0)A(H_1^2 - H_0^2)$$

(11)

式中：H_1 是极缝中心处的磁场强度，H_0 是样品顶端处的磁场强度，κ_0 一般可以忽略不计，则(11)式简化为

$$F = -\frac{1}{2}\kappa A(H_1^2 - H_0^2)$$

(12)

式中的 F 可以通过样品在有磁场和无磁场的两次称量来求出

$$F = (\Delta m_{样} - \Delta m_{空})g$$

(13)

式中：$\Delta m_{样}$ 为样品管加样品在有磁场和无磁场时的质量差；$\Delta m_{空}$ 为空样品管在有磁场和无磁场时的质量差；g 为重力加速率.

图 B.39-2　古埃磁天平原理图

(12)式中的 $A(H_1^2 - H_0^2)$ 可以直接用高斯计测量，也可以用标准样品来标定. 用标准样标定时，具体计算中并不需要求算 $A(H_1^2 - H_0^2)$ 值. 由(12)可得

$$\frac{-2F_{标}}{\kappa_{标}} = A(H_1^2 - H_0^2) = \frac{-2F_{样}}{\kappa_{样}}$$

则

$$\kappa_{样} = \kappa_{标}\frac{F_{样}}{F_{标}} = \kappa_{标}\frac{\Delta m_{样} - \Delta m_{空}}{\Delta m_{标} - \Delta m_{空}}$$

(14)

式中：$\Delta m_{标}$ 为样品管加标准样品在有磁场和无磁场时的质量差. 待测样品的摩尔磁化率 $\chi_{m_{样}}$ 为

$$\chi_{m_{样}} = \frac{\kappa_{样}}{\rho_{样}}M_{样} = \kappa_{样}\frac{V}{m_{样}}M_{样} = \kappa_{标}\frac{\Delta m_{样} - \Delta m_{空}}{\Delta m_{标} - \Delta m_{空}}\frac{V}{m_{样}}M_{样}$$

$$= \chi_{标}m_{标}\frac{\Delta m_{样} - \Delta m_{空}}{\Delta m_{标} - \Delta m_{空}} \times \frac{M_{样}}{m_{样}}$$

(15)

式中：$m_{样}$ 为待测样品在无磁场下的质量，$m_{标}$ 为标准样品在无磁场下的质量，V 是它们的体积，$\chi_{标}$ 是标准物的比磁化率.本实验采用莫尔盐为标样标定 $A(H_1^2 - H_0^2)$.

(二) 仪器药品

莫尔盐(AR)，$FeSO_4 \cdot 7H_2O$(AR)，$CuSO_4 \cdot 5H_2O$(AR)和 $K_4Fe(CN)_6$(AR).
磁天平(配电子天平)，研钵，试管.

(三) 实验步骤

1. 将莫尔盐及其他固体样品在研钵中研细，各样品粉末粗细尽量均匀，装在小广口瓶中备用.

2. 天平回零后，将擦洗干净的空样品管挂在磁天平的悬钩上.调节极缝间距约为 2 cm，并使样品管离两磁极距离相等.调节悬钩和样品管上的吊环的长度和位置，使样品管垂直，并使

样品管的底部处在极缝中心处.先在励磁电流为 0 A 时称重,然后调节变压器,分别在励磁电流为 3 A 和 4 A 的磁场下称重.将励磁电流调至 4.5 A,停留一定时间后,将励磁电流调小,再依次在 4 A、3 A 和 0 A 下称重.注意观察样品管在磁场中的位置,取下后在与磁极上沿齐平的样品管高度处做适当标记.在测量过程中,注意观察并记录磁场强度的变化.

3. 将莫尔盐粉末小心装入管中,使样品粉末填实直至高度达到样品管的标记处.将样品管挂在磁天平的悬钩上,在励磁电流分别为 0 A、3 A 和 4 A 下测定其质量.将励磁电流调至 4.5 A,停留一定时间,又将励磁电流调小,再依次在 4 A、3 A 和 0 A 下称量,并记录此时的室温.将样品管倒空,按同样方法重新装样,装填至同一高度,再次测量;然后再倒空装样,使样品高度高于标记刻度 2 cm,重新测量.

4. 倒出样品管中的莫尔盐,将样品管里外用脱脂棉擦净.小心装入 $FeSO_4 \cdot 7 H_2O$ 样品粉末,按 3 中的程序进行称量.

5. 用同法对 $CuSO_4 \cdot 5 H_2O$ 样品和 $K_4[Fe(CN)_6]$ 样品进行测量.

(四) 数据记录与处理

1. 将上述实验数据列于下表.

室温_____℃

励磁电流/A	称 量 m/g						
	0	3	4	4.5	4	3	0
空 管				=			
莫尔盐 高度 1				=			
莫尔盐 高度 2				=			
样品 1 高度 1				=			
样品 1 高度 2				=			
样品 2 高度 1				=			
样品 2 高度 2				=			
样品 3 高度 1				=			
样品 3 高度 2				=			

2. 由上表数据分别计算不同条件下样品管及样品在无磁场时的质量(m)和在不同励磁电流下的质量变化(Δm).

3. 由 $\chi_{莫} = \dfrac{9500 \times 10^{-9}}{T+1} \times 4\pi$ 计算莫尔盐的比磁化率($m^3 \cdot kg^{-1}$),T 为热力学温度(K).

4. 由(15)式求各样品在不同条件下的摩尔磁化率 χ_m.

5. 由(7)式求各样品在不同条件下的分子磁矩 μ.

6. 由(9)式估算各样品在不同条件下的不成对电子数 n,并与文献值比较.

7. 得出测量物质磁化率的理想条件.

思 考 题

1. 在相同励磁电流下,前后两次测量的结果有无差别? 磁场强度是否一致? 在不同励磁电流下测得样品的摩尔磁化率是否相同?

2. 样品的装填高度及其在磁场中的位置有何要求? 如果样品管的底部不在极缝中心,对测量结果有何影响? 装填高度不一致对实验有何影响? 不同装填高度对实验有何影响?

3. 装样不平行引入的误差有多大? 影响本实验结果的主要因素有哪些?

参 考 资 料

1. P. W. Selwood. Magnetochemistry, Interscience, New York(1956)

2. Weissberger and Rossiter. Techniques of Chemistry, vol. 1, Physical Methods of Chemistry, p. 431~553, John Wiley & Sons, Inc. New York(1972)

3. 游效曾. 结构分析导论, p. 328~355, 北京:科学出版社(1980)

4. 徐光宪, 王祥云. 物质结构(第2版), p. 457, 北京:高等教育出版社(1987)

5. 杨文治. 物理化学实验技术, p. 159~183, 北京大学出版社(1992)

B.40 NMR 谱测定丙酮酸水解速率常数及平衡常数

测定丙酮酸在不同浓度 HCl 水溶液中的的 NMR 谱,计算丙酮酸的水解速率常数及平衡常数.了解 NMR 谱测定反应动力学常数和平衡常数的基本原理和 NMR 谱仪的使用方法.

(一) 实验原理

NMR 谱已成为有机化合物结构分析的有力工具,而且在分子物理学、分析化学和物理化学等方面也有着广泛应用.核磁共振峰的化学位移反映了共振核的不同化学环境.当一种共振核在两种不同状态之间快速交换时,共振峰的位置是这两种状态化学位移的权重平均值.共振峰的半高宽 $\Delta\nu$ 与核在该状态下平均寿命 τ 有直接关系.因此,峰的化学位移、峰位置的变化、峰形状的改变等均为物质的化学过程提供了重要信息.

Socrates 应用 ^{1}H 的 NMR 谱测定了丙酮酸羰基水解为二醇酸的反应速率常数及平衡常数.丙酮酸水解反应是许多含有羰基化合物在水溶液中常见的酸碱催化反应.其反应式及相应质子峰的化学位移如下式所示:

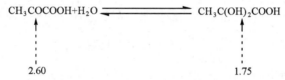

$$CH_3COCOOH + H_2O \rightleftharpoons CH_3C(OH)_2COOH$$

2.60   1.75

另外,在 5.48 处还有一个很强的共振峰,它是水和丙酸的羰基及二醇酸的羰基中质子相互快速交换的共振峰.用 NMR 技术测定反应速率时,必须控制质子的平均寿命 τ 在 $0.001 \sim 1\,s$ 之间.同时应注意到体系是处于动态平衡之中,质子间进行着快速的交换.质子共振谱的峰宽依赖于物质的平均寿命 τ,而 τ 又和反应速率有关.如果物质没有化学活性,即不进行质子交换,则相应质子的共振峰应该很尖锐.相反,如果质子在两个不同的化学环境之间进行快速交换,这时质子的共振峰将随质子之间交换速率加快而变宽.在丙酮酸水解反应中,随着加入 HCl 浓度增大,质子交换速率加快,使得它们的甲基质子共振峰都以各自的方式变宽.当质子间交换速率达到某种极限时,如加入浓 HCl 情况下,这时两个共振峰就合并为一个峰了.如图 B.40-1 所示.

如上所述,在质子交换很慢或不存在质子交换情况下,甲基质子的共振峰应当很尖锐.但由于存在着弛豫现象和磁场的不均匀性,谱线均存在着一定的自然宽度.所以要从 NMR 谱的峰宽求反应速率时,必须考虑甲基质子共振峰原有的自然宽度.

质子峰的自然宽度为 $2/T_2$,T_2 为自旋-自旋弛豫时间.有质子交换时的半高宽为 $\Delta\omega$,其关系为

$$\Delta\omega = \frac{2}{T_2} + \frac{2}{\tau} \tag{1}$$

$\Delta\omega$ 的单位是 $rad \cdot s^{-1}$,它和频率 $\Delta\nu(Hz)$ 的关系为

$$2\pi \cdot \Delta\nu = \Delta\omega \tag{2}$$

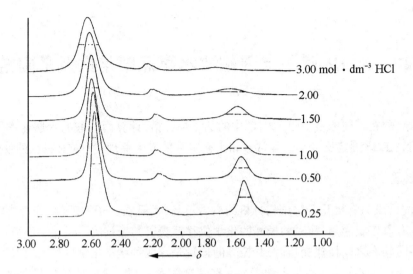

B.40-1　丙酮酸水解反应 NMR 谱图

在使用 60 MHz 的谱仪时, δ 改变 1, 相当于频率变化 60 Hz.

当不存在质子交换时, 即丙酮酸溶液中如不存在 H_2O 和 H^+ 时, 半峰宽则为 $2/T_2$. 当 T_2 被测定后, 又测量了存在质子交换时的半峰宽 $\Delta\omega$, 由(1)式便可求得质子的平均寿命 τ 值. 当然, T_2 值也可由作图法求得. τ 和氢离子催化速率常数 $k(H^+)$ 的关系如下

$$\frac{1}{\tau} = k(H^+) \cdot [H^+] \tag{3}$$

再由(1)、(3)两式, 可得出

$$\frac{\Delta\omega}{2} = \frac{1}{T_2} + k(H^+) \cdot [H^+] \tag{4}$$

作 $\Delta\omega/2$ 对 $[H^+]$ 的直线图, 截距为 $1/T_2$, 可求得 T_2. 再由(1)式可求出 τ 值. 由直线斜率可求得 $k(H^+)$ 值.

由于共振峰的面积与共振核的数量成正比, 所以反应的平衡常数 K_{eq} 由下式表示

$$K_{eq} = \frac{A}{B} \tag{5}$$

式中: A 为二醇酸甲基质子峰的积分强度, B 为丙酮酸甲基质子峰的积分强度.

(二) 仪器药品

HCl(AR), 丙酮酸(AR), TMS(内标物, 四甲基硅烷).

60 MHz 核磁共振仪, 样品管, 放大镜, 卡尺.

(三) 实验步骤

1. 配制丙酮酸浓度均为 4 mol·dm^{-3}, 而 HCl 浓度分别为: 0.25, 0.50, 1.00, 1.50, 2.00, 3.00 和 5.00 mol·dm^{-3} 的 7 个样品.

2. 以 TMS 为内标, 在相同条件下测定各样品的 NMR 谱. 在选择 δ 扫描宽度为 2, 扫描终点为 1 时, 二醇酸甲基质子峰和丙酮酸甲基质子峰处于最佳可测位置. 选用合适的射频功率和

峰的幅度,进行谱图扫描.并对两峰的面积进行积分扫描.学生可分组做不同 HCl 浓度的 NMR 谱图.

(四) 数据处理

1.用卡尺测量 δ 位于 2.60 和 1.75 两处峰的半峰宽,以 $\Delta\nu(Hz)$ 表示.将结果填下表中.

用卡尺测出的半峰宽为长度单位(cm),同时测出 δ 改变 1 对应的长度(cm),两者之比再乘上 60 即为半峰宽的 $\Delta\nu/Hz$.

表 B.40-1　丙酮酸水解体系的半峰宽值

化学位移 [H^+] $\dfrac{c(HCl)}{mol\cdot dm^{-3}}$	δ 2.60 半峰宽			δ 1.75 半峰宽		
	cm	$\Delta\nu/Hz$	$\Delta\omega/(rad\cdot s^{-1})$	cm	$\Delta\nu/Hz$	$\Delta\omega/(rad\cdot s^{-1})$
5.00						
3.00						
2.00						
1.50						
1.00						
0.50						
0.25						

2.分别作丙酮酸甲基质子峰和二醇酸甲基质子峰的半高宽 $\Delta\omega/2$ 对相应 [H^+]的直线图.

由图的截距可得 $1/T_2$,再配合(1)式可得平均寿命 τ 值.

3.由直线图的斜率可得到 $k(H^+)$ 和 $k'(H^+)$.后者为逆反应速率常数.

4.由两个峰的积分强度,由(5)式求 K_{eq}.

提　　示

1.丙酮酸不稳定,在使用前须经减压蒸馏提纯.否则谱图中杂质峰过大,有碍测量.

2.如不具备学生上机操作条件时,可用教师预先测定的谱图或直接用图 B.40-1 中的谱图进行测量.

习　　题

1.质子的核磁共振峰的宽度与哪些因素有关?

2.试比较用本实验方法求速率常数和经典动力学方法的差异.

3.试用屏蔽效应解释这两个峰的化学位移.

参 考 资 料

1.[美] H.D. 克罗克福特等.物理化学实验,p.301,北京:人民教育出版社(1980)

2.Socrates, G. J. Chem. Edu., 44, 575 (1976)

3.梁晓天.核磁共振——高分辨氢谱的解析和运用,北京:科学出版社(1976)

4.杨文治.物理化学实验技术,北京大学出版社(1992)

C. 仪器装置

C.1 温度测量

一、温 标

为了表示物质的冷热程度和比较物质间的冷热差别,常用"温度"这一物理量来量度.测量物质的温度,需要有一根能表示温度高低的"尺"——温标,如摄氏温标、华氏温标等等.摄氏温标是以水的冰点(0 ℃)和沸点(100 ℃)为两个定点,定点间分 100 等分,每一等分为 1 ℃ 来确定的.华氏温标是以水的冰点为 32 ℉,沸点为 212 ℉ 为两个定点,定点间等分 180 分,每等分为 1 ℉ 来确定的.

由此可见,温标的确定,要用某一物质的某种特性,作为确定温标的基准点(或称参考点),基准点确定后还需要确定基准点间的分隔,然后用外推或内插方法求得其他的温度.

近代常用的摄氏温标,就是假设工作物质的某种特性(如水银的膨胀和收缩)与温度呈线性关系.但实际上,一般所使用的物质的某种特性与温度之间,并非严格呈线性关系.因此,用不同物质做的温度计测量同一体系时,所显示的温度往往不相同.

(一) 热力学温标

鉴于上述缺点,1848 年开尔文(Kelvin)提出了热力学温标.它是建立在卡诺循环基础上,与测温物质性质无关,是理想的、科学的温标.以冰的融点 0 ℃ 和水的沸点 100 ℃ 为两个定点,其间分为 100 等分,填充温度计的介质为理想气体(实际上可以使用氢气作出定容氢温度计).

由盖吕萨克(Gay-Lussac)定律得知,当理想气体的容积一定时,温度每增减 1°,其压力增减 0 ℃ 时的 $(273.15°)^{-1}$.这样,到 -273.15 ℃ 时,理论上温度就等于零了,这是个理论上的温度极限.以这一点作为零度的温标叫热力学温标,以 K 表示.

引用热力学温标,可得理想气体状态方程 $pV = nRT$.由此方程可以看出,只需把某一固定点的热力学温度的数值选定,即可求得常数 R(因为 p、V、n 都可以直接测量),而其他任何温度都可由状态方程确定.1954 年,第十届国际计量大会规定水的三相点的热力学温度为 273.16 K.

(二) 国际实用温标

热力学温标是理想温标,国际实用温标是以热力学温标为基础,用气体温度计(比如定容氢温度计)来实现热力学温标的.原则上其他温度计均可用气体温度计来标定,但气体温度计装置复杂,操作很不方便.

1927 年科学家们拟定了二级国际温标,建立了若干可靠而又能高度重现的固定点.此后,在 1948、1960、1968 年又连续作了修订,1975 年第十五届国际计量大会通过了"1968 年国际实用温标(简称 IPTS-68)的修订".1976 年又提出了 0.5~30 K 的暂行温标(EPT-76).1990 年国际温标(ITS-90)是国际计量委员会根据第 18 届国际计量大会要求,于 1989 年会议通过的.该温标替代现行的 IPTS-68 和 EPT-76.ITS-90 同时定义国际开尔文温度(符号为 T_{90})和国际摄

氏温度(t_{90}), t_{90}和 T_{90}之间的关系为

$$t_{90}/\text{℃} = T_{90}/\text{K} - 273.15$$

ITS-90 定义的固定点见表 C.1-1,表 C.1-2 列出了压力对某些定义的固定点温度值的影响.

(三) ITS-90 的定义

1. 氦蒸气压-温度方程(由 0.65 K 到 5.0 K)

定义

$$\frac{T_{90}}{\text{K}} = A_0 + \sum_{i=1}^{9} A_i \left[\ln(\frac{p}{\text{Pa}} - B)/C \right]^i \tag{1}$$

式中:常数 A_0, A_i, B, C 的值见表 C.1-3.

表 C.1-1　ITS-90 定义固定点

序号	温度 T_{90}/K	温度 $t_{90}/\text{℃}$	物　质[a]	状　态[b]	$W_r(T_{90})$
1	3~5	$-270.15 \sim -268.15$	He	V	
2	13.8033	-259.3467	e-H_2	T	0.00119007
3	≈17	≈-256.15	e-H_2(或 He)	V(或 G)	
4	≈20.3	≈-252.85	e-H_2(或 He)	V(或 G)	
5	24.5561	-248.5939	Ne	T	0.00844924
6	54.3584	-218.7961	O_2	T	0.09171804
7	83.8058	-189.3442	Ar	T	0.21585975
8	234.3156	-38.8344	Hg	T	0.84414211
9	273.16	0.01	H_2O	T	1.00000000
10	302.9146	27.7646	Ga	M	1.11813889
11	429.7485	156.5985	In	F	1.60980185
12	505.078	231.928	Sn	F	1.89279768
13	692.677	419.527	Zn	F	2.56891730
14	933.473	660.323	Al	F	3.37600860
15	1234.93	961.78	Ag	F	4.28642053
16	1337.33	1064.18	Au	F	
17	1357.77	1084.62	Cu	F	

[a]　除 ^{3}He 外,其他物质均为自然同位素成分.e-H_2 为正、仲分子态处于平衡浓度时的氢.

[b]　对于这些不同状态的定义以及有关复现这些不同状态的建议,请参阅"ITS-90 补充资料".表中各符号的含义为:V—蒸气压点;T—三相点,在此温度下固、液和蒸气相呈平衡;G—气体温度计点;M,F—熔点和凝固点,即在101325 Pa压力下,固、液相的平衡温度.

表 C.1-2　压力对一些定义固定点温度值的影响[a]

物　质	平衡温度的给定值 T_{90}/K	温度对压力的变率 $(\text{d}T/\text{d}p)$ $(10^{-8}\ \text{K}\cdot\text{Pa}^{-1})$[b]	温度对深度的变率 $(\text{d}T/\text{d}h)$ $(10^{-3}\ \text{K}\cdot\text{m}^{-1})$[c]
平衡氢三相点	13.8033	34	0.25
氖三相点	24.5561	16	1.9
氧三相点	54.3584	12	1.5

物　质	平衡温度的给定值 T_{90}/K	温度对压力的变率 $\dfrac{(\mathrm{d}T/\mathrm{d}p)}{(10^{-8}\,\mathrm{K\cdot Pa^{-1}})^{b}}$	温度对深度的变率 $\dfrac{(\mathrm{d}T/\mathrm{d}h)}{(10^{-3}\,\mathrm{K\cdot m^{-1}})^{c}}$
氩三相点	83.8058	25	3.3
汞三相点	234.3156	5.4	7.1
水三相点	273.16	−7.5	−0.73
镓熔点	302.9146	−2.0	−1.2
铟凝固点	429.7485	4.9	3.3
锡凝固点	505.078	3.3	2.2
锌凝固点	692.677	4.3	2.7
铝凝固点	933.473	7.0	1.6
银凝固点	1234.93	6.0	5.4
金凝固点	1337.33	6.1	10
铜凝固点	1357.77	3.3	2.6

a　对于熔点和凝固点,参考压力为标准大气压($p^{\ominus}=100.0\,\mathrm{kPa}$).对于三相点,压力效应仅来源于容器中的液体的静压力.

b　相当于每标准大气压毫开(mK)数.

c　相当于每米液柱的毫开(mK)数.

2. 气体温度计[由 3.0 K 到氖三相点(24.5561 K)]

在此温区内,T_{90}借助于三个温度点分度过的 ^{3}He 或 ^{4}He 定容气体温度计来定义.这些温度点是:氖三相点、平衡氢三相点(13.8033 K),以及用 ^{3}He 或 ^{4}He 蒸气压温度计在 3.0～5.0 K 之间测得的一个温度点.

表 C.1-3　氦蒸气压方程(1)的常数值及其适用的温区

	^{3}He (0.65～3.2 K)	^{4}He (1.25～2.1768 K)	^{4}He (2.1768～5.0 K)
A_0	1.053447	1.392408	3.146631
A_1	0.980106	0.527153	1.357655
A_2	0.676380	0.166756	0.413923
A_3	0.372692	0.050988	0.091159
A_4	0.151656	0.026514	0.016349
A_5	−0.002263	0.001975	0.001826
A_6	0.006596	−0.017976	−0.004325
A_7	0.088966	0.005409	−0.004973
A_8	−0.004770	0.013259	0
A_9	−0.054943	0	0
B	7.3	5.6	10.3
C	4.3	2.9	1.9

由 4.2 K 到氖三相点(24.5561 K)用 ^{4}He 作为测温气体,有

$$T_{90} = a + bp + cp^{2} \tag{2}$$

式中:p 为气体温度计中的压力;系数 a,b,c 的数值由三个温度分点上的测量结果求得,但其中一个最小的温度值应在 4.2～5.0 K 之间.

由 3.0 K 到氖三相点(24.5561 K),用 ^{3}He 或 ^{4}He 作为测温气体.要考虑气体的非理想性,公式较繁.

3. 铂电阻温度计[由平衡氢三相点(13.8033 K)到银凝固点(1234.93 K)]

在此温度区间内,使用一组规定的定义固定点和规定的参考函数以及内插温度的偏差函数来分度.当然,任何一支铂电阻温度计都能在整个温区内都有高的准确度,还要分若干个小温度区间.

温度值 T_{90} 由该温度时的电阻 $R(T_{90})$ 与水的三相点时的电阻 $R(273.16\text{ K})$ 之比来求得.比值 $W(T_{90})$ 为

$$W(T_{90}) = R(T_{90})/R(273.16\text{ K})$$

一支适用的铂电阻温度计须由无应力的纯铂丝做成,并且

$$W(302.9146\text{ K}) \geqslant 1.11807$$

或

$$W(234.3156\text{ K}) \leqslant 0.844235$$

一支能用于银凝固点的铂电阻温度计,还必须满足

$$W(1234.93\text{ K}) \geqslant 4.2844$$

在电阻温度计的不同温区内使用不同的参考函数,如

(1) 13.8033~273.16 K 的参考函数

$$\ln[W_r(T_{90})] = A_0 + \sum_{i=1}^{12} A_i \{[\ln(T_{90}/273.16\text{ K}) + 1.5]/1.5\}^i \tag{3}$$

(2) 273.15~1234.93 K 的参考函数

$$W_r(T_{90}) = C_0 + \sum_{i=1}^{9} C_i \left(\frac{T_{90}/K - 754.15}{481} \right)^i \tag{4}$$

(3) 234.3156~302.9146 K,分度时使用这两个固定点和水的三相点,同时使用上述的两个参考函数来覆盖这一温区.(3)式和(4)式中各常数见表 C.1-4,有关各温区选固定点等细节请见参考资料.

表 C.1-4　(3)式和(4)式中有关参考函数的常数

A_0	-2.13534729	C_0	2.78157254
A_1	3.18324720	C_1	1.64650916
A_2	-1.80143597	C_2	-0.13714390
A_3	0.71727204	C_3	-0.00649767
A_4	0.50344027	C_4	-0.00234444
A_5	-0.61899395	C_5	0.00511868
A_6	-0.05332322	C_6	0.00187982
A_7	0.28021362	C_7	-0.00204472
A_8	0.10715224	C_8	-0.00046122
A_9	-0.29302865	C_9	0.00045724
A_{10}	0.04459872		
A_{11}	0.11868632		
A_{12}	-0.05248134		

4．普朗克辐射定律（银凝固点以上的温区）

银凝固点以上，T_{90}由下式定义

$$\frac{L_\lambda(T_{90})}{L_\lambda[T_{90}(x)]} = \frac{\exp\dfrac{C_2}{\lambda[T_{90}(x)]} - 1}{\exp\dfrac{C_2}{\lambda(T_{90})} - 1} \tag{5}$$

式中的 $T_{90}(x)$是下列固定点中任一个：银凝固点 $[T_{90}(\mathrm{Ag}) = 1234.93\,\mathrm{K}]$，金凝固点 $[T_{90}(\mathrm{Au}) = 1337.33\,\mathrm{K}]$或铜凝固点 $[T_{90}(\mathrm{Cu}) = 1357.77\,\mathrm{K}]$；$L_\lambda(T_{90})$和 $L_\lambda[T_{90}(x)]$是在波长 λ（真空中）及温度分别为 T_{90}、$T_{90}(x)$时的黑体辐射的光谱辐射亮度；$C_2 = 0.014388\,\mathrm{m \cdot K}$.

（四）摄氏温标（℃），华氏温标（℉），热力学温标（K）三者相互关系

$$t/℃ = \frac{9}{5}(t+32)/℉ = (t+273.15)/\mathrm{K}$$

在实际工作中，利用某些物质对温度敏感，且能高度重现的物理性质做出实用温度计．像利用体积改变而设计的水银-玻璃温度计或其他液体温度计，利用压力改变的定容氢温度计，利用电阻改变的电阻温度计，利用热电势差异的热电偶温度计，利用光强改变的光学高温计等．

下面，将几类常用的温度计的构造和使用，分别加以介绍．

下述各种温度计可按不同使用目的，选择合用的型式．

（1）在一般实验中，最常用的是水银温度计，用来测量物理或化学变化的温度，如熔点、沸点、反应温度等等．

（2）贝克曼温度计用来测量温度的变化，在物理化学实验中是经常用的．温度计精确度的选择与其他物理量的测量要配合恰当，符合实验要求．

（3）非常精确地测量微小温差，常使用多对串联的热电偶温度计、温差电阻温度计和热敏电阻温度计．

（4）在水银温度计适用的温度范围以外，可使用电阻温度计或热电偶温度计，在更高温度时使用辐射温度计．

（5）如果需要很低的热容和高速的温度响应，水银温度计是不合用的，可采用热敏电阻温度计或热电偶温度计．

二、水银-玻璃温度计

温度计的种类很多，在实验室常用的是水银温度计，因为水银具备容易提纯、热导率大、比热小、膨胀系数比较均匀、不容易附着在玻璃壁上、不透明便于读数等性能．水银温度计可用于 $-35℃$到 $360℃$（水银的熔点是 $-38.7℃$，沸点 $356.7℃$），如果使用特硬玻璃并且在水银上面充入氮气或氩气，可以使测量范围增加到 $600℃$，甚至达 $750℃$；若在水银里加入 8.5%的 Tl，可测到 $-60℃$的低温．

（一）水银温度计的种类和使用范围

（1）一般使用．由 $-5 \sim 105℃$，$150℃$，$250℃$，$360℃$等等，每格 $1℃$或 $0.5℃$.

（2）供量热学用．由 $9 \sim 15℃$，$12 \sim 18℃$，$15 \sim 21℃$，$18 \sim 24℃$，$20 \sim 30℃$ 等，每格

0.01℃.目前广泛应用间隔为 1℃ 的量热温度计,每格 0.002℃.

(3) 测温差的贝克曼温度计.有升高和降低两种,一般供 −6~120℃ 用,每格 0.01℃.

(4) 分段温度计.从 −10~200℃,分为 24 支,每支温度范围 10℃,分格 0.1℃;另外有由 −40℃ 到 400℃,每隔 50℃ 一支,分格 0.1℃.

(5) 测量冰点降低用.由 −0.50~0.50℃,分格 0.01℃.

(二) 引起温度计误差的主要因素

(1) 球体积的改变.温度计水银球内约容纳了相当于 6000 刻度量的水银,球体积的微小变化会很灵敏地反映到温度计上.

当温度计受热后冷却,水银球的体积会稍有改变,因为玻璃流动很慢,收缩到原来的体积往往需要几天或更长的时间,此现象称为滞后现象.准确地测量温度要注意这一点.

(2) 水银柱露出待测体系.温度计有"全浸"和"非全浸"两种,后者温度刻度是按水银球插入待测介质之内,部分水银柱露在介质之外时校正的,这种温度计常在背面刻有校正时浸入量的刻度,在使用时若室温和浸入量均与校正时一致,所示温度是正确的.而全浸温度计的读数在水银球和水银柱完全浸入被测的物质内时是正确的,但使用时往往不可能做到这一点,这种影响需要用下式校正.

$$\Delta = \frac{Kn}{1 - Kn}(t_0 - t_s)$$

式中:$\Delta = t - t_0$,是读数的校正值;t_0 是温度的读数值;t 是温度的正确值;t_s 是露出待测系统外水银柱的有效温度(从放置在露出一半位置处的另一温度计读出);n 是水银柱露出待测系统外部分的度数;K 是水银对于玻璃的相对膨胀系数,用摄氏温标时,$K = 0.00016$.

上式中

$$Kn \ll 1$$

所以

$$\Delta \approx Kn(t_0 - t_s) \tag{6}$$

(3) 辐射.在透明物质中,由于附近热体的辐射所产生的误差.

(4) 延迟作用.若温度计的起始温度为 t_0,浸在温度为 t_m 的物质中,温度计的读数 t 与浸入时间 x 的关系是

$$t - t_m = (t_0 - t_m)e^{-kx} \tag{7}$$

式中:k 为一常数.它与温度计的形式(主要是水银球的直径)、物质的特性和搅拌速度有关.在搅拌很好的水中,普通温度计 $k^{-1} \approx 2$ s,贝克曼温度计 $k^{-1} \approx 9$ s.在静水中普通温度计 $k^{-1} \approx 10$ s,在静空气中 $k^{-1} \approx 200$ s.在一般情形下温度计浸在被测物质中 1~6 min 后读数,延迟误差是不大的,但在连续记录温度计读数改变的实验中要注意到这项误差.

(5) 其他因素.刻度的不均匀,水银的附着,毛细管粗细不均匀和毛细管现象等等也是引起误差的原因.

(三) 使用

(1) 对温度计应该进行校正.

　　①　以标准水银温度计为标准,与待校正的温度计同时测定某一体系的温度,将对应值一一记录下来,作出校正曲线.

② 分析误差主要来源,针对这一误差进行校正.例如,由于水银柱露出待测体系外,水银柱部分的温度与欲测物质温度不同,这时可以照(6)式求出校正值.

③ 以纯物质的熔点或沸点作为标准,进行校正.若校正时的条件(浸入部分的多少)与使用时相差不多,则使用时一般不需要再作露出部分的校正.

(2) 读数时,水银柱液面刻度和眼睛应该同在一个水平面上,以防止视差带来的影响;有时使用带有准丝的读数望远镜,可以帮助减少读数的误差.

(3) 为了防止水银在毛细管上附着,所以读数时应轻轻用手指弹动温度计.

(4) 温度计应尽可能垂直放置,以免受温度计内部水银压力不同而引起误差.

(5) 防止骤冷,骤热,以免引起破裂和变形;防止强光等辐射直接照射水银球.

水银玻璃温度计是很容易损坏的仪器,使用时应严格遵守操作规程,尽量避免不合规定的操作.例如:图方便,以温度计代替搅棒;和搅拌器相碰;放在桌子边缘,滚落到地下;装在盖上的温度计不先取下,而用其支撑盖子;套温度计的塞子孔太大或太小,使温度计滑下或折断等等,都是不合规定的操作,应尽力避免.万一温度计损坏,水银洒出,应严格按"汞的安全使用规程"处理.

三、贝克曼温度计

(一) 构造和特点

贝克曼(Beckmann)温度计是精密测量温度差值的温度计.在精确测量温度差值的实验中(如凝固点下降测摩尔质量等),温度的读数要求精确到 0.001℃,一般 1/1℃ 和 1/10℃ 刻度的温度计显然不能满足这个要求.为了达到这个要求,温度计刻度要刻至 0.01℃.为此就需要把温度计做得很长,或者做好几支温度计,而每支只能测一个范围较窄的温度区间.在精确测量温度的绝对数值时,这样的温度计是必不可少的.但是,对于精确测量温度差值,就完全没有这种必要了.贝克曼温度计能很方便地达到这个要求.

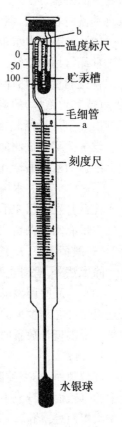

贝克曼温度计的构造如图 C.1-1 所示.水银球与贮汞槽由均匀的毛细管连通,其中除水银外是真空.贮汞槽是用来调节水银球内的水银量的.刻度尺上的刻度一般只有 5℃,每度分为 100 等分,因此用放大镜可以估计到0.001℃.贮汞槽背后的温度标尺只是粗略地表示温度数值,即贮汞槽中的水银与水银球中的水银完全相连时,贮汞槽中水银面所在的刻度就表示温度粗值.

为了便于读数,贝克曼温度计的刻度有两种标法:一种是最小读数刻在刻度尺的上端,最大读数刻在下端;另一种恰好相反.前者用来测量温度下降值,称为下降式贝克曼温度计;后者用来测量温度升高值,称为上升式贝克曼温度计.在非常精密的测量时,两者不能混用.现在还有更灵敏的贝克曼温度计,刻度尺总共为 1℃ 或 2℃,最小的刻度为 0.002℃.

综上所述,贝克曼温度计有两个主要特点:

(1) 水银球内的水银量可借助贮汞槽调节,这就可使用于不同

图 C.1-1 下降式
贝克曼温度计

的温度区间来测量温度差值.所测温度越高,球内的水银量就越少。

(2) 由于刻度能刻至 0.01℃,因而能较精确地测量温度差值(用放大镜可估计到 0.001℃),但不能直接用来精确地测量温度的绝对数值.

(二) 使用方法

首先根据实验的要求确定选用哪一类型的贝克曼温度计.使用时需经下面的操作步骤.

1. 调整

所谓调整好一支贝克曼温度计是指在所测量的起始温度时,毛细管中的水银面应在刻度尺的合适范围内.例如,用下降式贝克曼温度计测凝固点降低时,在纯溶剂的凝固温度下(即起始温度)水银面应在刻度尺的1℃附近.因此在使用贝克曼温度计时,首先应该将它插入一个与所测的起始温度相同的体系内.待平衡后,如果毛细管内的水银面在所要求的合适刻度附近,就不必调整,否则应按下述三个步骤进行调整:

(1) 水银丝的连接.此步操作是将贮汞槽中的水银与水银球中的水银相连接.

若水银球内的水银量过多,毛细管内水银面已过 b 点,在此情况下,右手握温度计中部,慢慢倒置并用手指轻敲贮汞槽处,使贮汞槽内的水银与 b 点处的水银相连接.连好后立即将温度计倒转过来;若水银球内的水银量过少,用右手握住温度计中部,将温度计倒置,用左手轻敲右手的手腕(此步操作要特别注意,切勿使温度计与桌面等相碰),此时水银球内的水银就可以自动流向贮汞槽.然后按上述方法相连.

(2) 水银球中水银量的调节.因为调节的方法很多,今以下降式的贝克曼温度计为例,介绍一种经常用的方法.

首先测量(或估计) a 到 b 一段所相当的温度.将贝克曼温度计与另一支普通温度计插入盛水(或其他液体)的烧杯中,加热烧杯,贝克曼温度计中的水银丝就会上升,由普通温度计可以读出 a 到 b 段所相当的温度值,设为 R ℃.为准确起见,可反复测量几次,取其平均值.

设 t 为实验欲测的起始摄氏温度(例如纯液体的凝固点),在此温度下欲使贝克曼温度计中毛细管的水银面恰在1℃附近,则需将已经连接好水银丝的贝克曼温度计悬于一个温度为 $t' = (t+1) + R$ 的水浴(或其他浴)中.待平衡后,用右手握贝克曼温度计中部,由水浴取出(离开实验台),立即用左手沿温度计的轴向轻敲右手的手腕,使水银丝在 b 点处断开(注意在 b 点处不得有水银保留).这样就使得体系的起始温度恰好在贝克曼温度计上1℃附近(为什么?).一般情况下, R 约为3℃.

除上法外,有时也利用贮汞槽背后的温度标尺进行调节.由于原理相同,这里不作介绍了.

(3) 验证所调温度.断开水银丝后,必须验证在欲测体系的起始温度时,毛细管中的水银面是否恰好在刻度尺的合适位置(如在1℃附近).如不合适,应按前述步骤重新调节.调好后的贝克曼温度计放置时,应将其上端垫高,以免毛细管中的水银与贮汞槽中的水银相连接.

2. 读数

读数值时,贝克曼温度计必须垂直,而且水银球应全部浸入所测温度的体系中.由于毛细管中的水银面上升或下降时有粘滞现象,所以读数前必须先用手指(或用橡皮套住的玻璃棒)轻敲水银面处,消除粘滞现象后用放大镜(放大 6~9 倍)读取数值.读数时应注意眼睛要与水银面水平,而且使最靠近水银面的刻度线中部不呈弯曲现象.

3. 刻度值的校正

直接由贝克曼温度计上读出的温度差值,还要作刻度值的校正.校正的因素较多,在非特别精确的测量中,只作下列两项校正就够了.

(1) 由于调控温度不同所引起的校正.水银球内的水银量及水银球的体积随调整温度不同而异.通常情况下,贝克曼温度计的刻度是在调整温度为 20℃(即在贝克曼温度计上读数为 0℃时,相当于温度 20℃)时定的.调整温度为其他数值时必须加以校正.表 C.1-5 示出的是玻璃所制的贝克曼温度计的校正值.

表 C.1-5 玻璃制贝克曼温度计校正值

调整温度/℃	读数 1°相当的摄氏度数	调整温度/℃	读数 1°相当的摄氏度数
0	0.9936	55	1.0093
5	0.9953	60	1.0104
10	0.9969	65	1.0115
15	0.9985	70	1.0125
20	1.0000	75	1.0135
25	1.0015	80	1.0144
30	1.0029	85	1.0153
35	1.0043	90	1.0161
40	1.0056	95	1.0169
45	1.0069	100	1.0176
50	1.0081		

例如,调整温度 t' 为 5℃时,贝克曼温度计上的刻度差值 1°相当于摄氏 0.995°.上限读数为 4.127℃,下限读数为 1.058℃,温度差为

$$4.127℃ - 1.058℃ = 3.069℃$$

此温度差相当于摄氏温标的温度数为

$$3.069° \times 0.995℃/(°) = 3.054℃$$

(2) 水银柱露出体系外的校正.这是由于露在室温(t)中的水银柱与插入体系中的水银所处的温度不同所引起的.校正值(Δ)为

$$\Delta = K(t_2 - t_1)(t' + t_1 + t_2 - t)$$

式中:K 为水银在玻璃毛细管内的线膨胀系数,一般为 0.00016℃$^{-1}$;t_1,t_2 为起始温度与终了温度.设室温为 25℃,而其他数值如上,则

$$\Delta = 0.00016℃^{-1} \times (4 - 1)℃ \times (5 + 1 + 4 - 25)℃ = -0.007℃$$

故考虑了这两种校正后,正确的温度差值为

$$3.054℃ - 0.007℃ = 3.047℃$$

若需更精确校正,还应考虑孔径修正值,应根据所用温度计的检定证书上有关数值进行.

(三) 实验内容

1. 在一玻璃缸内,放少量冷水和大量事先用水洗过的碎冰,达到平衡后,体系的温度约在 0℃附近.调整一支贝克曼温度计,使之能用在测定起始温度为 0℃,下降值为 3.5℃ 的实验中.

2. 调整一支能用来测定 25℃ 恒温槽的灵敏度曲线的贝克曼温度计,也就是要求将调好后的贝克曼温度计插入 25℃ 恒温槽内,其毛细管中的水银面应在刻度尺中部.同时练习正确读数的方法.

贝克曼温度计是较易损坏的仪器,使用时要特别小心! 但也不要因此而缩手缩脚不敢使用,只要严格地按操作规程进行操作是不易损坏的.这里再提几点注意事项:

(1) 检查装放贝克曼温度计的套或盒是否牢固;

(2) 拿温度计走动时,要一手握住其中部,另一手护住水银球,紧靠身边;

(3) 平放在实验台上时,要和台边垂直,以免滚动跌落在地上;

(4) 用夹子夹时必须要垫有橡皮,不能用铁夹直接夹温度计,夹温度计时不能夹得太紧或太松;

(5) 不要使温度计骤冷、骤热;

(6) 使用后立即装回盒内.

四、热电偶温度计

两种金属导体构成一个闭合线路,如果联接点温度不同,回路里将产生一个与温差有关的电势,称为温差电势.这样的一对导体称为热电偶.因此可用热电偶的温差电势测定温度.

几种常用的热电偶温度计的适用范围及其室温下温差电势的温度系数(dE/dT)列于表 C.1-6 中.

表 C.1-6 几种常用的热电偶温度计适用范围及温差电势

类 型[a]	适用温度的范围/℃	可以短时间使用的温度/℃	$\dfrac{dE/dT}{mV/℃}$
铜-康铜	0~350	600	0.0428
铁-康铜	200~750	1000	0.0540
镍铬-镍铝	200~1200	1350	0.0410
铂-铂铑合金	0~1450	1700	0.0064

[a] 表中几种合金的化学成分为:

康铜(Constantan)—Cu 60%, Ni 40%;

镍铬合金(Chromel)—Ni 90%, Cr 10%;

镍铝合金(Alumel)—Ni 95%, Al 2%, Si 1%, Mg 2%;

铂铑合金 —Pt 90%, Rh 10%.

上述热电偶在不同温度下的热电势数值列于表 C.1-7 中.

表 C.1-7 热电偶在不同温度下的热电势

热端温度/℃	当冷端温度为 0℃ 时,热电偶的热电势/mV			
	铂-铂铑	镍铬-镍铝	铁-康铜	铜-康铜
0	0	0	0	0
100	0.64	4.10	5.40	4.28
200	1.42	8.13	10.99	9.29
300	2.31	12.21	16.56	14.86
400	3.24	16.39	22.07	20.87
500	4.21	20.64	27.58	

续表

热端温度/℃	当冷端温度为0℃时,热电偶的热电势/mV			
	铂-铂铑	镍铬-镍铝	铁-康铜	铜-康铜
600	5.22	24.90	33.27	
700	6.25	29.14	39.30	
800	7.32	33.29	45.72	
900	8.43	37.33	52.29	
1000	9.57	41.27	58.22	
1100	10.74	45.10		
1200	11.95	48.81		
1300	13.15	52.37		
1400	14.37			
1500	15.55			
1600	16.76			

这些热电偶可用相应的金属导线熔接而成.铜和康铜熔点较低,可蘸以松香或其他非腐蚀性的焊药在煤气焰中熔接.但其他的几种热电偶则需要在氧焰或电弧中熔接.焊接时,先将两根金属线末端的一小部分拧在一起,在煤气灯上加热至200～300℃,沾上硼砂粉末,然后让硼砂在两金属丝上熔成一硼砂球,以保护热电偶丝免受氧化,再利用氧焰或电弧使两金属熔接在一起.

应用时一般将热电偶的一个接点放在待测物体中(热端),而另一接点则放在储有冰水的保温瓶中(冷端),这样可以保持冷端的温度稳定,见图C.1-2(a).

有时为了使温差电势增大,增加测量精确度,可将几对热电偶串联成为热电堆使用,热电堆的温差电势,等于各对热电偶热电势之和.如图C.1-2(b).

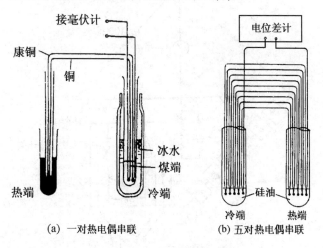

(a) 一对热电偶串联　　　　　　(b) 五对热电偶串联

图 C.1-2　热电偶连接方式

热电偶温度计包含两条焊接起来的不同金属的导线,在低温时两条线可以用绝缘漆隔离,在高温时,则要用石英管、磁管或玻璃管隔离,视使用温度不同而异.

温差电势可以用电位差计、毫伏计或数字电压表测量.精密的测量可使用灵敏检流计或电位差计.

五、铂电阻温度计

因为铂容易提纯,并且性能稳定,具有很高重复性的电阻温度系数,所以,铂电阻与专用精密电桥或电势计组成的铂电阻温度计有着极高的精确度.铂电阻温度计感温元件是由纯铂丝用双绕法绕成的线圈(以石英、瓷片、云母等为骨架),如图 C.1-3 所示.

在感温元件的铂丝线圈末端各接一小段较粗的铂丝,以免使铂丝线圈被玷污和产生帕耳帖热效应.靠近铂丝线圈的其他材料也应尽量避免对铂丝的玷污.然后将线圈每端各引出两

图 C.1-3 铂电阻温度计的感温元件

根导线(用金或银丝,最好用铂丝)通常用玻璃管将感温元件密封(若有特殊玻璃可到 630 ℃ 以上),其中充满干燥气体(作为热传导体),此气体中含有充分的氧以使氧化物杂质稳定.铂线圈在绕制前后均要小心退火,退火温度要比使用温度高几十度(比如,不低于 450 ℃),这可以消除大部分的晶体缺陷,并使铂丝中化学杂质状态稳定.如果操作时,由于机械震动,或者从 450 ℃ 以上温度快速冷却都可能引起缺陷的产生,这时可进一步退火消除.

用电桥法测定铂线圈电阻.图 C.1-4 示出 Mueller 型桥式铂电阻温度计略图.由图看出,温度计电阻 R_t 在桥 DB 臂上.对图 C.1-4 所示开和关位置,电阻有如下关系

$$R + R_E = R_t + R_F$$

$$R' + R_F = R_t + R_E$$

此处 R、R' 是电桥平衡时,精密电阻箱电阻;R_E 和 R_F 是相应导线 E、F 的电阻.显然,温度计线圈电阻 $R_t = (R + R')/2$.

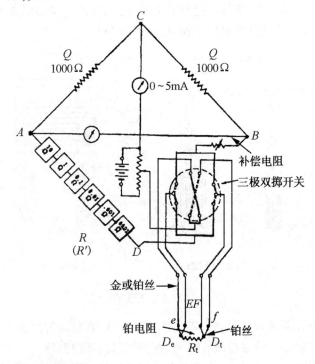

图 C.1-4 Mueller 型桥式铂电阻温度计略图

铂电阻温度系数,在 0 ℃时约为 $0.00392\,\Omega\cdot℃^{-1}$,在此温度下,对 $25.5\,\Omega$ 的线圈将增加约 $0.1\,\Omega\cdot℃^{-1}$.若使所测温度精确到 $\pm 0.001℃$ 以内,测得的 R_t 必须精确到 $\pm 10^{-4}\,\Omega$ 以内,这时用桥流 2 mA(每臂1 mA),具有内阻 25 Ω 的检流计则必须灵敏到 $0.0013\,\mu A$.随着桥电流增加,检流计偏转也增加,但也增加了温度计线圈的焦耳热,在此情况下,线圈每秒放出 $20\,\mu J$ 热.这项误差可以通过在不同桥流下测量加以校正;通常在 3 mA 和 5 mA 下测量,而后外推至 0 电流.

六、热敏电阻温度计

目前,常用的热敏电阻是由金属氧化物半导体材料制成的.随着温度的变化,热敏电阻器的电阻值会发生显著的变化,它是一个对温度变化极其敏感的元件.它对温度的灵敏度要比铂电阻、热电偶等感温元件高得多.它能直接将温度变化转换成电性能的变化(电阻、电压或电流的变化),测量电性能的变化便可测出温度的变化.

根据热敏电阻器的电阻-温度特性,可分为两类:(i) 具有正温度系数的热敏电阻器(简称 PTC);(ii) 具有负温度系数的热敏电阻器(简称 NTC).后者是在工作温度范围内,其电阻温度系数约在 $-(1\% \sim 6\%)\,K^{-1}$,它的电阻-温度关系为

$$R_T = Ae^{-B/T}$$

式中:R_T 为温度 T 时的热敏电阻阻值;A、B 是由热敏电阻器的材料、形状、大小和物理特性所决定的两个常数,即使是同一种类、同一阻值的热敏电阻,其 A、B 也不完全一样.

R_T 与 T 间并非线性关系,但当我们用它来测量较小的温度范围时,则近似为线性关系.实验证明其测温差的精度足可以和贝克曼温度计相比,而且还具有热容小、响应快、便于自动记录等优点.

热敏电阻器的基本构造为:a—用热敏材料制成的敏感元;b—引线;c—壳体.它可以做成各式各样的形状,图 C.1-5 所示的是珠形热敏电阻器示意图.

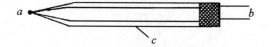

图 C.1-5 珠形热敏电阻器示意图

在实验中可将热敏电阻作为电桥的一个臂,其余的三个臂是纯电阻(见图 C.1-6).图中 R_2、R_3 为固定电阻,R_1 为可变电阻,R_T 为热敏电阻,E 为甲电池.当某温度下将电桥调平衡,则无电压讯号输给记录仪;当温度改变后,则电桥不平衡,将有电压讯号输给记录仪,记录仪的笔将移动.只要标定出记录仪的笔相应每℃时走纸格数,就很容易求得所测的温差.

实验时要特别注意防止热敏电阻器两条引线间漏电,否则将影响所测结果和记录仪的稳定性.

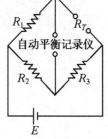

图 C.1-6 热敏电阻测温示意图

七、三相点瓶

因为水的三相点在热力学温标中被规定为 273.16 K,所以该定点尤为重要.国际上推荐用三相点瓶的方法,其装置参见图C.1-7.其外径大约

图 C.1-7
三相点瓶

7.5 cm,全长40 cm,中间是装待校温度计(如铂电阻温度计)的阱,孔的大小应使温度计能装下.如果自己吹制,瓶的内壁需经洗液彻底清洗后,用蒸馏水冲净,再用水蒸气清洗,直到凝结的水沿壁呈持续的膜流下为止.将管抽空,注入适量的蒸馏水(此蒸馏水事先应尽可能除去其中所溶解的气体),将上面侧管封住.

　　使用时,将瓶放到由碎冰和蒸馏水组成的冰水浴中冷却,用干冰粉填塞温度计阱,以使阱周围形成清晰的冰罩.当罩厚约 0.5 cm 时,除去干冰,在阱内放个温热的管,刚好使冰罩能自由转动(当将三相点瓶绕纵轴急转时,冰罩将绕阱壁旋转),贴近阱壁有一薄层液体.这个"内熔化"又使得蒸馏水再次净化.因为当水凝结成冰罩时,杂质远离阱壁;当冰罩部分熔解时,贴阱壁的水特别纯.此时,内部的冰罩、水层和水蒸气在瓶的上部达到平衡.为使瓶壁和阱间有很好的热接触,更好地校正温度计,在阱内注入冰水.温度计事前也应在冰水浴中预先恒温.在制备后的初期,温度计阱中的温度可能不稳定,而 1~3 天后便趋于稳定了.三相点瓶应防止受到辐射.如果把瓶保存在冰水槽内,则温度可以恒定到$\approx$0.1 mK,达数月之久.

参 考 资 料

1. 国家技术监督局计量司编. 1990 年国际温标宣贯手册,北京:中国计量出版社(1990)

2. 国际温度咨询委员会编,凌善康译. 1990 年国际温标补充资料,北京:中国计量出版社(1992)

3. 国际温度咨询委员会编;凌善康,陈小林译. '90 国际温标近似技术,北京:中国计量出版社(1993)

4. 复旦大学等编.物理化学实验,北京:高等教育出版社(1993)

5. [美] 戴维·P·休梅尔,卡尔·W·加兰,杰弗里·I·斯坦菲尔德,约瑟夫·W·尼布勒著;俞鼎琼,廖代伟译. 物理化学实验(第 4 版),北京:化学工业出版社(1990)

6. 李健美,李利民编著.法定计量单位在基础化学中的应用,北京:中国计量出版社(1993)

7. 周作元,李荣光.温度与流体参数测量基础,北京:清华大学出版社(1986)

C.2 气 压 计

气压计的式样很多,一般实验室最常用的是福丁(Fortin)式和固定杯式.

一、福丁式

福丁式气压计形状如图 C.2-1,右边部分是底部放大图.

(一) 构造

气压计的外部是一黄铜管,管的顶端是悬环.内部是装有水银的玻璃管,密封的一头向上,玻璃管上部是真空,玻璃管下端插在水银槽 C 内.在 B 部分用一块羚羊皮紧紧包住(皮的外缘联在棕榈木的套管上),经过棕榈木的套管固定在槽盖上,空气可以从皮孔出入,而水银不会溢出.黄铜管外的上部刻有标尺并开有长方形小窗,用来观看水银柱的高低,窗前有一游标 G,转动螺旋 F 可使 G 上下移动.水银槽底部是一羚羊皮囊,下端由螺旋 Q 支持,转动 Q 可调节槽内水银面的高低;水银槽的上部是玻璃壁 R,顶盖上有一倒置的象牙针,针尖是标尺的零点.

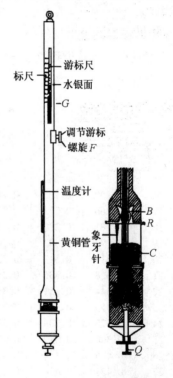

图 C.2-1　福丁式气压计图

(二) 使用方法

气压计必须垂直悬挂(实验室已固定好,使用时不必再调).使用时先旋转底部螺旋 Q,升高水银面,使水银面与象牙尖端恰好接触,稍等几秒钟,待象牙尖与水银的接触情形无变动时,开始作下一步.

转动调节游标螺旋 F 使 G 升起比水银面稍高,然后慢慢落下,直到游标底边与游标后边金属片的底边同时和水银柱凸面顶端相切(注意在读数时眼的位置应与水银面在同一平面上),按照游标下缘零线所对标尺上的刻度,读出气压的整数部分;小数部分用游标来决定,从游标上找出一根与标尺上某一刻度相吻合的刻度线,它的刻度就是最后一位小数的读数.记录四位有效数字.同时记下气压计的温度以及气压计的仪器误差,然后进行其他校正.

注意　在旋转 Q 使槽内水银上升时,水银柱凸面格外突出,下降时凸面突出少些.两种情形都要影响读数的正确性.所以在调节螺旋 Q 时要轻轻弹一下黄铜外管的上部,使水银柱的凸面正常.

在物理学,或标准大气参数中规定,在纬度为 45° 海平面处,当温度为 0 ℃ 时,重力加速度为 $9.80665\ \mathrm{m \cdot s^{-2}}$,水银密度为 $13595.1\ \mathrm{kg \cdot m^{-3}}$ 时,760 mmHg 所产生的压力为101325 Pa,此

压力习惯上称为 1 标准大气压(或物理大气压).因此,从气压计上直接读出的数值必须经过仪器误差、温度、海拔高度、纬度等的校正后,才能得到正确的数值.

1. 仪器误差

由于仪器本身的不精确而造成读数上的误差称为"仪器误差".仪器出厂时都附有仪器误差的校正卡片,气压的观测值应首先加以此项校正.

2. 温度校正

温度改变,水银密度改变,会影响读数.同时管本身的热胀冷缩,也要影响刻度.由于水银柱胀缩数值较铜管刻度的胀缩数值大,所以温度高于 0℃,气压值应减去温度的校正值;反之,温度低于 0℃时要加上温度的校正值.

一般的铜管是黄铜作的,气压计的温度校正值可用下式表示

$$p_0 = \frac{1+\beta t}{1+\omega t}p = p - p\frac{\omega t - \beta t}{1+\omega t}$$

式中:p 为气压计读数;p_0 为将读数校正到 0℃后的数值;t 为气压计的温度(℃);$\omega = 0.0001818$,水银在 0~35℃之间的平均体膨胀系数;$\beta = 0.0000184$,黄铜的线膨胀系数.

根据此式计算得到的 $p\frac{\omega - \beta}{1+\omega t}t$ 值列于表 C.2-1 中(若室温低于 15℃ 或高于 34℃,则请按公式计算出修正值).

表 C.2-1 大气压力计读数的温度校正值

t/℃	压力观测值 p/kPa					压力观测值 p/mmHg				
	96	98	100	101.325	103	740	750	760	770	780
15	0.235	0.240	0.244	0.248	0.252	1.81	1.83	1.86	1.88	1.91
16	0.250	0.255	0.261	0.264	0.268	1.93	1.96	1.98	2.01	2.03
17	0.266	0.271	0.277	0.281	0.285	2.05	2.08	2.10	2.13	2.16
18	0.281	0.287	0.293	0.297	0.302	2.17	2.20	2.23	2.26	2.29
19	0.297	0.303	0.309	0.313	0.319	2.29	2.32	2.35	2.38	2.41
20	0.313	0.319	0.326	0.330	0.335	2.41	2.44	2.47	2.51	2.54
21	0.328	0.335	0.342	0.346	0.352	2.53	2.56	2.60	2.63	2.67
22	0.344	0.351	0.358	0.363	0.369	2.65	2.69	2.72	2.76	2.79
23	0.359	0.367	0.374	0.379	0.385	2.77	2.81	2.84	2.88	2.92
24	0.375	0.383	0.390	0.396	0.402	2.89	2.93	2.97	3.01	3.05
25	0.390	0.399	0.407	0.412	0.419	3.01	3.05	3.09	3.13	3.17
26	0.406	0.414	0.423	0.428	0.436	3.13	3.17	3.21	3.26	3.30
27	0.421	0.430	0.439	0.445	0.452	3.25	3.29	3.34	3.38	3.42
28	0.437	0.446	0.455	0.461	0.469	3.37	3.41	3.46	3.51	3.55
29	0.453	0.462	0.471	0.478	0.486	3.49	3.54	3.58	3.63	3.68
30	0.468	0.478	0.488	0.494	0.502	3.61	3.66	3.71	3.75	3.80
31	0.484	0.494	0.504	0.510	0.519	3.73	3.78	3.83	3.88	3.93
32	0.499	0.510	0.520	0.527	0.526	3.85	3.90	3.95	4.00	4.06
33	0.515	0.525	0.536	0.543	0.552	3.97	4.02	4.07	4.13	4.18
34	0.530	0.541	0.552	0.560	0.569	4.09	4.14	4.20	4.25	4.31

3. 重力校正

重力加速度随海拔高度 H 和纬度 i 而改变,即气压计的读数受 H 和 i 的影响.经温度校正后的数值再乘以 $(1 - 2.6\times10^{-3}\cos 2i - 3.1\times10^{-7}H)$,或从下面相应表中作纬度和海拔高

度校正.

表 C.2-2　换算到纬度 45°时的大气压力校正值[a]

纬度 i		压力观测值 p_i/kPa					压力观测值 p_i/mmHg			
		96	98	100	101.325	103	720	740	760	780
25	65	0.164	0.168	0.171	0.173	0.176	1.23	1.27	1.30	1.33
26	64	0.157	0.160	0.164	0.166	0.169	1.18	1.21	1.24	1.28
27	63	0.150	0.153	0.156	0.158	0.161	1.13	1.16	1.19	1.22
28	62	0.143	0.146	0.149	0.151	0.153	1.07	1.10	1.13	1.16
29	61	0.135	0.138	0.141	0.143	0.145	1.01	1.04	1.07	1.10
30	60	0.128	0.130	0.133	0.135	0.137	0.96	0.98	1.01	1.04
31	59	0.120	0.122	0.125	0.127	0.129	0.90	0.92	0.95	0.97
32	58	0.112	0.114	0.117	0.118	0.120	0.84	0.86	0.89	0.91
33	57	0.104	0.106	0.108	0.110	0.111	0.78	0.80	0.82	0.84
34	56	0.096	0.098	0.100	0.101	0.103	0.72	0.74	0.76	0.78
35	55	0.087	0.089	0.091	0.092	0.094	0.66	0.67	0.69	0.71
36	54	0.079	0.081	0.082	0.083	0.085	0.59	0.61	0.62	0.64
37	53	0.070	0.072	0.073	0.074	0.076	0.53	0.54	0.56	0.57
38	52	0.062	0.063	0.064	0.065	0.066	0.46	0.48	0.49	0.50
39	51	0.053	0.054	0.055	0.056	0.057	0.40	0.41	0.42	0.43
40	50	0.044	0.045	0.046	0.047	0.048	0.33	0.34	0.35	0.36
41	49	0.036	0.036	0.037	0.038	0.038	0.27	0.27	0.28	0.29
42	48	0.027	0.027	0.028	0.028	0.029	0.20	0.21	0.21	0.22
43	47	0.018	0.018	0.019	0.019	0.019	0.13	0.14	0.14	0.14
44	46	0.009	0.009	0.009	0.009	0.010	0.07	0.07	0.07	0.07

[a] 纬度高于45°的地方应加上校正值;低于45°的地方,则应减去校正值.注意单位.

表 C.2-3　测量点海拔高度换算到海平面的大气压校正值

海拔高度 H/m	压力观测值 p_H/kPa					压力观测值 p_H/mmHg				
	70	80	90	100	101.325	550	600	650	700	760
100				0.003	0.003					0.02
200				0.006	0.006				0.04	0.05
400				0.012	0.013				0.09	0.09
600			0.017	0.019	0.019			0.12	0.13	0.14
800			0.022	0.025	0.025			0.16	0.17	0.19
1000				0.028	0.031				0.20	0.22
1200		0.030	0.033	0.037			0.22	0.24	0.26	
1400		0.035	0.039			0.24	0.26	0.28	0.30	
1600		0.040	0.044			0.27	0.30	0.32	0.35	
1800		0.044	0.050			0.31	0.33	0.36		
2000	0.043	0.049	0.056			0.34	0.37	0.40		
2200	0.048	0.054				0.37	0.41	0.44		
2400	0.052	0.059				0.41	0.44	0.48		
2600	0.056	0.064				0.44	0.48			
2800	0.060	0.069				0.48	0.52			
3000	0.065					0.51				
3200	0.069					0.54				

4．其他校正项

如水银蒸气压的校正、毛细管效应的校正等,因引起的误差较小,一般可不考虑．

二、固定杯式

固定杯式气压计和福丁式气压计大同小异,水银装在体积固定的杯中,读气压数值时,只需读玻璃管中水银柱的高低位置,而不要调节杯中的水银面．当气压变动时,杯内水银面的升降已计入气压计的标度,由铜管上刻度的长度来补偿．气压计所用的玻璃管和水银杯内径均经严格控制,并与铜管上的刻度标尺配合．故所得气压读数的精确度并不低于福丁式．至于仪器误差、温度、海拔高度、纬度等的校正,则与上述福丁式的相同．

使用时先旋转调节游标螺旋,使游标尺下边缘水平地与水银柱凸顶相切,调节时游标尺最好由上而下降到水银柱面．读数时眼睛应和水银柱凸顶同一高度,从游标尺下边缘即可读出水银柱的高度．调节游标前可用手指轻轻弹击气压计上端,以减小毛细管效应和吸附所引起的误差．

近年来,数字式气压计由于使用方便、稳定可靠、没有污染,正在得到越来越广泛的应用．

参 考 资 料

1. 许昌第.压力计量测试,北京:中国计量出版社(1988)

C.3 真 空 技 术

真空是指压力小于100.0 kPa(1标准大气压)的气态空间.真空状态下气体的稀薄程度常以压强值 Pa(帕)表示,习惯上称做真空度.不同的真空状态意味着该空间具有不同的分子密度,比如标准状态下,每立方厘米气态物质有 2.687×10^{19} 个分子;若真空度为 10^{-13} Pa 时,则每立方厘米约有 30 个分子.不同的真空状态,提供了不同的应用环境.

根据真空的应用、真空的物理特点、常用的真空泵以及真空规的使用范围等,表 C.3-1 将真空区域划分为 5 种.

表 C.3-1　真空度区域的划分

真空区域分类	压力范围[a]	
	p/Pa	p/mmHg
粗真空	$10^5 \sim 10^3$	$760 \sim 10$
低真空	$10^3 \sim 10^{-1}$	$10 \sim 10^{-3}$
高真空	$10^{-1} \sim 10^{-6}$	$10^{-3} \sim 10^{-8}$
超高真空	$10^{-6} \sim 10^{-12}$	$10^{-8} \sim 10^{-14}$
极高真空	10^{-12}	10^{-14}

[a]　1 mmHg = 1 Torr(毛) = 133.322 Pa.

在国内外,划分真空区域的习惯和方法很多.比如,还可以根据气体分子彼此碰撞、气体分子和器壁碰撞的情况,按气体分子平均自由程 $\bar{l}$ 与容器的直径 d 相比较来划分(见表 C.3-2):

表 C.3-2　真空度的划分标准

真空度	低真空	中等真空	高真空
划分标准	$\dfrac{\bar{l}}{d} < 1$	$\dfrac{\bar{l}}{d} \approx 1$	$\dfrac{\bar{l}}{d} > 1$

真空技术,一般包括真空的获得、测量、检漏,以及系统的设计与计算等.它早已发展成为一门独立的科学技术,广泛应用于科学研究,工业生产的各个领域中,以达到各种特定的目的.

一、真空的获得

为了获得真空,就必须设法将气体分子从容器中抽出.凡是能从容器中抽出气体、使气体压力降低的装置,均可称为真空泵.如水流泵、机械真空泵、油泵、扩散泵、吸附泵、钛泵、冷凝泵等等.它们应用的范围一般为:水流泵($101 \sim 2$ kPa, $760 \sim 20$ Torr),油泵($101 \sim 1$ Pa, $760 \sim 10^{-3}$ Torr),油扩散泵($0.1 \sim 10^{-4}$ Pa, $10^{-3} \sim 10^{-6}$ Torr),钛泵($1 \sim 10^{-8}$ Pa, $10^{-2} \sim 10^{-10}$ Torr),分子筛吸附泵($101 \sim 10^{-3}$ kPa, $760 \sim 10^{-2}$ Torr),冷凝泵($0.1 \sim 10^{-8}$ Pa, $10^{-3} \sim 10^{-10}$ Torr).一般实验室用得最多的是水流泵、油封机械真空泵和扩散泵.

(一) 水流泵

水流泵应用的是柏努利(Bernoulli)原理,水经过收缩的喷口以高速喷出,其周围区域的压力较低,由系统中进入的气体分子便被高速喷出的水流带走.水流泵的构造如图 C.3-1 所示.水流泵所能达到的极限真空度受水本身的蒸气压限制.水流泵在 15℃时的极限真空度为 1.71 kPa (12.8 Torr),20℃时为 2.34 kPa(17.5 Torr),25℃时为 3.17 kPa(23.8 Torr).尽管其效率较低,但由于简便,实验室中在抽滤或其他粗真空度要求时却经常使用.

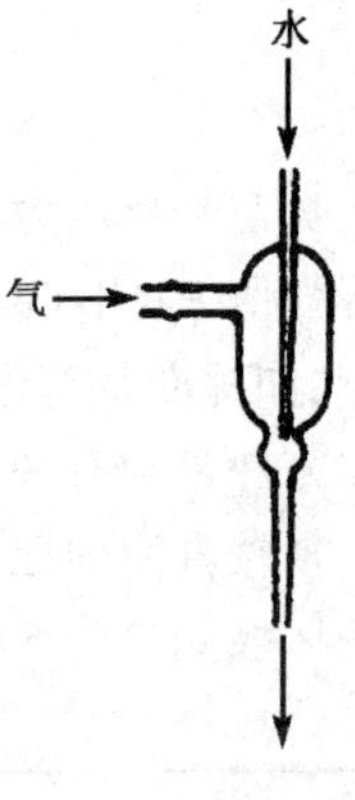

(二) 油封机械真空泵

1. 工作原理

图 C.3-2 示出单级旋片式真空泵工作原理.这种泵有一个青铜或钢制的圆筒形定子,定子里面有一个偏心的钢制实心圆柱作为转子.转子以自己的中心轴旋转.二个小翼 S 及 S' 横嵌在转子圆柱体的直径上,被夹在它们中间的一根弹簧所压紧.因此 S 及 S' 将转子和定子之间的空间分隔成三部分.在图 C.3-2(a)的位置时,空气由待抽空的容器经过管子 C 进入空间 A,当 S 随转子转动而离开时(b),区域 A 增大,气体经过 C 而被吸入.当转子继续运动时(c),S' 将空间 A 与管 C 隔断,此后 S' 又开始将空间 A 内的气体经过活门口而向外排出(d).转子的不断转动使这些过程不断重复,因而达到抽气的目的.

水

气

图 C.3-1　水流泵

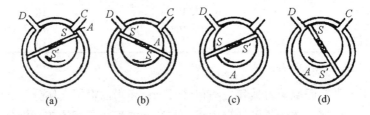

(a)　　　(b)　　　(c)　　　(d)

图 C.3-2　旋片式真空泵工作原理

整个机件放置于盛油的箱中,箱中所盛的油是精制的真空泵油,这种油具有很低的蒸气压.机件浸没于油中,以油为润滑剂,同时有密封和冷却机件的作用.

这种普通转动泵,对于抽去永久性气体是很好的,但如果要抽走水汽或其他可凝性蒸气,则将产生很大的困难.原因是在泵转动时,泵内将产生很大的压缩比率,为了要得到较高的抽速和较好的极限真空,这种压缩比将达到数百比一.在这种情况下蒸气将大部分被压缩为液体,然后混入油内.这种液体无法从泵内逸出,结果变成很多微小的颗粒随着机油在泵内循环.

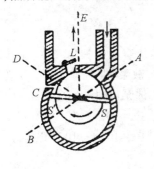

图 C.3-3　气镇真空泵

蒸发到真空系统内去,大大降低了泵在纯油时能达到的抽空性能,使极限真空变坏,而且还破坏了油在泵内固有的密封性能和润滑效果.这种蒸气还会使泵的内壁生锈.

为了解决上述问题,一般是采取气镇式真空泵.气镇式真空泵是在普通转动泵的定子上适当的地方开一个小孔,目的是使大气在转子转动至某个位置时抽入部分空气,使空气-蒸气的压缩比率变成 10:1 以下.这样就使大部分蒸气并不凝结而被驱出,其作用原理可参看图 C.3-3.在翼 S 由位置 A 到位置 B 间,抽气作用产生.如同普通转动泵一样,当 S 到达 B 时,S' 在 A 的位置,于是 S 以下的部分和抽气口隔绝.在 S 从 B 转到 C 时,

S—S'下部的、隔离的气体体积没有什么变化,未被压缩.而 S—S'上部的气体在 C 到 E 间,

普通转动泵(不放入气体)将产生 700:1 的压缩比;对气镇泵而言,当压缩开始时($C{\to}E$),空气通过进口 C 放入,压缩比就下降到 10:1 以下.在位置 E 时被压缩气体的压力超过 1 个大气压,活盖 L 被顶开,在 S 继续转过去时,空气-蒸气的混合物就从排气口被挤出.

2. 使用中应注意的问题

根据油泵的构造和特征,在使用时必须注意:

(1) 油泵不能用来直接抽出可凝性的蒸气,如水蒸气、挥发性液体(例如乙醚和苯)等.如果在应用到这些场合时,必须在油泵的进气口前接吸收塔或冷阱.例如,用氯化钙或五氧化二磷吸收水汽,用石蜡油或吸收油吸收烃蒸气,用活性炭或硅胶吸收其他蒸气.常用的玻璃冷阱的构造如图 C.3-4 所示.冷阱用的制冷剂通常为固体二氧化碳(干冰,$-78\,℃$)及液体氮气($-196\,℃$).

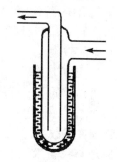

图 C.3-4　冷阱

(2) 油泵不能用来抽含有腐蚀性物质的气体,例如:氯化氢、氯或氧化氮等.因为这些气体将迅速侵蚀油泵中精密机件的表面,使真空泵不能正常工作.若真空泵使用于这类场合时,这些气体应当首先经过固体苛性钠吸收塔.

(3) 油泵由电动机带动,使用时应先注意马达的电压.运转时电动机的温度不能超过规定温度(一般为 $65\,℃$).在正常运转时,不应当有摩擦、金属撞击等异声.对三相电机还要注意起动时的运转方向.

(4) 停止油泵运转前,应使泵与大气相通,以免泵油冲入系统.为此,在连接系统装置时,应当在油泵的进口处连接一个通大气的玻璃活塞.

3. 油泵的种类

目前,国产油泵分定片式、旋片式和滑阀式三种.

(1) 定片式真空泵抽速较小,但结构简单容易检修.

(2) 旋片式真空泵已有定型系列产品(2X 型,2XQ 型)可以单独使用,也可以作为前级泵."2X,2"表示双级泵,"X"表示旋片式,在 2X 后的数字表示泵的抽气速率($\mathrm{dm^3 \cdot s^{-1}}$)."2XQ"表示双级旋片式气镇真空泵系列.

(3) 滑阀式真空泵(2H 系列),多数用做前级泵.

(三) 扩散泵

扩散泵是获得高真空的重要设备.按泵的工作介质可分为:(i)汞扩散泵和(ii)油扩散泵.

1. 汞扩散泵

玻璃做的汞扩散泵原理如图 C.3-5 所示.汞受热沸腾(约 $185\,℃$),其蒸气分子在喷口 A 处形成高速气流,待抽的气体分子经入口 B 扩散到高速汞蒸气流中并被带到下面去.待抽气体在下方逐步浓集,但由于与汞分子碰撞,重新由 B 扩散回去的机会很小.汞蒸气经冷凝回到釜中,再重新气化.而被带到下方的待抽气体分子经 C 由前级泵抽走.

由于汞蒸气压较高($\approx 0.2\,\mathrm{Pa}$),因此,在扩

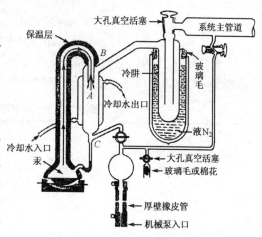

图 C.3-5　单级汞扩散泵示意图

213

散泵与待抽真空部分之间要有一个冷阱(用干冰加三氯乙烯, −79℃;或液氮, −196℃)捕集汞蒸气.由于扩散泵排气口压力较低,并且为减少泵油氧化,因此需要由前级泵(如油封机械真空泵)将系统压力抽到 1.3 Pa,开冷凝水后才能开扩散泵.

为了提高抽气速度,实际上所用的扩散泵是将一个喷口改为并列的几个喷口;为提高泵的极限真空度,将上述的一级喷口改成互相串接的几级喷口.汞蒸气有剧毒,使用汞扩散泵要极小心,并应有安全防护措施.如为玻璃汞扩散泵,泵外应缠以石棉绳,防止泵的破裂.

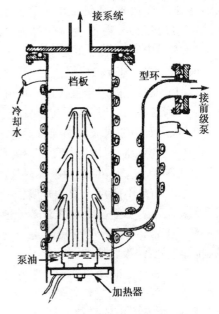

图 C.3-6　金属油扩散泵

2. 油扩散泵

用具有低蒸气压的油类(如硅油,常温下其蒸气压为 $10^{-6} \sim 10^{-8}$ Pa)作为扩散泵的工作介质的扩散泵称为油扩散泵.图 C.3-6 示出金属三级油扩散泵,其原理与汞扩散泵一样.由于油分子比汞分子的分子质量大,分子体积也大,因而泵的具体结构上也有所不同.油扩散泵的抽速大,抽速范围宽 $[n(1 \sim 10^4)$ dm$^3 \cdot$ s$^{-1}]$,其较好的工作压强范围为 $10^{-2} \sim 10^{-4}$ Pa.

但油扩散泵的油若受到过度加热会裂解,使其蒸气压增高;且油易为空气氧化;有时油还容易污染系统.使用油扩散泵时,应控制加热温度,不宜过高,以延长泵油的使用寿命.

二、真空的测量

习惯用的真空测量单位是毛(Torr),在 0℃、标准重力加速度(9.80665 m·s^{-2})下

$$1 \text{ Torr} = \frac{1}{760} \text{atm}$$

即 1 Torr 等于 1 mmHg 柱作用于单位面积上的力.

压力的 SI 单位是帕[斯卡](Pa)

$$1 \text{ Pa} = 1 \text{ N} \cdot \text{m}^{-2} = 7.5006 \times 10^{-3} \text{ Torr}$$

$$1 \text{ atm} = 101325 \text{ Pa} \approx 100 \text{ kPa}$$

测量低压下气体压强的仪器通常称为真空规.表 C.3-3 中列出一些常用的真空规及其应用范围.本文简要介绍一下麦氏规、热偶规和电离规.

表 C.3-3　一些常用的真空规及其应用范围

真空规	压力范围/Pa
U 型汞压力计	$1 \times 10^2 \sim 1 \times 10^5$
油压力计	$4 \sim 1 \times 10^3$
热偶规	$0.1 \sim 10$
麦氏规	$10^{-3} \sim 10$
电离规	$10^{-6} \sim 0.1$
B-A(Bayara-Alpert)规	$10^{-9} \sim 10^{-5}$
磁控规	$10^{-10} \sim 0.1$

(一) 真空规的种类

1. 麦氏真空规

麦氏真空规在真空实验室中应用颇广,根据玻义耳定律,它能直接测量系统内压强值.其他类型的真空规都需要用它来进行校准.它的构造如图 C.3-7(a)所示,麦氏规通过活塞 A 和真空系统相连.玻璃球 G 上端接有内径均匀的封口毛细管C(称为测量毛细管),自 F 处以上,球 G 的容积(包括毛细管 C),经准确测定为 V,D 称为比较毛细管且和 C 管平行,内径也相等,用以消除毛细作用影响,减少汞面读数误差.B 是三通活塞,可控制汞面之升降.

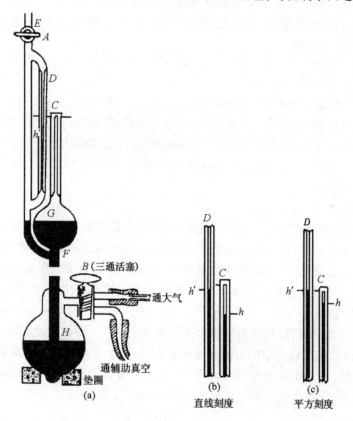

图 C.3-7 麦氏规

测量系统的真空度时,利用活塞 B 使汞面降至 F 点以下,使 G 球与系统相通,压力达平衡后,再通过 B 缓慢地使汞面上升.当汞面升到 F 位置时,水银将球 G 和系统刚好隔开,G 球内气体体积为 V,压力为 p(即为系统的真空度).使汞面继续上升,汞将进入测量毛细管和比较毛细管.G 球内气体被压缩到 C 管中,其体积

$$V' = \frac{1}{4}\pi d^2 h$$

(d 为 C 管内径,已准确测知).C、D 两管中气体压力不同,因而产生汞面高度差为($h - h'$),见图 C.3-7(b)、(c).根据玻义耳定律,则

$$pV = (p + h - h')V'$$

215

$$p = \frac{V'}{V - V'}(h - h') \approx \frac{V'}{V}(h - h') \tag{1}$$

由于 V'、V 已知,h、h' 可测出,根据上式可算出体系真空度 p,如果将压强值标在麦氏真空规上,则可直接读出压强值.一般有两种刻度方法.

如果在测量时,每次都使测量毛细管中的水银面停留在一个固定位置 h 处,见图 C.3-7 (b),则

$$p = \frac{\pi d^2}{4V}h(h - h') = c'(h - h') \tag{2}$$

按 p 与 $(h - h')$ 成直线关系来刻度的,称为直线刻度法.

如果测量时,每次都使比较毛细管中水银面上升到与测量毛细管顶端一样高,见图 C.3-7(c),即 $h' = 0$,则

$$p = \frac{\pi d^2}{4V}hh = c'h^2 \tag{3}$$

按压强 p 与 h^2 成正比来刻度的,称为平方刻度法.一般地说,平方刻度法较好.

由上述方程可以看出,理论上只要改变 G 球的体积和毛细管的直径,就可以制造出测量不同压强范围的麦氏真空规.但实际上,当 $d < 0.08\,\mathrm{mm}$ 时,水银柱升降会出现中断;而汞比重大,G 球又不能作得过大,否则玻璃球易破裂.所以其测量范围受到限制.还应注意,麦氏规不能测量经压缩发生凝结的气体.

2. 热偶真空规

热偶规管由加热丝和热偶丝组成,见图 C.3-8.热电偶丝的热电势由加热丝的温度决定.热偶规管和真空系统相连,如果维持加热丝电流恒定,则热偶丝的热电势将由其周围的气体压强决定.因为,当压强降低时,气体的导热率减小,而当压强低于某一定值时,气体导热系数与压强成正比.从而,可以找出热电势和压强的关系,直接读出真空度值.

3. 电离真空规

电离规管是一支三极管,其收集极相对于阴极为负 30 V,而栅极上具有正电压 220 V(见图 C.3-9).如果设法使阴极发射的电流以及栅压稳定,阴极发射的电子在栅极作用下,高速运动与气体分子碰撞,使气体分子电离成离子.正离子将被带负电势的收集极吸收而形成离子流.所形成的离子流与电离规管中气体分子的浓度成正比,即

$$I_+ = KpI_e$$

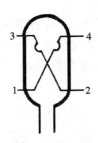

图 C.3-8 热偶规管

1,2—加热丝　3,4—热电偶丝

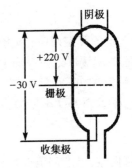

图 C.3-9 电离规管

式中：I_+ 为离子流强度(A)；I_e 为规管工作时的发射电流；p 为规管内空气压强(Pa)；K 为规管灵敏度，它与规管几何尺寸及各电极的工作电势有关，在一定压强范围内，可视为常数. 因此，从离子电流大小，即可知相应的气体压强.

上述两种规管一般都配合使用，将它们封接在系统中，使管子垂直向上(管座向下). $10 \sim 0.1$ Pa 时用热偶规，系统压强小于 0.1 Pa 时才能使用电离规，否则将烧毁电离规管.

(二) 复合真空计

1. 构成

FZH-2 型复合真空计采取晶体管、电子管线路，由热偶规和电离规复合而成，仪器的刻度是按干燥空气为标准定的，如测量其他气体，读数需修正.

2. 使用方法

首先检查连接热偶规管、电离规管和仪器的电缆插头是否插对，插错将烧毁规管.

(1) 热偶规使用方法

接通电源预热 10 min，将 K_6 放在加热位置(见图 C.3-10)，旋电流调节钮使加热电流为启封电流值[①]，将 K_6 拨在测量位置，读取压强值. 如果有两个热偶规管，将开关 K_6 放在加热(1)或(2)，分别对管 1 或管 2 测量.

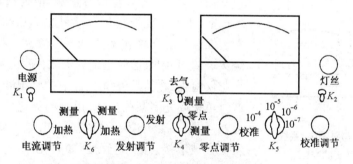

图 C.3-10 FZH-2 型复合真空计面板图

(2) 电离规的使用方法(见表 C.3-4①~⑦)

表 C.3-4 电离规的使用方法

① 将 K_6 放在断的位置.

② 接通电源预热 10 min，把 K_4 放在发射位置，K_3 放在测量位置，接通规管灯丝(K_2)，旋发射调节旋钮，使发射电流值为 5 mA(表上刻有红线).

③ 把 K_4 放在零点位置，旋零点调节旋钮，使电表指零.

④ 把 K_5 放在校准位置上，K_4 放在测量，旋校准调节旋钮，使电表指针在满刻度 10 处.

⑤ 把 K_5 拨到 10^{-4}，10^{-5} 即可测量系统的真空度.

---

① 热偶规管开封前其真空度为 $10^{-2} \sim 10^{-3}$ Pa. 在将其开封接到真空系统之前，将未开封的热偶规管与复合真空计仪器相连接，使规管垂直向上(管座向下). 接通电源开关，K_6 放在测量位置，旋电流调节钮使电表满刻度，持续 3 min. 将 K_6 放在加热位置，从电表第三行刻度读取加热电流值. 反复测定三次，此电流值即为以后该热偶规管工作时的电流，常称做启封电流.

⑥ K_3 一般放在测量位置,在电离规管需要去气时,可以按步骤②把发射电流调节为 5 mA,然后将 K_3 放在"去气"位置,此时 K_4 放在零点位置即可.在真空度低于 0.01 Pa 时,不可以进行去气.一般去气时间不宜过长,约 10~15 min 左右.在去气时,电离规管栅极较为红热.

⑦ 当真空度低于 0.1 Pa 时不能接通电离规管.电离规管暂时不用时只需断开 K_2 即可.

在压力测量中还应注意所谓的热流逸现象,即当被测量容器与真空计温度不同(特别是相连的管很细时)会发生较大的测量误差.

三、真空系统的检漏

新安装的真空装置在使用前,应检查系统是否漏气.检漏的仪器和方法很多,如火花法,热偶规法,电离规法,荧光法,质谱仪法,磁谱仪法等等,分别适用于不同漏气情况.

可以用泵将系统抽一段时间后关闭泵通向系统的活塞,然后观测系统内压强随时间的变化情况(图 C.3-11).

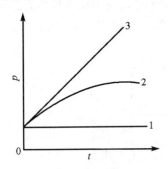

图 C.3-11 与泵隔绝,系统压力随时间的变化

1—系统不漏气
2—系统内有蒸气源
3—有大气漏入

对玻璃真空装置,探测有无漏洞,使用高频火花真空测定仪较为方便.启动机械泵,数分钟即可将系统抽至 10~1 Pa.然后,将火花调整正常,使放电簧对准真空系统玻璃壁(千万不要指向人,不要指向金属和玻璃活塞),可以看到红色的辉光放电.注意火花不要在一处停留过久,以防烧穿玻璃.关闭泵通向系统的活塞,等 10 min 后,再用高频火花仪检查,看其是否和 10 min 前情况相同,否则是漏气.这时可采取关闭某些活塞,用高频火花仪对系统逐段仔细检查.如果某处有明亮的光点存在,该处就有沙孔.一般易发生在玻璃接合处、弯管处.如果孔洞小,可以用阿皮松真空泥涂封.若孔洞过大,则需要重新焊接.

当系统维持在低真空后,开启扩散泵,待泵工作正常后,用高频火花检查系统.若玻璃管壁呈淡蓝色荧光,而系统内没有辉光放电,表示真空度已优于 0.1 Pa,否则系统还有微小漏洞,应查出堵上.

若漏气,但又找不到漏洞,则多发生在活塞处.活塞需重新涂真空脂或换接活塞.

四、泵的选择

真空系统一般包括:(i)真空产生,(ii)真空测量和(iii)真空使用三部分,三部分之间通过一根或多根导管、活塞等连接起来.根据所需要的真空度和抽气时间来综合考虑选配泵,确定管路和选择真空材料.下面只是定性地、粗略地就如何选泵加以介绍,有关真空技术详细材料请查阅有关专著.

(一) 主要参数

1. 极限压强

是指真空泵可以达到的最低压强.此压强是剩余气体(器壁吸附的气体及溶解于工作介质

的气体在低压时放出),漏入的空气和工作介质蒸气压的总和.

2. 最大排气压强

指泵的排气管出口最大压强值,与泵的结构和作用原理有关.机械真空泵最大排气压强略高于大气压,而扩散泵的最大排气压强却要低得多.

3. 抽气速率

指在恒定温度下,单位时间内通过真空泵进气管截面的气体体积.设 S 表示抽气速率,其值为

$$S = \frac{Q}{p} \tag{4}$$

式中:Q 为单位时间内真空泵向空气中排出的气体量,真空技术中,气体量常用 L·Pa 为单位表示;p 为泵的进气口处压强.如果已知两个量,利用(4)式可以粗略估算第三个量.一般泵的抽速是指泵进气口处压强为100 kPa 时的抽气速率.而真空泵的抽气速率和进气压力有关(见图 C.3-12),近似为

$$S = S^* \left(1 - \frac{p^*}{p} \right) \tag{5}$$

式中:p^* 为泵的极限压力,p 为泵进气口处压强,S^* 称固有泵速.可用固定压力或固定体积的方法求出 S^*,而后由(5)式求出 S.

由于管道、冷阱、活塞、缩孔等对气流都有阻力,因而真空系统泵的有效抽气速率要小于泵空载时抽气速率.

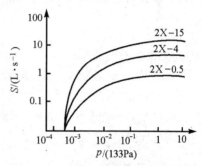

图 C.3-12 不同型号泵抽速曲线

4. 流阻和流导

管道对气流的阻力,常称做流阻.以 W 代表流阻,则

$$W = \frac{\Delta p}{Q} \tag{6}$$

式中:Q 为单位时间内通过管道截面的气体量,以 L·Pa·s^{-1} 为单位;Δp 为管道两端压强差.流阻的倒数称做管道的流导,用 C 表示

$$C = \frac{1}{W} = \frac{Q}{\Delta p} \tag{7}$$

流导表示在单位时间内、单位压力降下通过管道的气体量,即说明通过气体能力的大小.流导与管道的真空度(即气体流动状态),与管道截面形状和大小,与管道长短以及与流过的气体种类、温度等有关.

在20 ℃,圆截面管道对空气的流导可用下列公式近似计算.式中 L 为管长(cm),d 为管道直径(cm),C 为流导,$\overline{p}$ 为管道平均压强(Pa).

(1)粘滞流($\overline{p}d > 66.7$ Pa·cm)时

$$C = 24260 \frac{d^4}{L}\overline{p} \tag{8}$$

(2)分子流($\overline{p}d < 2$ Pa·cm)时

$$C = 1613 \frac{d^3}{L} \tag{9}$$

(3) 粘滞-分子流($2\,\mathrm{Pa\cdot cm} < \overline{p}d < 66.7\,\mathrm{Pa\cdot cm}$)时

$$C = 24260\,\frac{d^4\overline{p}}{L} + 1613\,\frac{d^3}{L}\,\frac{1 + 34125d\overline{p}}{1 + 42123d\overline{p}} \tag{10}$$

不同形状截面管道的流导公式不同.冷阱、弯管、缩孔等均有各自的流导公式.(11)~(12)式为系统总流导 $C_\text{总}$.

　　① 串联时

$$\frac{1}{C_\text{总}} = \frac{1}{C_\text{入口}} + \frac{1}{C_\text{管1}} + \frac{1}{C_\text{活塞}} + \frac{1}{C_\text{管2}} + \frac{1}{C_\text{弯}} + \frac{1}{C_\text{冷阱}} + \cdots \tag{11}$$

　　② 并联时

$$C_\text{总} = \sum_i C_i \tag{12}$$

　　真空泵对整个真空系统的有效抽气速率 $S_\text{总}$ 符合下式

$$\frac{1}{S_\text{总}} = \frac{1}{S} + \frac{1}{C_\text{总}} \tag{13}$$

式中:S 为泵的抽气速率.

　　由式(13)看出:若 $C \gg S$ 时,即管道阻力极小,$S_\text{总} \approx S$;若 $C \ll S$ 时,$S_\text{总} \approx C_\text{总}$,而和泵的抽速无关.即当管道阻力很大时,系统的有效抽速仅决定于管道通过气体的能力,采用大抽气速率的真空泵并不能发挥其效率.因而,要求泵与被抽器件之间的连接管,尽可能短而粗,尽可能减少弯管和缩管.在高真空时,C 与 d^3/L 成正比,加粗管道比缩短其长度更重要.

(二) 选泵主要依据

　　1. 选取主泵的极限真空要比真空使用部分高 $0.5 \sim 1$ 个数量级,而且应使使用部分的压强处在泵的最佳抽速压强范围.

　　2. 根据管路设置、使用压强、总的流导找出泵的有效抽速,再结合所抽容器的大小和气体种类来确定选用多大抽速的泵和泵的类型.

　　如果主泵还需要前级泵,两者要匹配.前级泵必须能造成主泵工作所需的真空条件,并且能在主泵允许的最大排气口压强下,将主泵所排出的最大气体量及时排出.即前级泵的有效抽速

$$S' > \frac{Q}{p'} \tag{14}$$

式中:Q 为主泵单位时间内所能排出的最大气体量($\mathrm{L\cdot Pa\cdot s^{-1}}$),$p'$ 为主泵排气口最大压强(Pa).机械泵的抽速是在一个大气压下测得,而正常使用的泵却在低于大气压条件下运转,泵的抽气速率下降,可根据泵的抽速曲线来选.

　　3. 使系统达到真空要求所需时间要短.

　　如果体系不漏气,从大气压开始,用机械泵抽气时(忽略设备本身内表面的出气量)抽气时间(s)用下式计算,即

$$t = 2.3\,K\,\frac{V}{S}\lg\frac{p_i - p_0}{p - p_0} \tag{15}$$

　　若 p_i、p 均比 p_0 大得多,则

$$t = 2.3\,K\,\frac{V}{S}\lg\frac{p_i}{p} \tag{16}$$

式中：V 为真空设备容积，S 为泵速，p 为经 t 时间抽气后的压强(Pa)，p_i 为设备开始抽气时的压强(Pa)，p_0 为设备的极限压强(Pa)，K 为与设备抽气终止时的压强有关的校正系数.

表 C.3-5 经 t 时间抽气后的压强和与设备终止压强有关的校正系数

$p/(133\text{Pa})$	1000~100	100~10	10~1	1~0.1	0.1~0.01
K	1	1.25	1.5	2	4

对高真空,当真空设备内表面出气可以忽略时,排气时间计算与低真空相同.但由于高真空泵(如扩散泵)抽速大,这段时间很短.实际上,高真空抽气时间主要花费在真空材料出气上.

气体在材料表面上发生物理吸附和化学吸附.在压力较低时(特别是超高真空中)会从器壁内表面脱附下来.比如,1 dm^3 玻璃球,内表面积为 485 cm^2,如果表面吸附满一层气体分子,若每个气体分子截面积为 10^{-15} cm^2,则全脱附下来的气体量为 $2\text{ Pa}\cdot\text{dm}^{-3}$.将这个气体量排出,在 10^{-4} Pa 下抽气,泵将抽出 $1.5\times10^4\text{ L}$;若在 10^{-8} Pa 下抽气,泵要抽出 $1.5\times10^8\text{ L}$.物理吸附是可逆的,在高于该气体物质沸点 $50\sim100℃$ 的温度下,物理吸附常常可以不考虑.而化学吸附是不可逆的,比如 O_2,CO 在金属上的吸附.水在室温下常存在于气体中,在真空材料器壁上可以发生物理吸附和化学吸附.N_2、CO_2、NH_3、氮氧化物、烃类、其他有机化合物等也能发生吸附.在压力达到 10^{-6} Pa 以前,物理吸附的气体大部分脱附被抽走,而室温下化学吸附的气体(如水)脱附速度很慢,要使系统达到预定的真空度所需抽气时间很长.为加速吸附气体(特别是水)的脱附,缩短抽气时间,在机械泵抽气时,可以将系统烘烤(一般为 $250℃$,注意活塞不能烘烤).因此,在安装系统时,各器件内表面应当经过处理,使其清洁,免得后来麻烦.

五、安全操作

由于真空系统内部压强比外部低,真空度越高,器壁承受的大气压力越大(详见表C.3-6).超过 1 L 的大玻璃球,以及任何平底的玻璃容器都存在着爆裂危险.

表 C.3-6 各种玻璃容器表面所受的总压力

容 器	表面所受总压力/N
500 mL 锥形瓶	3.9×10^3
1000 mL 锥形瓶	5.4×10^3
1000 mL 蒸馏瓶	7.8×10^3
1000 mL 玻璃球	4.8×10^3

球体比平底容器受力要均匀,但过大也难以承受大气压力.尽可能不用平底容器,对较大的真空玻璃容器外面最好套有网罩,免得爆炸时碎玻璃伤人.

其次,若有大量气体被液化或在低温时被吸附,则当体系温度升高后会产生大量气体.若没有足够大的孔使它们排出,又没有安全阀,也可能引起爆炸.如果用玻璃油泵,若液态空气进入热的油中也会引起爆炸.因此,系统压力减到 133 Pa 前不要用液氮冷阱,否则,液氮将使空气液化.这又可能和凝结在阱中的有机物发生反应,引起不良后果.

使用汞扩散泵、麦氏规、汞压力计等,要注意汞的安全防护,以防中毒.

在开启或关闭高真空玻璃系统活塞时,应当两手操作:一手握活塞套,一手缓缓地旋转内塞,防止玻璃系统各部分产生力矩(甚至折裂).还应注意,不要使大气猛烈冲入系统,也不要使系统中压力不平衡的部分突然接通. 否则,有可能造成局部压力突变,导致系统破裂或汞压力计冲汞.
在真空操作不熟练的情况下,往往会出现这种事故.但只要操作细致、耐心,事故是可以避免的.

参 考 资 料

1. 华中一主编.真空实验技术,上海科学技术出版社(1986)

2. 唐政清.真空测量,北京:宇航出版社(1992)

3. D. P. Shoemaker, C. W. Garland, J. I. Steinfeld, J. W. Nibler 合著;俞鼎琼,廖代伟译.物理化学实验(第4版),北京:化学工业出版社(1990)

C.4 阿贝折射仪

阿贝(Abbe)折射仪可测定液体的折射率,定量地分析溶液的成分,检验物质的纯度.它也是测定分子结构的重要设备,像求算摩尔折射度、极性分子的偶极矩等都需要折射率的数据.由于阿贝折射仪所需用的样品很少,数滴液体即可进行测量,测定方法简便,无需特殊光源设备,普通日光或其他白光即可;棱镜有夹层,可通恒温水流,保持所需的恒定温度;而对透明液体的折射率数据(n_D^t)能够直接读到小数点后第四位,精确度高,可重复性大.它是物理化学实验室中常用的光学仪器.

(一) 阿贝折射仪的构造

阿贝折射仪是根据光的全反射原理设计的仪器,利用全反射临界角的测定方法测定未知物质的折射率.其外形如图 C.4-1 所示,图 C.4-2 是内部构造示意图.

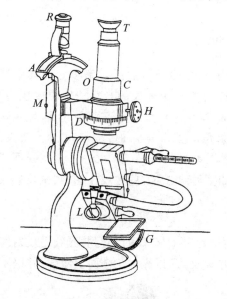

图 C.4-1 阿贝折射仪外形图

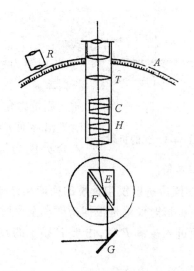

图 C.4-2 阿贝折射仪内部构造示意图

阿贝折射仪主要部分为两块直角棱镜 E 和 F,当将两棱镜对角线平面叠合时,放入这两镜面间的待测液体即连续散布成一薄层.当光由反射镜 G 入射而透过棱镜 F 时,由于 F 的表面是粗糙的毛玻璃面,光在此毛玻璃面产生漫射,以不同入射角进入液体层,然后到达棱镜 E 的表面.由于棱镜 E 的折射率很高(通常约为 1.85),一部分可折射而透过 E,而另一部分则发生全反射.透过 E 的光线经过消色散棱镜 H 和 C,会聚透镜 T 和目镜,最后达到观察者的眼里.为了使在目镜中显现出清晰的全反射边界,利用色散调节器 H 调节色散,D 为色散度的读数标尺.折射率就是依靠全反射的边界(明暗间的交界)位置来测定.通过与边界位置相联系的刻度标尺 A,用读数放大镜 R 读出折射率.边界的零点位置尚可通过镜筒上的凹槽 O 用小旋棒调节棱准.为使样品恒温,可以 L 处通入恒温水,并由插在夹套中的温度计读出温度.

(二) 阿贝折射仪的光学原理

1. 全反射原理

光从一种介质进入另一种介质时,在界面上发生折射.对任何两介质,在一定波长和一定

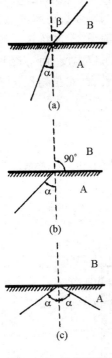

外界条件下,入射角和折射角之正弦比为一常数,也就等于光在这两介质中的速度之比:

$$n = \frac{v_1}{v_2} \tag{1}$$

若取真空为标准(即 $v_1 = c$, $n_0 = 1.00000$),则任何介质之绝对折射率 $n = c/v$.空气的绝对折射率是 1.00029.如果取空气为标准,这样得到的各物质之折射率称为常用折射率.同一物质的两种折射率表示法之关系为:

绝对折射率 = (常用折射率) × 1.00029

光线自介质 A 进入介质 B,图 C.4-3 示出入射角 α 与折射角 β 角关系:

$$\frac{\sin\alpha}{\sin\beta} = \frac{n_B}{n_A} = \frac{v_A}{v_B} \tag{2}$$

式中:n_A, n_B, v_A, v_B 分别为 A,B 两介质的折射率和光在其中的速度.折射率为物质的特性常数,对一定波长的光在一定温度压力下,折射率是一个定值.如果 $n_A > n_B$(A 称为光密介质,B 称为光疏介质),则折射角 β 必大于入射角 α.当 $\alpha = \alpha_0$ 时,$\beta_0 = 90°$ 达到最大.此时光沿界面方向前进,如图 C.4-3(b)所示.若 $\alpha > \alpha_0$,则光线不能进入介质 B,而从界面反射,如图 C.4-3(c).些种现象叫做"全反射",α_0

图 C.4-3 光的折射

叫做临界角.

2. 阿贝折射仪中棱镜的构造和光程

阿贝折射仪就是根据折射和全反射原理设计成的.由图 C.4-4 可以看到,光线由反射镜 G 反射而进入棱镜 F 后,由于 F 镜上的 DC 面为一毛玻璃面,所以光在 DC 面上漫射,并以不同

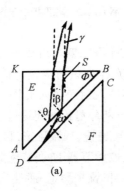
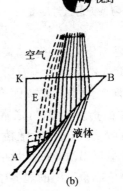

图 C.4-4 阿贝折射仪明暗界线形成原理

方向进入 AB 与 DC 间的液体薄层,然后达到 AB 面,并折射入镜 E 中.在 AB 面上光线的入射角可由 $0° \rightarrow 90°$,因棱镜折射率 N 比液体折射率 n 大,故折射角 β 比入射角 α 小,即所有入射线全部能进入镜 E 中.

光线达到 BK 面时又发生折射,入射角 S,折射角为 γ,据(2)式可得

$$\frac{\sin\alpha}{\sin\beta} = \frac{n}{N} \tag{3}$$

$$\frac{\sin\gamma}{\sin S} = \frac{N}{1} \quad (\text{以空气之 } n_0 = 1) \tag{4}$$

由图 C.4-4(a)可知:

$$\Phi + (90° + S) + (90° - \beta) = 180°$$

即

$$\beta = \Phi + S \tag{5}$$

代入(3)式,得

$$\begin{aligned} n &= \frac{N}{\sin\alpha}\sin\beta = \frac{N}{\sin\alpha}\sin(\Phi + S) = \frac{N}{\sin\alpha}(\sin\Phi\cos S + \cos\Phi\sin S) \\ &= \frac{N}{\sin\alpha}\sin\Phi\ \sqrt{1 - \sin^2 S} + \frac{N}{\sin\alpha}\cos\Phi\sin S \\ &= \frac{\sin\Phi}{\sin\alpha}\ \sqrt{N^2 - N^2\sin^2 S} + \frac{N}{\sin\alpha}\cos\Phi\sin S \end{aligned}$$

$$n = \frac{\sin\Phi}{\sin\alpha}\ \sqrt{N^2 - \sin^2\gamma} + \frac{\sin\gamma\cos\Phi}{\sin\alpha} \tag{6}$$

可以看出,不同的 N、γ、Φ、α 都将反映出不同的 n.对一定棱镜,N 和 Φ 都是定值,故 n 仅由 γ 和 α 的不同来反映.

如果各次测量中都选用同样的 α,则 n 只和 γ 有关.α 的选择就是利用了全反射原理.入射角本是从 $0°$ 到 $90°$ 皆有;而最大入射角 $\alpha_0 = 90°$ 时折射角 θ 为最大(即临界角),入射线为掠射光线.因 θ 最大了,故在其左面不会有光,是黑暗部分;而另一面则是明亮部分.明暗两部分的界线,很容易在目镜中找到,如图 C.4-4(b).

将 $\alpha = 90°$ 代入(6)式,得

$$n = \sin\Phi\ \sqrt{N^2 - \sin^2\gamma} + \sin\gamma\cos\Phi$$

这样,由于每一棱镜有一定 N 和 Φ,不同 n 的液体就由不同 γ 来反映.

在测量时,要把明暗界线调到目镜中十字线的交叉点,因这时镜筒的轴与掠射光线平行.读数指针是和棱镜连在一起转动的,标尺就根据不同的 γ 而刻出.阿贝折射仪中已将 γ 换算成 n,故在标尺上读得的已是折射率.

3. 色散的消除

前面讲的是用单色光的情形.但阿贝折射仪可用白光作为光源.我们常会在目镜中看到一条彩色的光带,而没有清晰的明暗界线,这是因为对波长不同的光折射率不一样,因而 γ 不同.折射率是对确定波长而言,那么现在是对什么波长来讲呢?又如何从这彩色光带中找出这特定波长的光线呢?安置在阿贝折射仪的镜筒中的消色散棱镜,又叫补偿棱镜或阿密帅棱镜(Amiciprism),可以同时解决这两个问题.

消色散棱镜是由两块相同但又可反向转动的阿密帅棱镜组成.光通过这种棱镜后,能产生

色散.若这两块棱镜的相对位置相同,则光线通过第一块棱镜后发生色散 d,通过第二块棱镜又发生色散 d,总色散为 $2d$.将两块棱镜各反向转动 90°(相当于一块转 180°),则第一块色散为 d,而第二块色散是 $-d$,适相抵消,总的来讲没有色散,出来的光为白色光.再各反向转 90°(相当又把一块转 180°),则第一块色散为 $-d$,第二块色散为 $-d$,共为 $-2d$.

若让已有色散之光进入消色散棱镜,可调节两棱镜的相对位置,使原有之色散恰为消色散棱镜之色散所抵消,使出来的各色光平行,明暗界线清楚,解决了彩色光带的问题.

至于选定哪一个特定波长的光,是由阿密帅棱镜本身的特点所决定的.因钠光 D 线通过阿密帅棱镜时,它的方向不变.所以当色散消除时,各色光均和钠光 D 线平行.当半明半暗时,镜筒轴与 D 线方向平行,故测得的折射率为该物质对钠光 D 线之折射率.

(三) 阿贝折射仪的使用

将阿贝折射仪放在靠窗的桌上(注意:避免日光直接照射),在棱镜外套上装好温度计,用超越恒温槽通入恒温水,恒温在 20.0 ± 0.2℃.当温度恒定时打开棱镜,滴一两滴丙酮在镜面上,合上两棱镜,使镜面全部被丙酮润湿再打开,用丝巾或用镜头纸吸干.然后用重蒸馏水或已知折射率的标准折光玻璃块来校正标尺刻度.如使用后者,手续是先拉开下面棱镜 F,用一滴 1-溴代萘(monobromo-naphthalene)把玻璃块固定在上面的棱镜 E 上,并掀开前面的金属盖,使玻璃块直接对着反射镜 G,旋转棱镜使标尺读数等于玻璃块上注明的折射率,然后用一小旋棒旋动接目镜前凹槽中的突出部分(在镜筒外壁上)使明暗界线和十字线交点相合,校正工作就完成了.如果使用重蒸馏水为标准样品,只要把水滴在 F 棱镜的毛玻璃面上并合上两棱镜,旋转棱镜使刻度尺读数与水的折射率一致,其他手续相同.

测定时,拉开棱镜把欲测液体滴在洗净揩干了的下面棱镜上(注意,不要让滴管碰着棱镜面),待整个面上沾润后,合上棱镜进行观测.每次测定时两个棱镜都要啮紧,防止两棱镜所夹液层成劈状影响数据重复性.如样品很易挥发,可把样品由棱镜间小槽滴入.

旋转棱镜,使目镜中能看到半明半暗现象.因光源为白光,故在界线处呈现彩色,旋转补偿棱镜使彩色消失、明暗清晰.然后再转动棱镜使明暗界线正好与目镜中的十字线交点重合.从标尺上直接读取折射率,读数可至小数点后第四位.最小刻度是 0.001,可估计到 0.0001.数据的可复性为 ± 0.0001.

使用阿贝折射仪时,一定要先搞清它的正确使用方法及注意事项;否则不但会损坏仪器,也得不到正确数据.在阿贝折射仪中,最关键的地方是一对直角棱镜 E、F,使用时不能将滴管或其他硬物碰到镜面.滴管口要烧光滑,以免不小心碰到镜面造成刻痕.腐蚀性液体,如强酸、强碱和氟化物不得使用阿贝折射仪.在每次滴加样品前,均应洗净镜面,使用完毕后应用丙酮或乙醚洗净镜面,并干燥之.擦洗时只能用柔软的镜头纸吸干液体,而不能用力擦,防止将毛玻璃面擦光.用完后要流尽金属套中的水,拆下温度计并装在盒中.仪器要经常擦净,镜上不允许积有灰尘.有时在目镜中看不到半明半暗而是奇形,这是棱镜间未曾充满液体;若出现弧形光环,则可能是有光线未经过棱镜而直接照射在聚光透镜上.若液体折射率不在 1.3～1.7 范围内,则阿贝折射仪不能测定,也看不到明暗界线.折射仪不要被日光直接照射或靠近热的光源(如电灯泡)太近,以免影响测定温度.

如果要测酸性液体折射率,可用浸入式折射仪;当要求准确性更高时,可用普菲里许(Pulfrich)折射仪,有关这些仪器可参考有关书籍.

226

C.5 旋 光 仪

旋光仪主要应用在两方面:(i) 在化学工业的生产中,用以定量的测定旋光物质的浓度,特别是精确测定溶液中有非旋光性杂质存在时旋光物质的含量,如制糖工业用以测定糖的成分;也可用于测定非水溶液中旋光物质的浓度.如樟脑的苯溶液或丙酮溶液等.(ii) 用以测定有机物的结构,是制定有机物分子的立体构型的重要工具之一.

(一) 旋光仪的构造

旋光仪的主要构造可分起偏振器和检偏振器两部分:(i) 起偏振器是由尼科耳棱镜构成,使具有各向振动的可见光起偏振,它固定在仪器的前端;(ii) 检偏振器用来测定光的偏振面的转动角度,它是由人造偏振片粘在两个防护玻璃中间,随刻度盘一起转动.当一束光经过起偏振器后,光沿 OA 的方向振动,如图 C.5-1 所示.也就是可以允许在这一方向上振动的光通过此平面.设 OB 是检偏振镜的透射面,只允许在这一方向上振动的光通过.两透射面的夹角为 θ,这样由起偏振镜出来的振幅 E 可以分成两束互相垂直的分光,其振幅分别为 $E\cos\theta$ 和 $E\sin\theta$.经过检偏振器以后,其中仅有和 OB 相重的分光 $E\cos\theta$ 可以透出检偏镜,而垂直分光 $E\sin\theta$ 不能通过.这样,透过检偏镜后的光强,随两个透射面间夹角的余弦平方而变.因为,透射出检偏镜光的振幅

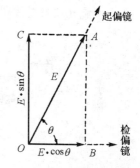

图 C.5-1 偏振光强度

$$OB = E\cos\theta$$

所以透射出检偏振镜的光强

$$I = OB^2 = I_0\cos^2\theta$$

式中:I 为透过检偏镜的光强;I_0 为透过起偏镜入射的光强;θ 为起偏镜和检偏镜的两个透射面间的夹角.

可见,两镜平行时,$\theta = 0$,$I = I_0$,即透过的光最强;两镜垂直时,$\theta = \frac{\pi}{2}$,$I = 0$,即透过的光等于零.旋光仪就是利用透过光的强弱明暗,来测定其旋光度.在起偏镜和检偏镜间,摆上盛满旋光物质的观察管.由于物质的旋光作用,使原来由起偏镜出来的偏振面 OA 方向改变了一定的角度 α,因而检偏镜也要旋转一个相应的角度 α,才能使其透过的光强和原来的强度相等.为了更准确地判断旋光角的大小和光的强弱,通常在视野中分出三分视界(或两半圆视界)便于对比视界两边的光强.造成三分视界的装置和简单原理如下:

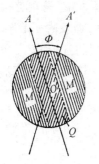

图 C.5-2 光波的振动方向

在起偏镜 M 前部,装有一狭长石英片 Q.当由起偏镜透过来的平面偏振光,垂直投射并通过石英片时,由于石英片具有旋光性,将偏振方向旋转了一个角度 Φ.在镜前看起来,光波的振动方向如图 C.5-2 所示,

A 是光经起偏镜后的振动方向, A' 是经石英片将偏振光旋转一角度后的振动方向, 此两偏振光的夹角 Φ 称半暗角. 当检偏镜的偏振面与通过石英片的光的偏振面平行时(即检偏镜之偏振面在 A' 的方向时), 则在检偏镜中观察到的情况将是: 当中狭长部分较明亮, 而两旁较暗, 如图 C.5-3(b)所示. 若检偏镜的偏振面与起偏镜的偏振面平行时(即检偏镜之偏振面在 A 的方向时), 则在检偏镜中观察到的情况将是: 当中狭长部分较暗而两旁较明亮, 如图 C.5-3(a)所示. 只有当检偏镜的偏振面处于二分之一石英片所转的角度时, 视界内的明暗才相等, 如图 C.5-3(c)所示. 我们把这一位置作为零度, 并使游标尺上的零度线对准刻度盘零度. 在每次测定时, 调节视界内明暗相等,

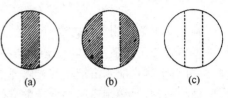

(a)   (b)   (c)

图 C.5-3

使观察结果准确. 由于两个偏振面相交必定有两对对顶角, 并互成补角, 其一半暗角为 Φ, 另一半暗角为 $180° - \Phi$. 一般我们总是选取较小的半暗角, 因为人的眼睛对弱照度的变化比较敏感, 调节照度相等的位置较为精确. 但是视野的照度随 Φ 的减小而变弱, 为了使眼睛不太费劲而又可以清晰地区别两个部分的照度, 所以通常都是选取几度到十几度的角度, 而不选取大角度, 这一点在使用时也应特别注意.

301 型旋光仪就是按照上述原理制作的, 仪器的构造如图 C.5-4 所示.

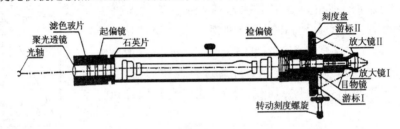

图 C.5-4

(二) 旋光仪的使用

使用时光线的行程, 从光源到接目镜经过下列部分: 光源→聚光透镜→滤色镜→起偏镜→石英晶片→护玻片→观察管→护玻片→检偏镜→接物镜→光栏→接目镜. 光源坐架与仪器相连, 无须校正照明灯位置, 光源为特制的钠光灯泡, 为单色黄光, 波长是 589.3 nm. 若用普通钨丝灯泡, 则必须用滤玻片, 以免由于旋光色散现象而使视野中的色彩不一样, 难以估计光强.

观察管有 10 cm 及 20 cm 长的两种, 可视旋光能力及样品多少选取合用的管长. 旋光角的大小和管长成正比, 也和溶液中所含旋光物质的浓度 c' 成正比. 一个 10 cm 长, 每立方厘米溶液中含有 1 g 旋光物质所产生的旋光角称为该物质的比旋光度.

由于旋光物质的旋光度和温度、波长有关, 所以比旋光度是规定在 20 ℃ 及钠光 D 线的波长下的旋光能力. 可用方程表示如下:

$$[\alpha] = \frac{10\alpha}{lc'}$$

式中: $[\alpha]$ 为比旋光度; α 为观察所得的旋光角; l 为旋光管长, 即光在液柱中所经过的距离(以厘米为单位); c' 为溶质的浓度, 指每立方厘米中旋光物质的克数.

228

旋光物质有左旋和右旋的区别.所谓右旋物质是指检偏镜沿顺时针方向旋转时能重新使三分(或二半圆)视野明暗相等的物质.而左旋物质则指检偏镜沿反时针方向转动而使之复原的物质.对左旋通常加"−"号以表示之.例如蔗糖的$[\alpha]=66.55$,葡萄糖$[\alpha]=52.5$,都是右旋物质,而果糖的$[\alpha]=-91.9$,是左旋物质.

检偏镜与刻度盘相连,刻度盘$360°$,每度一格,游标20小格,直读$0.05°$,精确度可达$\pm 0.05°$.

(三) 旋光仪的维护和保养

旋光仪和所有的光学仪器一样,在使用过程中,须当心使用和妥善保养.平时用防尘罩盖好,以免灰尘侵入.使用前后用清洁柔软的揩布或镜头纸揩擦镜头.在使用时,仪器金属部分切忌玷污酸碱.在观察管中装好溶液后,管的周围及两端的玻璃片均应保持洁净,观察管用后要用水洗净并晾干.不要随便拆卸仪器,以免零件变动.使用时,切勿将灯泡直接插到220 V电源上,一定要经过镇流器.使用仪器之前必须了解仪器的构造原理,仪器的性能及使用时的注意事项,熟悉仪器刻度的读数.

C.6 电位差计的构造和电动势的测定

电位差计在物理化学实验中应用非常广泛:(i) 主要用以测定电动势和校正各种电表;(ii) 其次,作为输出可变的精密稳压电源,如用在极谱分析和电流滴定等实验中;(iii) 再次,有些电位差计(如学生型)中的滑线电阻可单独用作电桥桥臂,供精密测量电阻时应用.

国产的电位差计常见的有学生型、701 型、UJ-1 型,UJ-2 型、UJ-25 型等,这些都属于低电阻电位差计,而 UJ-9 型等属于高电阻电位差计.可根据待测体系不同选用不同类型的电位差计.一般讲,高电阻体系选用高电阻电位差计,低电阻体系选用低电阻类型电位差计.现在已有许多自动测量电动势并显示结果的仪表,如 PHS-4 型 pH 计、数字电压表等等.

下面介绍 UJ-25 型直流电位差计.

(一) UJ-25 型直流电位差计

UJ-25 型直流电位差计线路,如图 C.6-1 所示.

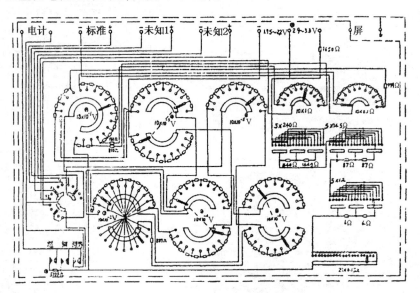

图 C.6-1　UJ-25 型直流电位差计线路图

(二) 电动势的测量方法

用补偿法测电动势的步骤如下:

1. 电位差计使用前先将转换开关 K 放在断的位置,将左下方 3 个按钮全部松开,然后将电源、待测电池和标准电池按正负极性接到相应的端钮上,接检流计时没有正负极性.

2. 把检流计专用电源插头插入检流计 220 V 插座内,其另一端插入 220 V 交流电源开关指向 220 V 的位置,调节零点调节器,使光点调节在零位上.

230

3. 工作电流标准化. 调节 RNP 使其读数等于按下述标准电池计算的数值, 即在有"标准"记号的温度补偿进位盘上加以调整, 调整后不再变动, 然后将转换开关 K 指在"N"处, 检流计的分流器指向最低灵敏度 0.01 档, 先按下"粗"按钮, 调节变阻器 R_p(先粗、中、后细), 使检流计光点完全指在零位置, 逐步提高检流计灵敏度, 即先后把分流器指向 $\times0.01$, $\times0.1$, $\times1$(直接)重复上述步骤, 使检流计再次指示为零, 这时电位差计工作电流就标准化了, 其值为 0.0001 A. 校准后的 R_p 值除非重新标准化, 否则不要再变.

4. 未知电动势的测量. 把转换开关 K 旋至未知 1($X1$)或未知 2($X2$)位置, 先后顺序按 "粗""细"按钮, 顺序转动 I、II、III、IV、V、VI 六个大旋钮, 使检流计光点指在零处, 此时在大旋钮下边的窗孔出现的数字, 即是被测电动势的准确数值. 当按下旋钮检流计发生激烈偏转时, 可按下短路按钮来减少检流计线圈的振荡.

5. 在测量过程中, 应经常注意标准化, 使得电路保持工作电流不变. 无论在调节工作电流或测定未知电动势的操作中, 按检流计的电钮开关时必须随按随放, 目的在于保护灵敏的检流计和标准电池以及保证未知电动势的准确测定.

(三) 标准电池的构造和使用

标准电池的电动势具有很好的重现性和稳定性, 因此常作为电压测量的标准量具. 稳定性表现在: (i) 当电路内有微小不平衡电流通过该电池时, 电极的可逆性好, 电动势基本不变; (ii) 温度变化不大时电动势也基本恒定. 标准电池通常分为饱和式和不饱和式两类, 前者可逆性好、电动势的重现性、稳定性均好, 但温度系数较大, 须进行校正, 一般用于精密测量中.

1. 标准电池的构造

饱和式标准电池构造如图 C.6-2, 用电化学式表示为

$$\text{Cd-Hg(12.5\%汞齐)} \left| CdSO_4 \cdot \frac{8}{3}H_2O(s) \right| CdSO_4(饱和) \left| CdSO_4 \cdot \frac{8}{3}H_2O(s) \right| Hg_2SO_4(s) \left| Hg \right.$$

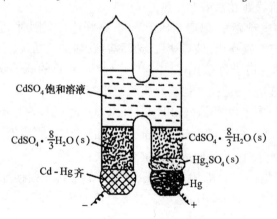

图 C.6-2 饱和式标准电池示意图

电池反应:

负极 $Cd(Hg) + SO_4^{2-} + \frac{8}{3}H_2O \rightleftharpoons CdSO_4 \cdot \frac{8}{3}H_2O(s) + 2e^-$

正极 $Hg_2SO_4(s) + 2e^- \rightleftharpoons 2Hg(l) + SO_4^{2-}$

231

总反应 $Cd(Hg) + Hg_2SO_4(s) + \dfrac{8}{3}H_2O \rightleftharpoons CdSO_4 \cdot \dfrac{8}{3}H_2O(s) + 2Hg(l)$

该电池在 20 ℃ 时的电动势一般为 1.0186 V，在 t ℃ 时应采用下列校正公式计算

$$E_t = 1.01865 - 4.06 \times 10^{-5}\left(\frac{t}{℃} - 20\right) - 9.5 \times 10^{-7}\left(\frac{t}{℃} - 20\right)^2 + 1 \times 10^{-8}\left(\frac{t}{℃} - 20\right)^3 \, (\text{V})$$

式中：E_t 表示 t ℃ 时电池的电动势.

2. 使用注意事项

(1) 最好在 4～40 ℃ 范围内使用，精密标准电池应在恒温下使用. 因温度骤变使电动势长时间才能达到平衡，温度波动应尽可能小.

(2) 正、负极不能接错.

(3) 要平稳携取，水平放置，绝不能倒置、摇动；受摇动后电动势会改变，应静止保持 5 h 以上再用.

(4) 标准电池仅是作为电动势的标器，不作电源. 若电池短路，电流过大，则损坏电池，一般不允许放电电流大于 0.0001 A. 所以使用时要极短暂地间隙地使用.

(5) 电池若未加套盖，直接暴露于日光，会使去极剂变质，电动势下降.

(6) 不得用万用电表等直接测量标准电池.

(四) 盐桥的制备

可用许多方法以降低液面接界电势，但至今尚无较理想的方法. 较好而且使用方便的一种方法为盐桥法.

最常用的是 3% 洋菜-饱和 KCl 盐桥. 将盛有 3 g 洋菜和 97 mL 蒸馏水的烧瓶放在水浴上加热(切忌直接加热)，直到完全溶解. 然后加 30 g KCl，充分搅拌. KCl 完全溶解后，趁热用滴管或虹吸将此溶液装入已事先弯好的玻璃管，静置，待洋菜凝结后便可使用. 多余的洋菜-KCl 用磨口瓶塞盖好，用时可重新在水浴上加热.

所用 KCl 和洋菜的质量要好，以避免玷污溶液. 最好选择凝固时，呈洁白色的洋菜.

高浓的酸、氨都会与洋菜作用，破坏盐桥，玷污溶液. 遇到这情况，不能采用洋菜盐桥.

洋菜-KCl 盐桥也不能用于含有 Ag^+、Hg_2^{2+} 等与 Cl^- 作用的离子或含有 ClO_4^- 等与 K^+ 作用的物质的溶液. 遇到这情况，应换其他电解质所配制的盐桥.

有人建议对于能与 Cl^- 作用的溶液，用 $Hg \mid Hg_2SO_4 \mid$ 饱和 K_2SO_4 电极，与 3% 洋菜-1 mol·dm^{-3} K_2SO_4 的盐桥. 对于含有浓度大于 1 mol·dm^{-3} 的 ClO_4^- 的溶液，则可用汞 $\mid$ 甘汞 $\mid$ 饱和 NaCl 或 LiCl 电极，与 3% 洋菜-1 mol·dm^{-3} NaCl 或 LiCl 盐桥.

也可用 NH_4NO_3 或 KNO_3 盐桥. 优点是正、负离子的迁移数较接近，缺点是它与通常的各种电极无共同离子. 因而在共同使用时会改变参比电极的浓度和引入外来离子，从而可能改变参比电极的电势.

参 考 资 料

1. 杨文治. 电化学基础，北京大学出版社(1982)

2. 周伟舫. 电化学测量，上海科学技术出版社(1985)

3. 洪永祥. 标准电池及检定方法，北京：中国计量出版社(1986)

C.7 几种电极的性质和制备

一、甘汞电极

甘汞电极是最常用的参比电极之一,其结构(见图 C.7-1)如下:

$$\text{Hg}\,|\,\text{Hg}_2\text{Cl}_2(s)\,|\,\text{KCl 溶液}_{(被\ \text{Hg}_2\text{Cl}_2\ 所饱和)}$$

KCl 溶液的浓度通常为 $0.1\,\text{mol}\cdot\text{dm}^{-3}$、$1\,\text{mol}\cdot\text{dm}^{-3}$ 和饱和溶液($4.1\,\text{mol}\cdot\text{dm}^{-3}$)三种,分别称为 $0.1\,\text{mol}\cdot\text{dm}^{-3}$、$1\,\text{mol}\cdot\text{dm}^{-3}$ 及饱和甘汞电极. 它的电极反应:

$$\text{Hg} + \text{Cl}^- \longrightarrow \frac{1}{2}\text{Hg}_2\text{Cl}_2 + e$$

这种电极具有稳定的电势,随温度的变化率小. 甘汞是难溶的化合物,在溶液内亚汞离子浓度的变化和氯离子浓度的变化有关,所以甘汞电极的电势随氯离子浓度不同而改变.

$$E = E^\ominus - \frac{RT}{nF}\ln a\,(\text{Cl}^-)$$

式中:$E^\ominus$ 为甘汞电极的标准电极势,25 ℃时,$E^\ominus = 0.2680\,\text{V}$;$a\,(\text{Cl}^-)$ 为溶液中 Cl^- 的活度.

(一) 电极势和温度系数

虽然饱和甘汞电极有着较大的温度系数,但 KCl 的浓度在温度固定时是一常数,而且浓的 KCl 溶液是很好的盐桥溶液,能较好地减少液接电势,故我们常用饱和甘汞电极. 三种电极在 25 ℃时的电极势和温度系数列于下表中.

表 C.7-1 甘汞电极的 KCl 浓度与温度系数

甘汞电极种类	E_t/V
$0.1\,\text{mol}\cdot\text{dm}^{-3}$	$0.3337 - 8.75\times10^{-5}\left(\dfrac{t}{℃}-25\right) - 3\times10^{-6}\left(\dfrac{t}{℃}-25\right)^2$
$1.0\,\text{mol}\cdot\text{dm}^{-3}$	$0.2801 - 2.75\times10^{-4}\left(\dfrac{t}{℃}-25\right) - 2.50\times10^{-6}\left(\dfrac{t}{℃}-25\right)^2 - 4\times10^{-9}\left(\dfrac{t}{℃}-25\right)^3$
饱和甘汞电极	$0.2412 - 6.61\times10^{-4}\left(\dfrac{t}{℃}-25\right) - 1.75\times10^{-6}\left(\dfrac{t}{℃}-25\right)^2 - 9.0\times10^{-10}\left(\dfrac{t}{℃}-25\right)^3$
	$0.2444 - 6.6\times10^{-4}\left(\dfrac{t}{℃}-25\right)$ (包括液接电势)

各文献上列出的甘汞电极的电极势数据,常不相符合. 这是因为接界电势的变化对甘汞电极电势有影响,由于所用盐桥内的介质不同,而影响甘汞电极势的数据.

(二) 制备方法

1. 饱和甘汞电极制法

先取玻璃电极管,底部焊接一铂丝. 取化学纯汞约 1 mL,加入洗净并烘干的电极管中,铂丝应全部浸没. 另在小研钵中加入少许甘汞和纯净的汞,又加入少量 KCl 溶液,研磨此混合物使其变成均匀的灰色糊状物.用小玻璃匙在汞面上平铺一层此糊状物,然后注入饱和 KCl 溶液静置一昼夜以上即可使用.在制备时要特别注意勿使甘汞的糊状物与汞相混,以免甘汞玷污铂丝,否则电极势就不稳定.

2. 电解法制备 $1\,mol \cdot dm^{-3}$ 甘汞电极

将纯汞放在洁净的电极管内,然后插入洁净的铂丝,使铂丝全部浸入汞内.再从虹吸管吸入 $1\,mol \cdot dm^{-3}$ 的 KCl 溶液,以汞极为阳极,以另一铂丝为阴极,进行电解,电解液也用 $1\,mol \cdot dm^{-3}$ KCl,调节可变电阻使阳极刚好有气泡析出.电解 15 min.电解后汞的表面产生一薄层 Hg_2Cl_2,为了避免可能产生 Hg^{2+},电解后 KCl 溶液需要换 3～4 次,最后一次不放走,即可使用.在使用时要注意,虹吸管内不可有气泡存在,并尽量避免摇动或振荡.图 C.7-1 示出两种形式的甘汞电极.

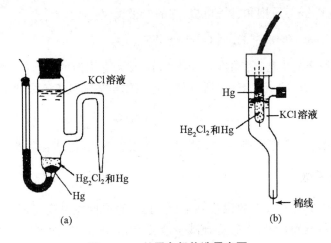

图 C.7-1 甘汞电极构造示意图

二、铂黑电极

铂黑电极是在铂片上镀一层颗粒较小的黑色金属铂所组成的电极,由接在铂片上的一根铂丝作导线和外电路相连接.制备时可采用将光滑的铂片和铂丝烧成红热,用力捶打;也可利用点焊方法,使铂片与铂丝牢固的接上,然后将铂丝熔入玻璃管的一端.

电镀前一般需进行铂表面处理.对新封的铂电极,可放在热的 NaOH 醇溶液中浸洗 15 min 左右,以除去表面油污;然后在浓硝酸中煮几分钟,取出用蒸馏水冲洗.长时间使用、老化的铂黑电极,则可把其浸入 40～50℃ 的王水中($HNO_3 : HCl : H_2O = 1 : 3 : 4$).经常摇动电极,洗去铂黑(注意,不能任其腐蚀),然后经过浓 HNO_3 煮 3～5 min 以除去氯,再用水冲洗.

电极处理后,在玻璃管中加入少许汞,插入铜丝将电极接出,或将铂丝与电极引出线(点)焊接.

然后以处理过的铂电极为阴极,另一铂电极为阳极,在 $1\,mol \cdot dm^{-3}$ 的 H_2SO_4 中电解 10～20 min,以消除氧化膜;观察电极表面析氢是否均匀,若出大气泡则表明表面有油污,应重新处理.

在处理过的铂片上镀铂黑,一般采用电解法,电解液可按下表成分配制.

表 C.7-2　镀铂黑电解液组成

铂氯酸	H_2PtCl_6	3 g
醋酸铅	$PbAc_2 \cdot 3H_2O$	0.08 g
蒸馏水	H_2O	100 mL

电镀时,将处理过的铂电极作为阴极,另一铂电极作为阳极.阴极电流密度 15 mA·cm^{-2} 左右,电镀 20 min 左右,如所镀的铂黑一洗即落,则需重新处理.铂黑不宜镀得太厚,太厚对建立平衡没有好处,但铂黑太薄的电极易老化和中毒.

由于电导池中的两个铂电极通常是固定的,所以电镀时可采用如下方法:将两片电极浸入镀铂溶液中,按图 C.7-2 连好线路,将和两片电极串联的滑线电阻放到最大,按下双刀开关,调节滑线电阻,使电极上有小气泡连续逸出为止.每半分钟改变电流方向一次(将双刀开关反过来),直到电极表面上镀有一层均匀的绒状铂黑为止.

上述镀好铂黑的电极往往吸附镀液和电解时所放出的氯气,所以镀好之后应立即用蒸馏水仔细冲洗,然后在稀硫酸(1 mol·dm^{-3} H_2SO_4)中电解 10 ~ 20 min,电流密度 20 ~ 50 mA·cm^{-2}.电解的作用是把吸附在铂黑上的氯还原为 HCl 而溶去,电解后应再用水洗涤二次.

注意,镀好的铂黑电极平时应浸在蒸馏水中,勿使其干燥.

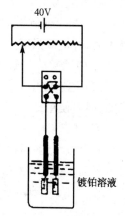

图 C.7-2　镀铂黑线路图

三、Ag|AgCl 电极

氯化银电极也是常用的参比电极(溴化银、碘化银电极也可作为参比电极,但由于它们对光线比 AgCl 更敏感,故应用尚不普遍),其电极反应如下

$$Ag(s) + Cl^- \longrightarrow AgCl(s) + e$$

(一) 电势和不同温度下的标准电极势

$$E = E^\ominus - \frac{RT}{nF}\ln a(Cl^-)$$

表 C.7-3　Ag|AgCl 电极在不同温度下的电极电势值

$t/℃$	$E^\ominus$	$t/℃$	$E^\ominus$	$t/℃$	$E^\ominus$
0	+ 0.23655	20	+ 0.22557	40	+ 0.21208
5	+ 0.23413	25	+ 0.22234	45	+ 0.20835
10	+ 0.23142	30	+ 0.21904	50	+ 0.20449
15	+ 0.22857	35	+ 0.21565		

(二) 制备方法

1. 热分解法

(1) Ag_2O 的制备.称 31.55 g 氢氧化钡[$Ba(OH)_2 \cdot 8H_2O$]溶于 50 mL 无 CO_2 的蒸馏水中,澄清后装入滴定管.再称取 16.9 g $AgNO_3$ 溶于 150 mL 蒸馏水中.在强烈搅拌下将 $Ba(OH)_2$ 液滴加到 $AgNO_3$ 液中,滴加的速度不宜太快,但应防止吸收 CO_2.当无 Ag_2O 生成时,停止加 $Ba(OH)_2$.

用倾洗法洗涤 Ag_2O(在 250 mL 烧杯中,每次加水约 150 mL,搅拌半小时,澄清后倾去清液,如此洗涤30～40次,清液通过焰色检查至无黄绿色火焰为止).

(2) 将直径为 0.5 mm,长 2～3 cm 的铂丝绕成 2～3 圈(圈的直径约 1 mm 左右),封入玻璃管的一端(如图 C.7-3).然后放在浓 HNO_3 中煮几分钟,用水冲洗后,放在重蒸馏水中煮沸几分钟.

(3) 将在上面制得的 Ag_2O 吸至半干,用一清洁的细玻璃棒将 Ag_2O 涂在铂丝上,Ag_2O 涂层应紧密,光滑.将其放入高温炉中,逐渐升温.在 100 ℃ 以下保持 0.5～1 h,以匀速升温至450 ℃,并在此温度维持 0.5 h,电极保存在炉中,逐渐冷却至室温.然后采用同样方法进行涂敷,直到还原的 Ag 表面没有龟裂为止.

图 C.7-3 氯化银电极的铂基底图

(4) 将上面制得的半成品放入 0.1 mol·dm^{-3} HCl 中作阳极,以一铂电极为阴极,电流强度为 10 mA 进行电解,使有 15%～20% 的 Ag 变成 AgCl(假定电流效率是 100%),HCl 最好先经过电解提纯.

(5) 电解完毕后的 AgCl 电极,浸在 0.1 mol·dm^{-3} HCl 中,放在暗处,经一天后,电极电势稳定,即可使用.

2. 电镀法

待镀电极可选用螺旋形的铂丝或银丝.如果用铂丝,则用硝酸洗净后再用蒸馏水洗;若用 Ag 丝,则用丙酮洗去表面上的油污;若 Ag 丝上已镀 AgCl,则先用氨水洗净,以免影响镀层质量.

表 C.7-4 镀银溶液配方

化学试剂	用量
$AgNO_3$	3 g
KI	60 g
氨 水	7 mL

(1) 制备时,先镀银.所用镀银溶液可按表 C.7-4 配方加水,配成 100 mL 溶液.以待镀电极为阴极,再用一铂丝为阳极,电压 4 V,串联一个约 2000 Ω 的可变电阻,用 10 mA 电流电镀 0.5 h 即可.

(2) 镀好之银电极用蒸馏水仔细冲洗,然后将此银电极作为阳极,将铂丝作为阴极在 1 mol·dm^{-3} 盐酸溶液中电镀一层 AgCl(电流密度为 2 mA·cm^{-2},通电约 30 min).然后用蒸馏水清洗,最后制得的电极呈紫褐色.制好的电极需要 24 h 或更长时间才能充分达到平衡.氯化银电极不用时,需浸入与待测体系具有相同氯离子浓度的 KCl 溶液中,并保存在不露光处.

参 考 资 料

1. David J.G. Ives, George J. Jane. Reference Electrodes, Academic Press, New York (1961)
2. 杨文治.电化学基础,北京大学出版社(1982)

C.8 密度的测定

密度测定具有非常广泛用途.它可用来鉴别有机液体,区分两种类似化合物,检查大量物质中的不纯物;在 X 射线结构分析、摩尔折射度、偶极矩、等张比容的测定中,物质的密度是一个不可缺少的数据;它还可帮助估算其他物理性质,如沸点、粘度及表面张力、自由焓随压力变化关系等;通过测定密度,可方便、快速地对固体、液体、气体化合物进行稳定同位素分析.

液体、固体及气体的密度均可以测定.密度的测定方法很多,这里只予以简单介绍.

一、比 重 法

(一) 密度计法

这是一种最简单,在工业上最常用的测定液体密度方法.密度计为一套,每一支密度计上附有刻度.根据液体密度大小不同选择其中一支密度计,将其直接插入液体,从密度计刻度读数可直接读出液体密度.

(二) 比重天平法

比重天平有一个标准体积与质量之测锤,浸没于液体之中获得浮力,而使横梁失去平衡.然后在横梁的 V 型槽里置相应质量的骑码,使梁恢复平衡,从而能迅速测得液体密度.如图 C.8-1 所示.

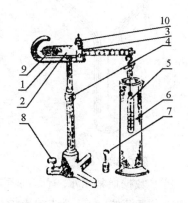

图 C.8-1　PZ-A-5 液体比重天平

1. 托架　2. 横梁　3. 玛瑙刀座
4. 支柱紧定螺钉　5. 测锤
6. 玻璃量筒　7. 等重砝码
8. 水平调节螺钉　9. 平衡调节器
10. 重心调节器

1. 使用方法

先将测锤 5 和玻璃量筒 6 用纯水或酒精洗净,再将支柱紧定螺钉 4 旋松,把托架 1 升至适当高度.把横梁 2 置于托架之玛瑙刀座 3 上.把等重砝码 7 挂在横梁右端之小钩上.调整水平调节螺钉 8,使横梁与支架指针尖成水平线,以示平衡.

如无法调节平衡时,将平衡调节器 9 上的小螺钉松开,然后略微转动平衡调节器 9 直至平衡为止.将等重砝码取下,换上测锤.如果天平灵敏度太高,则将重心调节器 10 旋低,反之旋高.一般情况,不必旋动重心调节器.将待测液体倒入玻璃量筒内,将测锤浸入待测液体中央.由于液体浮力,横梁失去平衡,在横梁 V 形刻度槽与小钩上加放各种骑码使之平衡.由横梁上不同位置的各种骑码的数目,即可按下法读出密度.

2. 读数方法

按下表方法读出数值.例如,测锤浸没入 20 ℃水中,分别加 5 g、500 mg、50 mg、5 mg 于横梁之 V 形刻度槽位第 9 位、第 9 位、第 7 位、第 4 位.从表中可看出,密度读数应为 0.9974.测锤上温度表可直接读取摄氏温度.

放在小钩上砝码重	5 g	500 mg	50 mg	5 mg
V 形槽上第 10 位代表数	1	0.1	0.01	0.001
V 形槽上第 9 位代表数	0.9	0.09	0.009	0.0009
V 形槽上第 8 位代表数	0.8	0.08	0.008	0.0008
⋮	⋮	⋮	⋮	⋮

天平给出的示值仅是密度的近似值,因为初始平衡是用等重砝码在空气中建立起来的,有空气浮力影响;测锤的选择和天平的调整是在 20℃ 下进行,而实测时温度往往不是 20℃,使测锤体积发生变化.因此,如欲得到真实的密度值,尚须校正,详见参考资料[3].

3. 注意事项

使用液体比重天平时,应注意各部件安装正确.要注意保护砝码,严格避免与腐蚀性液体接触,称量时应用镊子夹取砝码,严禁用手拿.

(三) 比重管法

比重管如图 C.8-2 所示. A、B 两臂成 120° 交角,由毛细管制成,臂端各有一磨口小帽,B 臂上有一刻度 S,A、B 两臂上缚一悬线.使用时拿下磨口小帽,将比重管倒置,使 A 端插入待测液中,并使 B 端接至抽气筒上,慢慢将液体吸入比重管,直到液体完全充满并没有气泡为止.置于恒温槽恒温 10 min,用滤纸从 A 端吸去管内多余的液体,使 B 端液面刚好到刻度 S 处,然后把 A 臂的帽套上后再套 B 臂的帽(为什么?).取出比重管,用滤纸擦干,挂在天平上称量,质量为 m_2.

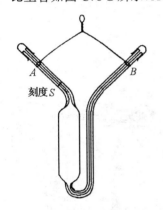

图 C.8-2　比重管

依上法测得充满已知密度为 $\rho_1^{t/℃}$ 的参考液体的比重管质量 m_1,并测得空管质量 m_0,则待测液体密度为

$$\rho^{t/℃} = \frac{m_2 - m_0}{m_1 - m_0} \rho_1^{t/℃} \tag{1}$$

$\rho_1^{t/℃}$ 数据通常用水,有时因考虑比重管要容易干燥及避免其他杂质混入,可以用纯溶剂苯作为参考液体.参考液体的质量必须称取两次以上,取平均值.

(四) 比重瓶法

比重瓶可用来测定液体密度及固体密度,如图 C.8-3 所示.

1. 液体密度的测定

方法与比重管法相似.首先称量空的比重瓶质量为 m_0,然后用已知密度液体充满比重瓶,盖上带有毛细管的磨口塞,置于恒温槽,恒温 10 min 后,用滤纸吸去塞子上毛细管口溢出的液体,取出小瓶擦干外壁、套上帽,再称得质量 m_1.倒去瓶中液体,将瓶吹干,放入待测密度的液体,再恒温 10 min,用同法称其质量得 m_2.然后由(1)式计算待测液体的密度.

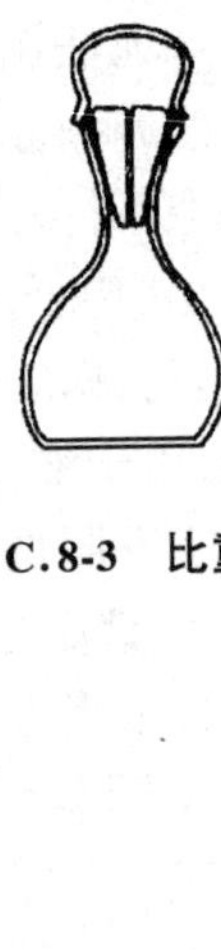

图 C.8-3　比重瓶

2. 固体密度的测定

首先称量空比重瓶质量为 m_1；注入已知密度的液体(该液体应不溶待测固体,但能润湿固体),置于温度为 t 的恒温槽,恒温 10 min 后,用滤纸吸去塞子上毛细管口溢出的液体,取出小瓶擦干外壁,再称得质量为 m_2.倒去液体,将瓶吹干,放入待测密度的固体(放入量依瓶大小而定)称量得 m_3.然后再在该瓶中注入一定量上述已知密度的液体,放于真空干燥器中,用油泵抽气约 5 min,使吸附于固体表面空气全部消除后,再将比重瓶注满液体,用同法恒温 10 min,称得质量为 m_4.

由(2)式计算固体密度:

$$\rho_s^{t/℃} = \frac{m_3 - m_1}{(m_2 - m_1) - (m_4 - m_3)}\rho_1^{t/℃} \tag{2}$$

式中:$\rho_1^{t/℃}$、$\rho_s^{t/℃}$ 分别为温度为 t 时已知液体密度和待测固体密度.

二、落滴法

此方法对于测定很少量液体密度特别有用,准确度也比较高.可用来测定溶液中浓度微小变化,在医院中可用于测定血液组成的改变,在同位素重水分析中是一个很有用的方法.它的缺点是液滴滴下的介质难于选择,因此影响它的应用范围.

原理是根据斯托克斯(Stockes)定律,即一个微小液滴在一个不溶性介质中降落,当降落速率 v 恒定时,满足下述公式

$$v = \frac{2gr^2(\rho - \rho_0)}{9\eta} \tag{3}$$

式中:g 为重力加速度,r 为液滴半径,ρ 为液滴的密度,ρ_0 为介质的密度,η 为介质的粘度.

如果使半径为 r 的液滴降落,通过一定距离 s,降落时间为 t,则 $v = s/t$.代入上式,则

$$\frac{s}{t} = \frac{2gr^2(\rho - \rho_0)}{9\eta} \tag{4}$$

从式(4),得

$$\frac{1}{t} = k(\rho - \rho_0) \tag{5}$$

从式(5)中可看出,$\frac{1}{t}$ 与样品密度 ρ 成正比.如果测几个已知密度样品的 $\frac{1}{t}$,作 $\frac{1}{t}$-ρ 直线,然后测定未知样品的 $\frac{1}{t}$,则可从直线得到未知样品的密度.

仪器构造及实验步骤可参看有关参考书,此处从略.

参 考 资 料

1. Arnold Weissberger. Technique of Organic Chemistry, 3rd ed., vol. I, Part I, p.131~190, Wiley Inc., New York (1960)

2. 北京大学化学系高分子教研室编.高分子物理实验,北京大学出版社(1983)

3. 廉育英.密度测量技术,北京:机械工业出版社(1982)

C.9 表面张力的测定

　　液体表面张力测定,对于了解物质体系性质,溶液表面结构、分子间相互作用(特别是表面分子相互作用),提供了一种很有用的方法;它还可用来帮助了解润湿、去污、悬浮力等问题;可用来帮助计算等张比容,工业设计中用来帮助估算塔板效率等.

　　测定液体表面张力常用的方法有:(i) 毛细管升高法,(ii) 滴重法,(iii) 环法和(iv) 最大气泡压力法.

一、毛细管升高法

　　测量仪器如图 C.9-1(b)所示.

(一) 原理

　　当一根洁净的、无油脂的毛细管浸进液体,液体在毛细管内升高到 h 高度.在平衡时,毛细管中液柱重量与表面张力关系为

$$2\pi\gamma r\cos\theta = \pi r^2 g\rho h$$

$$\gamma = \frac{g\rho h r}{2\cos\theta} \tag{1}$$

式中:γ 为表面张力,g 为重力加速度,ρ 为液体密度,r 为毛细管半径.

　　如果液体对玻璃润湿,$\theta = 0$,$\cos\theta = 1$(对于很多液体是这样情况),则

$$\gamma = \frac{g\rho h r}{2} \tag{2}$$

上式忽略了液体弯月面.如果弯月面很小,可以考虑为半球形,则体积应为

$$\pi r^3 - \frac{2}{3}\pi r^3 = \frac{1}{3}\pi r^3$$

从(2)式可得

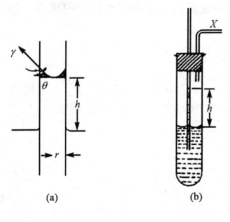

图 C.9-1
(a) 毛细管表面张力示意图
(b) 毛细管法测定表面张力仪器

$$\gamma = \frac{1}{2}g\rho r\left(h + \frac{1}{3}r\right) \tag{3}$$

更精确些时,可假定弯月面为一个椭圆球.(3)式变为

$$\gamma = \frac{1}{2}g\rho h r\left[1 + \frac{1}{3}\left(\frac{r}{h}\right) - 0.1288\left(\frac{r}{h}\right)^2 + 0.1312\left(\frac{r}{h}\right)^3\right] \tag{4}$$

(二) 仪器

　　约 25 cm 长、0.2 mm 直径的毛细管,读数显微镜,小试管,25℃ 恒温槽.

(三) 实验步骤

将毛细管洗净、干燥,于小试管中倾入被测液,按图 C.9-1(b)装好,置于恒温槽中恒温.通过 X 管慢慢地将空气吹入试管中,待毛细管中液体升高后,停止吹气并使试管内外压力相等.待液体回到平衡位置,用读数显微镜测量其高度 h.测定完毕后从 X 管吸气,降低毛细管内液面,停止吸气并使管内外压力相等,恢复到平衡位置测量高度.如果毛细管洁净,则两次测量的高度应相等,否则应清洗毛细管.

高度 h 测定以后,可用下述两个方法测定毛细管半径:

(1) 用已知表面张力的液体,测定毛细管升高 h.然后利用(2)或(3)、(4)式,算出毛细管半径 r.

(2) 于毛细管中充满干净的汞,测定毛细管中不同长度下汞的质量.根据该长度下汞质量数据及汞的密度,可以算出该段毛细管的平均半径.

二、滴 重 法

这一方法用的比较普遍,既可用来进行表面张力测定(仪器装置如图 C.9-2 所示),又可用来测定界面张力.

(一) 原理

从图 C.9-2 中可看出,当达到平衡时,从外半径为 r 的毛细管滴下的液体质量,应等于毛细管周边乘以表面张力(或界面张力),即

$$mg = 2\pi r\gamma \tag{5}$$

式中:m 为液滴质量,r 为毛细管外半径,γ 为表面张力,g 为重力加速度.

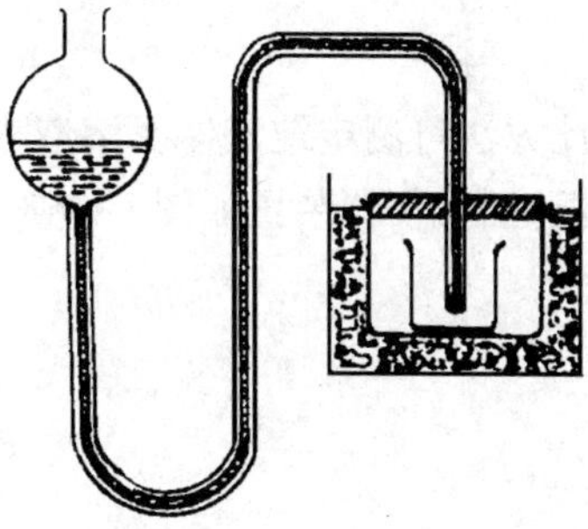

事实上,滴下来的仅仅是液滴的一部分.因此(5)式中给出的液滴是理想液滴.经实验证明,滴下来的液滴大小是 V/r^3 的函数,即由 $f(V/r^3)$ 所决定(其中 V 是液滴体积).(5)式可变为

$$mg = 2\pi r\gamma f(V/r^3) \tag{6}$$

$$\gamma = \frac{mg}{2\pi r f(V/r^3)} = \frac{Fmg}{r} \tag{7}$$

图 C.9-2　滴重法测定表面张力仪器图

式(7)中的 F 称为校正因子.表 C.9-1 给出校正因子 F 的数据.

如果测得滴下来液滴体积及毛细管外半径,从表 C.9-1 就可查出校正因子 F 的数值.

表 C.9-1　滴重法校正因子 F

V/r^3	F	V/r^3	F
∞	0.159	3.433	0.2587
5000	0.172	2.995	0.2607
250	0.198	2.0929	0.2645
58.1	0.215	1.5545	0.2657
24.6	0.2256	1.048	0.2617
17.7	0.2305	0.816	0.2550

续表

V/r^3	F	V/r^3	F
13.28	0.2352	0.729	0.2517
10.29	0.2398	0.541	0.2430
8.190	0.2440	0.512	0.2441
6.662	0.2479	0.455	0.2491
5.522	0.2514	0.403	0.2559
4.653	0.2542		

(二) 仪器

毛细管(末端磨平),称量瓶,读数显微镜.

(三) 实验步骤

1. 按图 C.9-2 装好仪器,把待测液体充满毛细管,并调节液位使液滴按一定时间间隔滴下.在保证液滴不受震动的条件下,用称量瓶搜集 25～30 滴称量(对于挥发性液体,最好把滴下的液体加以冷却).

2. 用读数显微镜测量毛细管的外径.

3. 从液滴质量及液体密度计算滴下液滴体积.然后求出 V/r^3 数值,再从表 C.9-1 查出校正因子 F 数值.根据式(7),算出表面张力.

三、环　　法

此方法可测定纯液体及溶液表面张力;也可用来测定界面张力.其优点是快速,缺点是难于恒温控制.仪器装置如图 C.9-3 所示.

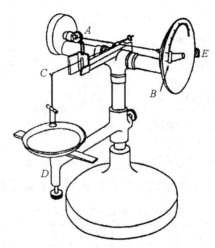

图 C.9-3　环法表面张力测定仪

(一) 原理

一个金属环(如铂丝环)同润湿该金属环的液体接触,则把金属从该液体拉出所需的力 f

是由液体表面张力、环的内径及环的外径所决定(见图 C.9-4). 如果环拉起时带出液体质量为 m,则平衡时

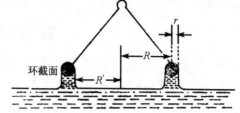

$$f = mg = 2\pi R'\gamma + 2\pi\gamma(R' + 2r) \quad (8)$$

式中:f 为平衡条件下环拉离液体所需力,m 为环拉离液体前瞬间悬挂在环上液体质量,g 为重力加速度,R' 为环的内半径,r 为环丝半径,γ 为液体表面张力.

事实上,式(8)是一个简化公式.实验证明,式(8)必须乘上一个校正因子 F,才能得到正确结果.F 值列于表 C.9-2 中.

图 C.9-4 环法测表面张力原理

表 C.9-2 环法校正因子 F

R^3/V	F		
	$R/r = 32$	$R/r = 42$	$R/r = 50$
0.3	1.018	1.042	1.054
0.5	0.946	0.973	0.9876
1.0	0.880	0.910	0.9290
2.0	0.820	0.860	0.8798
3.0	0.783	0.828	0.8521

表中:V 是环离开液体前瞬间悬挂在环上液体的体积,可从下式求得

$$V = \frac{f}{\rho g}$$

因此,从式(8)可得到校正方程

$$fF = 4\pi R\gamma$$

$$\gamma = \frac{fF}{4\pi R} \tag{9}$$

(二) 仪器

扭力天平(如图 C.9-3 所示),且已知 R' 及 r 的铂丝环.

(三) 实验步骤

用热洗液浸泡铂丝环,然后用蒸馏水洗净、烘干.把待测液体倾入表面皿上,将表面皿置于平台 D 上;把环悬挂于扭力天平臂 C 上(注意:不要碰到液体),转动旋钮 E 直到指针 B 处于 0 位置.升高平台 D 直到表面皿上液体刚好同环接触为止.然后在维持天平臂一直处于水平条件下,旋转旋钮 E,并利用平台下旋钮,降低平台 D 位置.小心缓慢地操作,直到环离开液面为止.记下指针所指出的刻度盘读数.此读数就是 f 的数据.重复数次直到几次数据平行为止.

一般情况下,测定前必须对扭力天平刻度读数进行校正.校正方法如下:把干燥的铂丝环悬挂于钩上,放置一已知质量的片码于环上,调整指针到零刻度上.然后旋转旋钮 E 使天平臂水平,记下指针所示读数.再加入一已知质量的片码,重复上述操作.将刻度盘上读数对已知砝码质量作曲线,此曲线即可表示刻度盘上读数相应的质量.

根据刻度盘上读数求得拉力 f,并根据环的内半径 R' 及丝的半径 r 计算 R^3/V 及 R/r,从校正表 C.9-2 查出校正因子 F,然后根据式(9)可求出表面张力 γ.

四、最大气泡压力法

参看实验 B.29,此处从略.这一方法一般用在温度较高的熔融盐表面张力测定.对于表面活性剂,这方法很难测准,一般不大使用.

参 考 资 料

1. 赵国玺编著.表面活性剂物理化学(修订版),北京大学出版社(1991)
2. J. F. Padday. Surface and Colloid Science, Editor Egon Matijević, vol. 1, p.101(1969)
3. B. P. Levitt. Findlay's Practical Physical Chemistry, 9th ed., p.97, Longman Group Limited, London(1973)

D. 附　　录

D.1 实验室安全

(一) 安全用电常识

1. 关于触电

人体通过 50Hz 的交流电 1 mA 就有感觉,10 mA 以上使肌肉强烈收缩,25 mA 以上则呼吸困难,甚至停止呼吸,100 mA 以上则使心脏的心室产生纤维性颤动,以致无法救活. 直流电在通过同样电流的情况下,对人体也有相似的危害.

防止触电需注意:

(1) 操作电器时,手必须干燥. 因为手潮湿时,电阻显著减小,容易引起触电. 不得直接接触绝缘不好的通电设备.

(2) 一切电源裸露部分都应有绝缘装置(电开关应有绝缘匣,电线接头裹以胶布、胶管),所有电器设备的金属外壳应接上地线.

(3) 已损坏的接头或绝缘不良的电线应及时更换.

(4) 修理或安装电器设备时,必须先切断电源.

(5) 不能用试电笔去试高压电.

(6) 如果遇到有人触电,应首先切断电源,然后进行抢救. 因此,应该了解清楚电源总闸的具体位置.

2. 负荷及短路

物理化学实验室总电闸一般允许最大电流为 30~50 A,一般实验台上分闸的最大允许电流为 15 A. 使用功率很大的仪器,应该事先计算电流量,否则长期使用超过规定负荷的电流时,容易引起火灾或其他严重事故.

为防止短路,应避免导线间的摩擦. 尽可能不使电线、电器受到水淋或浸在导电的液体中. 比如,实验室中常用的加热器如电热刀或电灯泡的接口不能浸在水中.

若室内有大量的氢气、煤气等易燃易爆气体时,应防止产生电火花,否则会引起火灾或爆炸. 电火花经常在电器接触点(如插销)接触不良、继电器工作时以及开关电闸时发生,因此应注意室内通风;电线接头要接触良好,包扎牢固以消除电火花,在继电器上可以连一个电容器以减弱电火花等. 一旦着火,则应首先拉开电闸,切断电路,再用相应方法灭火;如无法拉开电闸,则用砂土、干粉灭火器或 CCl_4 灭火器等灭火. 决不能用水或泡沫灭火器来灭电火,因为它们导电.

3. 使用电器仪表

(1) 注意仪器设备所要求的电源是交流电,还是直流电、三相电,或是单相电,电压的大小(380 V, 220 V, 110 V, 6 V 等),功率是否合适以及正、负接头等.

(2) 注意仪表的量程. 待测数量必须与仪器的量程相适应,若待测量大、小不清楚时,必须先从仪器的最大量程开始. 例如,某一毫安培计的量程为 7.5—3—1.5 mA,应先接在 7.5 mA 接头上,若灵敏度不够,可逐次降到 3 mA 或 1.5 mA.

(3) 线路安装完毕应检查无误. 正式实验前,不论对安装是否有充分把握(包括仪器量程是否合适),总是先使线路接通一瞬间,根据仪表指针摆动速度及方向加以判断,当确定无误后,才能正式进行实验.

(4) 不进行测量时,应断开线路或关闭电源,这样,既省电又延长仪器寿命.

(二) 使用化学药品的安全防护

1. 防毒

化学药品一般多具有不同程度的毒性.因此,要尽量杜绝和减少直接接触化学药品,以避免其中有毒成分通过皮肤、呼吸道和消化道进入人体内.

(1) 实验前应了解所用药品的性能(尤其是毒性)和防护措施;

(2) 操作有毒气体(如 H_2S、Cl_2、Br_2、NO_2)及浓盐酸、氢氟酸等,应在通风橱中进行.

(3) 防止天然气管、天然气灯漏气,使用完天然气后,一定要把闸门关好.

(4) 苯、四氯化碳、乙醚、硝基苯等的蒸气会引起中毒,虽然它们都有特殊气味,但经常久吸后会使人嗅觉减弱,必须高度警惕.

(5) 用移液管移取有毒、有腐蚀性液体时(如苯、洗液等),严禁用嘴吸.

(6) 有些药品(如苯、有机溶剂、汞)能经皮肤渗透入体内,应避免直接与皮肤接触.

(7) 高汞盐[$HgCl_2$、$Hg(NO_3)_2$ 等],可溶性钡盐($BaCO_3$,$BaCl_2$),重金属盐(镉盐,铅盐)以及氰化物、三氧化二砷等剧毒物,应妥善保管.

(8) 不得在实验室内喝水、抽烟、吃东西.饮食用具不得带到实验室内,以防毒物沾染.离开实验室时要洗净双手.

2. 防爆

可燃性的气体与空气的混合物,当两者的比例处于爆炸极限(体积分数 φ)时,只要有一个适当的热源(如电火花)诱发,将引起爆炸.表 D.1-1 列出某些气体与空气相混合的爆炸极限(20 ℃,101325 Pa).

表 D.1-1　与空气相混合的某些气体的爆炸极限

气 体	爆炸高限 $\varphi/(\%)$	爆炸低限 $\varphi/(\%)$	气 体	爆炸高限 $\varphi/(\%)$	爆炸低限 $\varphi/(\%)$
氢	74.2	4.0	醋酸	—	4.1
乙烯	28.6	2.8	乙酸乙酯	11.4	2.2
乙炔	80.0	2.5	一氧化碳	74.2	12.5
苯	6.8	1.4	水煤气	72	7.0
乙醇	19.0	3.3	煤气	32	5.3
乙醚	36.5	1.9	氨	27.0	15.5
丙酮	12.8	2.6			

因此应尽量防止可燃性气体散失到室内空气中.同时保持室内通风良好,不使它们形成可爆炸的混合气.在操作大量可燃性气体时,应严禁使用明火,严禁用可能产生电火花的电器以及防止铁器撞击产生火花等.

另外,有些化学药品,如叠氮铅、乙炔银、乙炔铜、高氯酸盐、过氧化物等,受到震动或受热容易引起爆炸.特别应防止强氧化剂与强还原剂存放在一起.久藏的乙醚使用前,需设法除去其中可能产生的过氧化物.在操作可能发生爆炸的实验时,应有防爆措施.

3. 防火

物质燃烧需具备三个条件:(i)可燃物质,(ii)氧气或氧化剂以及(iii)一定的温度.

许多有机溶剂,像乙醚、丙酮、乙醇、苯、二硫化碳等很容易引起燃烧.使用这类有机溶剂时,室内不应有明火(以及电火花、静电放电等).实验室不可存放过多这类药品,用后要及时回收,处理,切不要倒入下水道,以免积聚引起火灾等.还有些物质能自燃,如黄磷在空气中就能因氧化而自行升温燃烧起来.一些金属,如铁、锌、铝等的粉末由于比表面很大,能激烈地进行氧化,自行燃烧.金属钠、钾、电石及金属的氢化物、烷基化合物等,也应注意存放和使用.

一旦发生火情,应冷静判断情况,采取措施,如采取隔绝氧的供应,降低燃烧物质的温度,将可燃物质与火焰隔离的办法.常用来灭火的有水、沙以及 CO_2 灭火器、CCl_4 灭火器,泡沫灭火器、干粉灭火器等,可根据着火原因、场所情况正确选用.

水是最常用的灭火物质,可以降低燃烧物质的温度,并且形成“水蒸气幕”,能在相当长时间内阻止空气接近燃烧物质.但是,应注意起火地点的具体情况:

(1) 有金属钠、钾、镁、铝粉、电石、过氧化钠等,采用干砂等灭火.

(2) 对易燃液体(密度比水小,如汽油、苯、丙酮等)的着火,采用泡沫灭火剂更有效,因为泡沫比易燃液体轻,覆盖在上面可隔绝空气.

(3) 在有灼烧的金属或熔融物的地方着火,应采用干沙或固体粉末灭火器(一般是在碳酸氢钠中加入相当于碳酸氢钠重量的 45%～90% 的细砂、硅藻土或滑石粉.也有其他配方)来灭火.

(4) 电气设备或带电系统着火,用二氧化碳灭火器或四氯化碳较合适.

上述四种情况均不能用水,因为有的可以生成氢气等,使火势加大甚至引起爆炸,有的会发生触电等;同时也不能用四氯化碳灭碱土金属的着火.另外,四氯化碳有毒,在室内救火时最好不用.灭火时不能慌乱,应防止在灭火过程中再打碎可燃物的容器.平时应知道各种灭火器材的使用和存放地点.

4. 防灼伤

强酸、强碱、强氧化剂、溴、磷、钠、钾、苯酚、冰醋酸等都会腐蚀皮肤,尤其应防止它们溅入眼内.液氮、干冰等物质,低温也会严重灼伤皮肤.一旦受伤,要及时治疗.

5. 防水

有时因故停水而水门没有关闭,当来水后若实验室没有人,又遇排水不畅,则会发生事故,如淋湿甚至浸泡仪器设备,有些试剂如金属钠、钾、金属氢化物、电石等遇水还会发生燃烧、爆炸等.因此,离开实验室前,应检查水、电、天然气开关是否关好.

(三) 汞的安全使用

1. 汞的毒性

在常温下汞逸出蒸气,吸入体内会使人受到严重毒害.一般汞中毒可分急性与慢性两种.急性中毒多由高汞盐入口而得(如吞入 $HgCl_2$),普通在 $0.1\sim0.3\,g$ 则可致死;由汞蒸气而引起的慢性中毒,其症状为食欲不振、恶心、大便秘结、贫血、骨骼和关节疼痛、神经系统衰弱.引起以上症状的原因,可能由于汞离子与蛋白质起作用,生成不溶物,因而妨害生理机能.

汞蒸气的最大安全浓度为 $0.1\,mg\cdot m^{-3}$.而 20℃ 时,汞的饱和蒸气压为 $0.2\,Pa$,比安全浓度大 100 多倍.若在一个不通气的房间内,而又有汞直接露于空气时,就有可能使空气中汞蒸气超过安全浓度.所以必须严格遵守下列安全用汞的操作规定.

2. 安全用汞的操作规定

(1) 汞不能直接露于空气之中,在装有汞的容器中,应在汞面上加水或其他液体覆盖.

（2）一切倒汞操作,不论量多少一律在浅瓷盘上进行(盘中装水).在倾去汞上的水时,应先在瓷盘上把水倒入烧杯,而后再把水由烧杯倒入水槽.

（3）装有汞的仪器下面一律放置浅瓷盘,使得在操作过程中偶然洒出的汞滴不至散落桌上或地面.

（4）实验操作前应检查仪器安放处或仪器连接处是否牢固,橡皮管或塑料管的连接处一律用铜线缚牢,以免在实验时脱落使汞流出.

（5）倾倒汞时一定要缓慢,不要用超过 250 mL 的大烧杯盛汞,以免倾倒时溅出.

（6）储存汞的容器必须是结实的厚壁玻璃器皿或瓷器,以免由于汞本身的重量而使容器破裂.如用烧杯盛汞不得超过 30 mL.

（7）若不慎有汞掉在地上、桌上或水槽等地方,应尽可能地用吸汞管将汞珠收集起来,再用能成汞齐的金属片(如 Zn, Cu)在汞溅落处多次扫过;最后用硫黄粉覆盖在有汞溅落的地方,并摩擦之,使汞变为 HgS,亦可用 $KMnO_4$ 溶液使汞氧化.

（8）擦过汞齐或汞的滤纸或布块必须放在有水的瓷缸内.

（9）装有汞的仪器应避免受热,保存汞处应远离热源.严禁将有汞的器具放入烘箱.

（10）用汞的实验室应有良好通风设备(特别要有通风口在地面附近的下排风口),并最好与其他实验室分开,经常通风排气.

（四）X 射线的防护

X 射线被人体组织吸收后,对健康是有害的.一般晶体 X 射线衍射分析用的是软 X 射线(波长较长、穿透能力较低)比医院透视用的硬 X 射线(波长较短、穿透能力较强)对人体组织伤害更大.轻者造成局部组织灼伤,如果长时期接触,重的可造成白血球下降,毛发脱落,发生严重的射线病.但若采取适当的防护措施,上述危害是可以防止的.

最基本的一条是防止身体各部(特别是头部)受到 X 射线照射,尤其是受到 X 射线的直接照射.因此要注意 X 光管窗口附近用铅皮(厚度在 1mm 以上)挡好,使 X 射线尽量限制在一个局部小范围内,不让它散射到整个房间.在进行操作(尤其是对光)时,应戴上防护用具(特别是铅玻璃眼镜).操作人员站的位置应避免直接照射.操作完,用铅屏把人与 X 光机隔开;暂时不工作时,应关好窗口.非必要时,人员应尽量离开 X 光实验室.室内应保持良好通风,以减少由于高电压和 X 射线电离作用产生的有害气体对人体的影响.

（五）高压钢瓶使用注意事项

气体钢瓶是由无缝碳素钢或合金钢制成,适用于装介质压力在 15.0 MPa(150 atm)以下的气体.标准气瓶类型见表 D.1-2.

表 D.1-2　标准气瓶类型

气瓶类型	装(盛)气体种类	工作压力/MPa	试验压力/MPa	
			水压试验	气压试验
甲	O_2、H_2、N_2、CH_4、压缩空气和惰性气体	15.0	22.5	15.0
乙	纯净水煤气及 CO_2 等	12.5	19.0	12.5
丙	NH_3、氯、光气和异丁烯等	3.0	6.0	3.0
丁	SO_2 等	0.6	1.2	0.6

使用气瓶的主要危险是气瓶可能爆炸和漏气(这对可燃性气体钢瓶就更危险,应尽可能避免氧气瓶和其他可燃性气体钢瓶放在同一房间内使用.否则,也易引起爆炸).已充气的气体钢瓶爆炸的主要原因,是气瓶受热而使内部气体膨胀,以致压力超过气瓶的最大负荷而爆炸.或者瓶颈螺纹损坏,当内部压力升高时,冲脱瓶颈.在这种情况下,气瓶按火箭作用原理向放出气体的相反方向高速飞行.因此,均可造成很大的破坏和伤亡.另外,如果气瓶金属材料不佳或受到腐蚀时,一旦在气瓶坠落或撞击坚硬物时,就会发生爆炸.钢瓶(或其他受压容器)是存在着危险的,使用时需特别注意:

(1) 搬运气瓶前要把瓶帽旋上,动作要轻稳.放置使用时必须牢靠、固定好.

(2) 钢瓶应存放在阴凉、干燥、远离热源(如阳光、暖气、炉火等)地方.

(3) 使用时要用气表(CO_2,NH_3 可例外).一般可燃性气体的钢瓶气门螺纹是反扣的(如 H_2,C_2H_2),不燃性或助燃性气体的钢瓶是正扣(如 N_2,O_2).各种气压表一般不得混用.

(4) 绝不可使油或其他易燃性有机物沾染在气瓶上(特别是出口和气压表);也不可用麻、棉等物堵漏,以防燃烧引起事故.

(5) 开启气门时应站在气压表的另一侧,更不许把头或身体对准气瓶总阀门,以防万一阀门或气压表冲出伤人.

(6) 不可把气瓶内气体用尽,以防重新灌气时发生危险.

(7) 使用时,注意各气瓶上漆的颜色及标字(见表 D.1-3),避免混淆.

表 D.1-3　中国气瓶常用标记

气体类别	瓶身颜色	标字颜色	气体类别	瓶身颜色	标字颜色
氮	黑	黄	二氧化碳	黑	黄
氧	天蓝	黑	氯	黄绿	黄
氢	深绿	红	其他一切可燃气体	红	白
空气	黑	白	其他一切不可燃气体	黑	黄
氨	黄	黑			

(8) 使用期间的气瓶,每隔三年至少要进行一次检验.用来装腐蚀性气体的气瓶,每两年至少要检验一次.不合格的气瓶应报废,或降级使用.

(9) 氢气瓶最好放在远离实验室的小屋内,用导管引入(千万要防止漏气).并应加防止回火的装置.

(六) 氧气使用操作规程

由电解水或液化空气能得到纯氧气,压缩后,贮于钢瓶中备用.气体厂刚充满氧的钢瓶压力可达 15.0 MPa(150 atm),使用氧气需用氧气压力表,表的构造如图 D.1-1 所示.

1. 氧弹充氧程序

(见 B.2 燃烧热的测定)

(1) 将氧气瓶摆稳固定(卧倒或直立,实验室中一般是直立缚牢),取下瓶上钢帽,将氧气表与钢瓶接上.

(2) 将氧弹盖旋紧,关紧出气阀,将进气阀上盖除去,将紫铜管接上.

(3) 将供气阀门 f 关上,将阀门 a 打开,总压力表 c 指出钢瓶内总气压,旋紧调压阀门 d(向上顶)一直至压力表(e)指示实验所需压力(2.0 MPa,约为 20 atm).

(4) 打开供气阀门 f,氧气就灌入氧弹内(有些表没有供气阀门,可直接灌入),压力表 e 稍降又复回升,至压力表指针稳定为止(约 1 min),这时氧气就已充好.

(5) 关紧阀门 f,再关阀 a,松开紫铜管与氧弹接头,放松阀门 f 放去余气,松开阀 d,恢复原状.

(6) 氧弹充气后,需检查不漏气,才能点火燃烧.

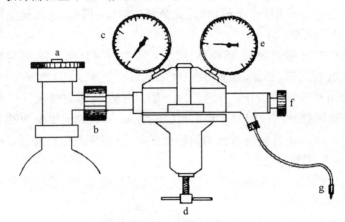

图 D.1-1　氧气表

a—总阀门　b—氧气表和钢瓶连接螺旋　c—总压力表　d—调压阀门,

e—分压力表　f—供气阀门　g—接氧弹进气口螺旋

2.安全使用氧气规则

(1) 搬运钢瓶时,防止剧烈振动,严禁连氧气表一起装车运输.

(2) 严禁与氢气同在一个实验室内使用.

(3) 尽可能远离热源.

(4) 在使用时特别注意手上、工具上、钢瓶和周围不能沾有油脂.扳子上的油可用酒精洗去,待干后再使用,以防燃烧和爆炸.

(5) 氧气瓶应与氧气表一起使用,氧气表需仔细保护,不能随便用在其他钢瓶之上.

(6) 开阀门及调压时,人不要站在钢瓶出气口处,头不要在瓶头之上,而应在瓶之侧面,以保人身安全.

(7) 开气瓶总阀 a 之前,必须首先检查氧气表调压阀门 d 是否处于关闭(手把松开是关闭)状态.不要在调压阀 d 处于开放(手把顶紧是开放)状态,突然打开气瓶总阀,否则会出事故.

(8) 防止漏气.若漏气应将螺旋旋紧或换皮垫.

(9) 钢瓶内压力在 1.0 MPa(10 atm)以下时,不能再用,应该去灌气.

参 考 资 料

1. 上海市化工轻工供应公司.化学危险品实用手册,北京:化学工业出版社 (1992)

2. [英] H.A.J. 裴爱德斯.化学实验室安全手册,北京:科学出版社(1957)

3. Norman V.Steere. CRC Handbook of Laboratory Safety, CRC Press(1971)

D.2 物理化学数据资料和实验参考书简介

物理化学数据对于科学研究、生产实际、工业设计等具有很重要的意义.因此,掌握查阅文献数据的方法是物理化学实验要培养的一个很重要的基本功.由于记载前人实验数据的书刊极多,在此仅就一些重要手册、杂志加以介绍,作为初学者的导引.

物理化学数据手册分为一般和专用二种.

(一) 一般物理化学手册

是指归纳及综合了各种物理化学数据,提供一般查阅用的.属于这类的有:

[1] "CRC Handbook of Chemistry and Physics"(化学与物理学手册)

1913 年出第 1 版,至今已出第 82 版.Robert C.Weast 担任该书主编达 30 多年,第 71 版起改由 David R.Lide 任主编.此书每年修订一次,由美国 CRC(化学橡胶公司)新出一版,前有目录,后有索引,并有文献数据出处,内容丰富,使用方便.本书附录中不少数据取自 1992～1993 年第 73 版.从 71 版起,该书标题由原来的 6 个调整改为 16 个,除保留原内容外,又增加了新的内容.

[2] "I.C.T.",英文全名为 "International Critical Tables of Numerical Data, Physics, Chemistry and Technology"(物理、化学和工艺技术的国际标准数据表)

1926～1933 年出版,共 7 卷,另附索引 1 卷.所搜集的数据是 1933 年以前的,比较陈旧;但数据比较齐全,为一本常用的手册.I.C.T.原以法国的数据年表(Tables Annuelles)前 5 卷为基础,后来 Tables Annuelles 继续出版,自然就成为 I.C.T.的补充.

[3] "Landolt Börnstein",德文全名为 "Zahlenwerte und Funktionen aus Physik, Chemie, Astronomie, Geophysik und Technik"(物理、化学、天文、地球物理及工艺技术的数据和函数)

郎-彭氏(L.B.)手册收集的数据较新、较全,因此在 I.C.T.不能满足要求时,常可查阅郎-彭手册.该手册系按物理性质先分成许多小节,如以上所引的目录所示.在每一小节中再按化合物分类,分类方法见各分册卷首说明.1961 年该书开始出版新辑(L. B.Neue Serie),重新作了编排,名字改为 "Landolt-Börnstein Zahlenwerte und Funktionen aus Naturwissenschaften und Technik"(自然科学与技术中的数字数据和函数关系),到目前已陆续出版了 5 大类,50 余卷,涉及的内容很广泛.

第 6 版的卷 I～IV 已译成英文.每卷又分为若干分册,如卷 I 有 5 个分册,卷 II 有 9 个分册(见下表).

卷　　名	分　册　名
卷 I:原子和分子物理	I /1:原子和离子
	I /2:分子 I (核架)
	I /3:分子 II (电子层)

卷　　名	分　册　名
卷Ⅱ:各种聚集状态的物理性质	Ⅰ/4:晶体
	Ⅰ/5:原子核和基本粒子
	Ⅱ/1:尚未出版
	Ⅱ/2a:多相体系平衡的热力学常数,蒸气压、密度、转化温度、凝固点降低、沸点升高以及渗透压
	Ⅱ/2b 和Ⅱ/2c:溶液平衡
	Ⅱ/3:熔点平衡(相图),界面平衡的特征常数(表面电荷、接触角、水上的表面膜、吸附、层析、纸上层析)
	Ⅱ/4:量热数据、生成热、熵、焓、自由能,有分子振动时热力学函数计算表,焦－汤效应,低温时的热磁效应和顺磁盐以及混合物溶液的热力学函数
	Ⅱ/5:未出版
	Ⅱ/6:金属和固体离子的电导,半导体,压电晶体的弹性,压力和介电常数、介电特性
	Ⅱ/7:电化学体系的电导、电动势,电化学体系中的平衡
	Ⅱ/8:光学常数,反射,磁光凯尔(Kerr)效应,折射率、旋光、双折射,压电晶体的光学性质,法拉第效应,色散
	Ⅱ/9:磁学性质,铁磁性,法拉第效应,凯尔效应、顺磁共振、核磁共振
卷Ⅲ:天文和地球物理	
卷Ⅳ:基本技术	

[4]　"Handbook of Chemistry"(化学手册),N.A. Lange 主编

1934 年出第 1 版,到 1970 年出第 10 版.从第 11 版(1973)起,手册更名为:"Lange's Handbook of Chemistry"(蓝氏化学手册),改由 John A.Dean 主编,现已出第 15 版.该书包括数学、综合数据和换算表、原子和分子结构、无机化学、分析化学、电化学、有机化学、光谱学以及热力学性质等.该手册第 13 版(1985)已由尚久方等人译成中文版"蓝氏化学手册",由科学出版社于 1991 年出版.

[5]　"Taschenbuch für Chemiker und Physiker"(化学家和物理学家手册),D'Ans,Lax 等编(1983~1992)

[6]　"Handbook or Organic Structure Analysis"(有机结构分析手册),Y. Yukawa 等编(1965)

该书内容有紫外、红外、旋光色散光谱;等张比容;质子磁共振和核四极矩共振;抗磁性;介电常数;偶极矩;原子间距,键角;键解离能;燃烧热、热化学数据;分子体积;胺及酸解离常数;氧化还原电势;聚合常数.

[7]　"Chemical Engineers' Handbook"(化学工程手册),R. H.Perry 和 C. H. Chilton 主编

为化学工程技术人员编辑的参考手册,附有各种物理化学数据.该书至 1984 年已出至第 6 版,改名为"Perry's Chemical Engineers' Handbook",其中译本"PERRY 化学工程手册(第 6 版)"已由化学工业出版社于 1992 年出版.

[8] "Handbook of Data on Organic Compounds"(有机化合物数据手册),第 2 版, R. C. Weast 等编(1989)

[9] "Journal of Physical and Chemical Reference Data"(物理和化学参考资料杂志)
该书自 1972 年开始,由美国化学会和美国物理协会负责出版.

[10] "Journal of Chemical and Engineering Data"(化学和工程资料杂志)
1956 年开始刊行,每年 1 卷共 4 册,每季度出一册.每册后面有"New Data Compilation"(新资料编纂),介绍各种新出版的资料、数据手册和期刊.

[11] "Tables of Physical and Chemical Constants"(物理和化学常数表),第 16 版, G. W. C. Kaye 和 T. H. Laby 编(1999)

[12] "Handbook of Chemical Data"(化学数据手册), F. W. Atack (1957)
这是一本袖珍手册,内容简明,介绍了无机和有机化合物的一些主要物理常数以及定性和定量分析部分,可供一般查阅.

[13] 物理化学简明手册,印永嘉主编,北京:高等教育出版社(1988)
该手册汇集了气体和液体性质、热效应和化学平衡、溶液和相平衡、电化学、化学动力学、物质的界面性质、原子和分子的性质、分子光谱、晶体学等九部分,简明实用.

(二) 专用手册

1. 热力学及热化学

[1] "Selected Values of Chemical Thermodynamic Properties"(化学热力学性质的数据选编), D. D. Wagman 等编(1981)

[2] "Handbook of the Thermodynamics of Organic Compounds"(有机化合物热力学手册), R. M . Stephenson 编(1987)

[3] "Thermochemical Data of Pure Substances"(纯物质的热化学数据), Ihsan Barin 编(1989)

[4] "Thermodynamic Data for Pure Compounds"(纯化合物热力学数据), Smith Buford 等编(1986)

[5] "Selected Values for the Thermodynamic Properties of Metals and Alloys"(金属和合金热力学性质的数据选编), Ralph Hultgren 等编(1963)

[6] "The Chemical Thermodynamics of Organic Compounds"(有机化合物的化学热力学), D. R. Stull 等编(1970)

[7] "Thermochemistry of Organic and Organometallic Compounds"(有机和有机金属化合物的热化学), J. D. Cox 和 G. Pilcher 编(1970)

2. 平衡常数

[1] "Dissociation Constants of Organic Acids in Aqueous Solution"(水溶液中有机酸的解离常数), G. Kortüm 等编(1961)

[2] "Dissociation Constants of Organic Bases in Aqueous Solution"(水溶液中有机碱的解离常数), D. D. Perrin 等编(1965)

[3] "Stability Constants of Metal-Ion Complex"(金属络合物的稳定常数)(1964)
第一部分:无机配位体(由 L. G. Sillén 编);第二部分:有机配位体(由 A. E. Martell 编).

[4] "Instability Constants of Complex Compounds"(络合物不稳定常数), Yatsmirskii 编 (1960)

[5] "Ionization Constants of Acids and Bases"(酸和碱的解离常数), A. Albert 编(1962)

3. 溶液和溶解度数据

[1] "Solubility Data Series"(溶解度数据丛书), A. S. Kerters 主编

IUPAC 数据出版系列中一套丛书, 包括各种气体、液体、固体在各种溶液中的溶解度, 篇幅大, 数据可靠, 至 1992 年已出版 51 卷.

[2] "Physicochemical Constants of Binary System in Concentrated Solutions"(浓溶液中二元体系的物理化学常数), 共 4 卷, J. Timmermans 编(1959~1960)

[3] "Solubilities: Inorganic and Metal-Organic Compounds"(无机和金属有机化合物的溶解度), 第 4 版, W. F. Linke 编(1958)

[4] "Solubilities of Inorganic and Organic Compounds"(无机和有机化合物的溶解度), H. Stephen 等编(1963~1964)

卷 I : Binary system (二元体系)(1963);

卷 II : Ternary and Multicomponent Systems (三元和多组分体系)(1964).

[5] "Solvents Guide"(溶剂手册), 第 2 版, C. Marsden 编(1963)

4. 蒸气压和气-液平衡

[1] "Vapor Pressure of Organic Compounds"(有机化合物的蒸气压), J. Earl Jordan 编 (1954)

[2] "Vapor-Liquid Equilibrium Data"(气-液平衡数据), Ju Chin Chu 编(1956)

[3] "Azeotropic Data"(恒沸数据), Lee H. Horsely 编(1962)

[4] "The Vapor Pressures of Pure Substances"(纯物质蒸气压), Boublik Tomas 编(1984)

[5] "Vapor-Liquid Equilibrium Data Collection"(气-液平衡数据汇编), J. Gmehling 等编 (1977)

为 Chemistry Data Series (化学数据丛书)的第 1 卷.

5. 二元合金

[1] "Constitution of Binary Alloys"(二元合金组成), 第 2 版, Max Hansen 等编(1958)

[2] "Binary Alloy Phase Diagrams"(二组分合金相图), T. B. Mascalski 等编(1987)

6. 电化学

[1] "Electrochemical Data"(电化学数据), D. Dobes 编(1975)

另外, Meites Louis 等人, 于 1974 年出版了"Electrochemical Data".

[2] "Handbook of Electrochemical Constants"(电化学常数手册), Parsons 编(1959)

[3] "Selected Constants of Oxidation-Reduction Potentials of Inorganic Substances in Aqueous Solutions"(水溶液中无机物的氧化还原电势常数选编), G. Charlot 编(1971)

7. 化学动力学

[1] "Tables of Chemical Kinetics, Homogenous Reactions"(化学动力学表, 均相反应) (1951)

续编 No. I (1956); 续编 No. II (1960); 续编 No. III (1961).

[2] "Liquid-Phase Reaction Rate Constants"(液相反应速率常数), E. T. Denisov 编(俄,

1971),R. K. Johnston 译(英,1974)

8. 色谱数据

[1] "气相色谱手册",中国科学院化学研究所色谱组编(1977)

该书附有有关色谱的参考资料.

[2] "Compilations of Gas Chromatographic Data"(气相色谱数据汇集),J. S. Lewis 编 (1963)(1971 年 II 版补编 I)

[3] "气相色谱实用手册",吉林化学工业公司研究院编(1980)

[4] "分析化学手册"第 4 分册之上册,成都科学技术大学分析化学教研室编(1984)

9. 谱学数据

[1] "Crystal Data"(晶体数据),第 3 版,G. Donnay 等编(1972)

[2] "International Tables for X-Ray Crystallography"(X 射线结晶学国际表),K. Lonsdale 编(1969)

[3] X 射线粉末衍射数据卡片,简称 P.D.F.卡(即原 ASTM 卡片)

[4] "Sadtler Standard Spectra Collections"(萨德勒标准谱图集)

内容包括红外光谱、紫外光谱、核磁共振谱、拉曼光谱等.

[5] "Practical Handbook of Spectroscopy"(实用谱学手册),J. W. Robinson 编(1991)

[6] "A Handbook of Nuclear Magnetic Resonance"(核磁共振手册),Freeman Ray 编 (1987)

[7] "Raman/Infrared Atlas of Organic Compounds"(有机化合物的的拉曼、红外谱集), Bernhard Schrader 编(1989)

[8] "Handbook of Infrared Standards"(红外手册),Guy Guelachvili, K. N. Rao 编 (1986)

10. 偶极矩

"Tables of Experimental Dipole Moments"(实验偶极矩表),A. L. McClellan 编(1963)

(三) 物理化学实验参考书

物理化学实验的参考书刊很多,除期刊类外可分为综合各种物理化学实验技术的大型丛书,专门技术书以及实验教材书等.下面介绍 Arnold Weissberger 所编的几部丛书的章目内容以及部分实验教科书.

[1] Arnold Weissberger 编,"Technique of Organic Chemistry"(有机化学技术)(1945~1969)

共 14 卷.Physical Methods of Organic Chemistry (卷 1:有机化学的物理方法,第 3 版)共分四部分,涉及许多基础物理化学实验内容:第 I 部分包括自动控制,自动记录,称量,密度的测定,颗粒大小以及分子量的测定,温度测量,熔融和凝固温度的测定,沸点和冷凝温度的测定,蒸气压的测定,量热学,溶解度的测定,粘度的测定,表面和界面张力的测定,渗透压的测定等;第 II 部分包括折射法,结晶化学分析,电子显微镜,X 射线晶体学,气体电子衍射,中子衍射等;第 III 部分包括可见光和紫外光谱及可见紫外分光光度计,红外光谱,光散射,旋光测定,偶极矩的测定等;第 IV 部分包括微波谱,核磁共振,顺磁共振吸收,磁化率的测定,电势法,电导法,迁移数的测定,电泳,极谱,质谱等.

其余各卷为催化、光化和电解反应;分离和纯化,实验工程学;精馏;吸附和色谱;微量和半微量方法;有机溶剂;反应速率和反应机理的研究;光谱的化学应用;色谱基础;用物理和化学方法定结构;薄层色谱;气体色谱;能量传递和有机光化学.

[2]　Hans B. Jonassen 和 Arnold Weissberger 编,"Technique of Inorganic Chemistry"(无机化学技术)

此书至 1969 年为止,共出版 7 卷:卷 I 为络合物形成常数的测定,非水溶剂技术,熔盐技术,化学合成中电荷的利用,差热分析;卷 II 为核化学;卷 III 为气体色谱,电子显微镜,处理高活性 β-和 γ-发射材料的技术,手套箱技术;卷 IV 为离子交换技术,熔盐中氧化物单晶的生长,高温技术,磁化学,旋光色散和圆二色性技术;卷 V 为聚焦炉技术;卷 VI 为高压技术,蒸气压测定;卷 VII 为晶体生长技术,穆斯堡尔(Mössbauer)谱,在惰性气体中进行制备的最有利的方法,电子顺磁共振,挥发性氟化物和其他腐蚀性化合物的操作.

[3]　Arnold Weissberger 和 Bryant W. Rossister 编,"Techniques of Chemistry"(化学操作技术)

此书 1971 年开始出版,没有采用以前"有机"和"无机"两部的形式,目前尚在继续出版中,到 1990 年,已出第 21 卷.卷 I 为"Physical Methods of Chemistry"(化学中的物理方法),共分为 5 个部分:科学仪器的组件、自动记录和自动控制,化学研究中的计算机;电化学方法;光学、光谱和放射性方法;质量、传递和电磁性质的测定;热力学和表面性质的测定.

其余各卷依次为:有机溶剂;光致变色现象;用物理和化学方法测定有机结构;有机合成技术;化学反应速率和机理的研究;膜分离技术;溶液和溶解度;非常条件下的化学实验方法;生化系统在有机化学中的应用;近代液相分析;分离与纯化;实验室工程和操作;薄层分析;顺磁共振理论及其应用;离心分离;激光在化学中的应用;微波分子光谱;有机化合物的溶解特性.

(四) 物理化学实验教材

[1]　复旦大学等编;蔡显鄂,项一非,刘衍光修订.物理化学实验,北京:高等教育出版社(1993)

[2]　顾良征,武传昌,岳瑛,孙尔康,徐维清编.物理化学实验,南京:江苏科学技术出版社(1986)

[3]　孙尔康,徐维清,邱金恒编.物理化学实验,南京大学出版社(1997)

[4]　吕慧娟,吴风清,杨桦编著.物理化学实验,长春:吉林大学出版社(1999)

[5]　D. P. Shoemaker, C. W. Garland, J. W. Nibler, J. I. Steifeld 著;俞鼎琼,廖代伟译.物理化学实验,北京:化学工业出版社(1990)

[6]　F. Daniels et al. Experimental Physical Chemistry, McGraw-Hill Book Company (1929)
本书自 1929 年开始第 1 版,至 1970 年已修订出版第 7 版.

[7]　D. P. Shoemaker et al. Experiments in Physical Chemistry, 6th ed., McGraw-Hill Book Company (1996)

[8]　H. D. Crockford et al. Laboratory Manual of Physical Chemistry, John Wiley, New York (1975)

[9]　H. W. Salzberg et al. Physical Chemistry Laboratory Principles and Experiments, Macmillan Publishing Co., Inc. New York (1978)

[10]　J. M. White. Physical Chemistry Laboratory Experiments, Prentice-Hall (1975)

D.3 国际单位制(SI)

国际单位制是 1960 年第 11 届国际计量大会正式公布的一套计量单位制度,以 System International 的缩写 SI 作为国际单位制的代号.1969 年国际标准化协会将此单位制采用为国际标准.1984 年我国国务院发布了"关于在我国统一实行法定计量单位的命令",同时颁布了"中华人民共和国法定计量单位".自 1991 年 1 月起,除个别特殊领域外,不允许再使用非法定计量单位.目前,国外出版的物理化学文献、书籍,有些已全部或部分地采用 SI 单位;但也有不少文献、书籍和数据仍沿用原来习惯单位.

采用 SI 单位,可以统一目前各国使用的不同单位制,它具有通用性、一贯性,是一种合理的单位制度.但是,完全采用则还需要一个相当长的过渡时间.国际单位制包括 SI 单位和 SI 单位的十进倍数和分数单位的词头.在 SI 单位中包括 SI 基本单位(7 个)、SI 辅助单位(2 个)和 SI 导出单位(具有专门名称的导出单位 19 个).

(一) SI 基本单位

表 D.3-1　SI 基本单位

量的名称	单位名称$^{(1)\sim(7)}$	单位符号	
		国际	中文
长　度	米(meter)	m	米
质　量	千克(公斤)(kilogram)	kg	千克
时　间	秒(second)	s	秒
电　流	安培(Ampare)	A	安[培]
热力学温度	开尔文(Kelvin)	K	开[尔文]
物质的量	摩尔(mole)	mol	摩[尔]
发光强度	坎德拉(candela)	cd	坎[德拉]

下面对表 D.3-1 中的 7 个基本单位的规定分别予以说明:

(1) 米(m),为在时间间隔 1/299792458 秒(s)期间光在真空中所通过的路径长度.

(2) 千克(kg),是质量(而非重量或力)的单位,它等于国际千克原器的质量.

(3) 秒(s),是铯-133 原子基态的两个超精细能级之间跃迁的辐射周期的 9192631770 倍的持续时间.

(4) 安培(A),是一恒定电流强度,若将其通入保持在真空内相距 1m 的两无限长的圆截面极小的平行直导线内,这电流在两导线之间每米长度上产生的力将等于 2×10^{-7} N(牛[顿]).

(5) 热力学温度单位开尔文(K),是水三相点热力学温度的 1/273.16.

(6) 摩[尔](mol),是一物系的物质的量,该物系中所包含的结构粒子数与 $0.012\,kg\,^{12}C$ 的原子数目相等.在使用摩[尔]时应指明结构粒子,它可以是原子、分子、离子、电子以及其他粒子,或是这些粒子的特定组合体.

(7) 坎德拉(cd),是一光源在给定方向上的发光强度,该光源发光频率为 540×10^{12} Hz 的单色辐射,且在该方向上的辐射强度为 1/683 W/sr.

(二) SI 辅助单位

表 D.3-2　SI 辅助单位及其定义[a]

量的名称	单位名称	单位符号	定　义
平面角	弧度	rad	弧度是圆内两条半径之间的平面角,这两条半径在圆周上所截取的弧长与半径长相等.
立体角	球面度	sr	球面度是一个立体角,其顶点位于球心,而它在球面上所截取的面积等于以球半径为边长的正方形面积.

[a] 尚未规定这两个单位是属于基本单位,还是导出单位.在 GB3102.1-GB3102.10 中将它们作为导出量.

(三) SI 导出单位

按照一定关系,把上述的几个基本量的单位相乘、相除,便可以得出国际单位制的导出单位;导出单位是基本单位的代数式.有些导出单位具有专门名称和特有的符号,这些专门名称和特有符号本身又可以用来表示其他更复杂一点的导出单位,使得后者的形式更简便些.

表 D.3-3　具有专门名称和符号的 SI 导出单位

量的名称	单位的名称	单位符号	用 SI 单位	用 SI 基本单位
频率	赫[兹]	Hz		s^{-1}
力,重力	牛[顿]	N		$kg \cdot m \cdot s^{-2}$
压力,压强,应力	帕[斯卡]	Pa	$N \cdot m^{-2}$	$kg \cdot m^{-1} \cdot s^{-2}$
能[量],功,热	焦[耳]	J	$N \cdot m$	$kg \cdot m^2 \cdot s^{-2}$
功率,辐射通量	瓦[特]	W	$J \cdot s^{-1}$	$kg \cdot m^2 \cdot s^{-3}$
电荷[量]	库[仑]	C		$A \cdot s$
电势,电压,电动势	伏[特]	V	$W \cdot A^{-1}$	$kg \cdot m^2 \cdot s^{-3} \cdot A^{-1}$
电容	法[拉]	F	$C \cdot V^{-1}$	$kg^{-1} \cdot m^{-2} \cdot s^4 \cdot A^2$
电阻	欧[姆]	Ω	$V \cdot A^{-1}$	$kg \cdot m^2 \cdot s^{-3} \cdot A^{-2}$
电导	西[门子]	S	$A \cdot V^{-1}$	$kg^{-1} \cdot m^{-2} \cdot s^3 \cdot A^2$
磁通量	韦[伯]	Wb	$V \cdot s$	$kg \cdot m^2 \cdot s^{-2} \cdot A^{-1}$
磁感应强度,磁通量密度	特[斯拉]	T	$Wb \cdot m^{-2}$	$kg \cdot s^{-2} \cdot A^{-1}$
电感	亨[利]	H	$Wb \cdot A^{-1}$	$kg \cdot m^2 \cdot s^{-2} \cdot A^{-2}$
光通量	流[明]	lm		$cd \cdot sr$
[光]照度	勒[克斯]	lx	$lm \cdot m^{-2}$	$m^{-2} \cdot cd \cdot sr$
放射性活度	贝可[勒尔]	Bq		s^{-1}
吸收剂量	戈[瑞]	Gy	$J \cdot kg^{-1}$	$m^2 \cdot s^{-2}$
剂量当量	希[沃特]	Sv	$J \cdot kg^{-1}$	$m^2 \cdot s^{-2}$

表 D.3-4　用于构成十进倍数或分数单位的 SI 词头

倍数词头	词头名称		词头符号	分数词头	词头名称		词头符号
	法文	中文			法文	中文	
10^{18}	exa	艾[可萨]	E	10^{-1}	déci	分	d
10^{15}	peta	拍[它]	P	10^{-2}	centi	厘	c
10^{12}	téra	太[拉]	T	10^{-3}	milli	毫	m
10^{9}	giga	吉[咖]	G	10^{-6}	micro	微	μ
10^{6}	méga	兆	M	10^{-9}	nano	纳[诺]	n
10^{3}	kilo	千	k	10^{-12}	pico	皮[可]	p
10^{2}	hecto	百	h	10^{-15}	femto	飞[母托]	f
10^{1}	déca	十	da	10^{-18}	atto	阿[托]	a

(四) 国家选定的法定计量单位

有一些单位,其应用极为广泛,使用也很方便,在某些领域里几乎已不可缺少,故还允许其与 SI 并存使用,有些则暂时还可与 SI 并用,请见参考资料.表 D.3-5 中列出我们国家选定的法定计量单位,它们不包括在国际单位制单位之内

表 D.3-5　国家选定的非国际单位制单位

量的名称	单位名称	单位符号	与 SI 换算关系
时间	分	min	1 min = 60 s
	[小]^a 时	h	1 h = 60 min = 3600 s
	天(日)^a	d	1 d = 24 h = 86400 s
平面角^b	[角]秒	(″)	$1'' = (\pi/648000)\text{rad}$, π 为圆周率
	[角]分	(′)	$1° = 60'' = (\pi/10800)\text{rad}$
	度	(°)	$1° = 60' = (\pi/180)\text{rad}$
旋转速度	转每分	r/min	$1\text{r/min} = (1/60)\text{s}^{-1}$
长度	海里	n mile	1 n mile = 1852 m (只用于航程)
速度	节	kn	1 kn = 1 nmile/h = (1852/3600)m/s (只用于航程)
质量	吨	t	$1\text{ t} = 10^3\text{ kg}$
	原子质量单位	u	$1\text{u} \approx 1.6605655 \times 10^{-27}\text{ kg}$
体积	升	L(l)	$1\text{ L} = 1\text{ dm}^3 = 10^{-3}\text{ m}^3$
能	电子伏	eV	$1\text{eV} \approx 1.6021892 \times 10^{-19}\text{ J}$
级差	分贝	dB	
线密度	特[克斯]	tex	1 tex = 1 g/km

^{a}　表中[ ]内的字,在不致混淆的情况下,可以省略;表中( )中的字为前者的同义语.

^{b}　角度单位(度,分,秒)的符号不处在数字后时,用括弧.

参 考 资 料

1. 国家标准局.中华人民共和国国家标准 GB3100-86,国际单位制及其应用;GB3102-86,物理化学和分子物理学的量和单位.北京:中国标准出版社(1987)

2. 国家技术监督局单位办公室.量和单位国家标准宣贯资料.北京:科学技术文献出版社(1989)

3. 刘天和.化学通报.9,56;10,54;11,45(1983)

4. 国际纯粹化学与应用化学联合会,物理化学符号术语和单位委员会编;漆德瑶,金宗德,庄云龙译.物理化学中的量、单位和符号.北京:科学技术文献出版社(1991)

D.4 部分物理化学常用数据表

表 D.4-1 基本物理常数[a]

常数名称	符 号	数 值	单 位
真空光速	c	299792458	$m \cdot s^{-1}$
元电荷	e	1.60217733(49)	10^{-19} C
阿伏伽德罗常数	N_A	6.0221367(36)	10^{23} mol^{-1}
原子质量单位	u	1.6605402(10)	10^{-27} kg
电子静质量	m_e	9.1093897(54)	10^{-31} kg
质子静质量	m_p	1.672623(10)	10^{-27} kg
法拉第常数	F	96485.309(29)	$C \cdot mol^{-1}$
普朗克常数	h	6.6260755(40)	10^{-34} J·s
里德伯常数	R_∞	10973731.534(13)	m^{-1}
玻尔磁子	μ_B	9.2740154(31)	10^{-29} $J \cdot T^{-1}$
摩尔气体常数	R	8.314510(70)	$J \cdot mol^{-1} \cdot K^{-1}$
玻兹曼常数	k	1.380658(12)	10^{-23} $J \cdot K^{-1}$
万有引力常数	G	6.67259(85)	10^{-11} $m^3 \cdot kg^{-1} \cdot s^{-2}$
中子静质量	m_n	1.6749286(10)	10^{-27} kg

[a] 引自 Daivd R. Lide. CRC Handbook of Chemistry and Physics, 73rd ed. (1992~1993).

表 D.4-2 压力单位间转换[a]

	Pa	kPa	MPa	bar	atm	Torr	μmHg
Pa	1	0.001	0.000001	0.00001	9.8692×10^{-6}	0.0075006	7.5006
kPa	1000	1	0.001	0.01	0.0098692	7.5006	7500.6
MPa	1000000	1000	1	10	9.8692	7500.6	7500600
bar	100000	100	0.1	1	0.98692	750.06	750060
atm	101325	101.325	0.101325	1.01325	1	760	760000
Torr	133.322	0.133322	0.000133322	0.00133322	0.00131579	1	1000

[a] 引自 Daivd R. Lide. CRC Handbook of Chemistry and Physics, 73rd ed. (1992~1993),1-29.

表 D.4-3 能量单位间转换[a]

	波数 $\tilde{\nu}$ cm^{-1}	频率 MHz	能 E aJ	能 E eV	摩尔能 E_m $kJ \cdot mol^{-1}$	摩尔能 E_m $kcal \cdot mol$
$\tilde{\nu}$ 1 cm^{-1}	1	2.997925×10^4	1.986447×10^{-5}	1.239842×10^{-4}	11.96266×10^{-3}	2.85914×10^{-3}
ν 1 MHz	3.33564×10^{-5}	1	6.62607×10^{-10}	4.135669×10^{-9}	3.990313×10^{-7}	9.53708×10^{-8}
E 1 aJ	50341.1	1.509189×10^9	1	6.241506	602.2137	143.9325
1 eV	8065.54	2.417988×10^8	0.1602177	1	96.4853	23.0605
E_m 1 $kJ \cdot mol^{-1}$	83.5935	2.506069×10^6	1.660540×10^{-3}	1.036427×10^{-2}	1	0.239006
1 $kcal \cdot mol^{-1}$	349.775	1.048539×10^7	6.947700×10^{-3}	4.336411×10^{-2}	4.184	1

[a] 引自 Daivd R. Lide. CRC Handbook of Chemistry and Physics, 73rd ed. (1992~1993),1-28.

表 D.4-4　国际原子量表(附熔点)

元素名称		符　号	原子序	原子量[a]	熔点[b]/℃
英文	中文				
Hydrogen	氢	H	1	1.00794(7)	−259.34(H_2)
Helium	氦	He	2	4.002602(2)	
Lithium	锂	Li	3	6.941(2)	180.6
Beryllium	铍	Be	4	9.012182(3)	1289
Boron	硼	B	5	10.811(7)	2092
Carbon	碳	C	6	12.0107(8)	
Nitrogen	氮	N	7	14.0067(2)	−210.0(N_2)
Oxygen	氧	O	8	15.9994(3)	−218.79(O_2)
Fluorine	氟	F	9	18.9984032(5)	−219.62(F_2)
Neon	氖	Ne	10	20.1797(6)	−248.59
Sodium	钠	Na	11	22.989770(2)	97.8
Magnesium	镁	Mg	12	24.3050(6)	650
Aluminum	铝	Al	13	26.981538(2)	660.45
Silicon	硅	Si	14	28.0855(3)	1414
Phosphorous	磷	P	15	30.973761(2)	44.14
Sulfur	硫	S	16	32.065(5)	115.22
Chlorine	氯	Cl	17	35.453(2)	−101.03(Cl_2)
Argon	氩	Ar	18	39.948(1)	−189.35
Potassium	钾	K	19	39.0983(1)	63.71
Calcium	钙	Ca	20	40.078(4)	8422
Scandium	钪	Sc	21	44.955910(8)	1541
Titanium	钛	Ti	22	47.867(1)	1670
Vanadium	钒	V	23	50.9415(1)	1910
Chromium	铬	Cr	24	51.9961(6)	1863
Manganese	锰	Mn	25	54.938049(9)	1246
Iron	铁	Fe	26	55.845(2)	1538
Cobalt	钴	Co	27	58.933200(9)	1495
Nickel	镍	Ni	28	58.6934(2)	1455
Copper	铜	Cu	29	63.546(3)	1084.87
Zinc	锌	Zn	30	65.409(4)	419.58
Gallium	镓	Ga	31	69.723(1)	29.77
Germanium	锗	Ge	32	72.64(1)	938.35
Arsenic	砷	As	33	74.92160(2)	
Selenium	硒	Se	34	78.96(3)	221
Bromine	溴	Br	35	79.904(1)	−7.2(Br_2)
Krypton	氪	Kr	36	83.798(2)	−157.37
Rubidium	铷	Rb	37	85.4678(3)	39.48

元素名称		符 号	原子序	原子量[a]	熔点[b]/℃
英文	中文				
Strontium	锶	Sr	38	87.62(1)	769
Yttrium	钇	Y	39	88.90585(2)	1522
Zirconium	锆	Zr	40	91.224(2)	1855
Niobium	铌	Nb	41	92.90638(2)	2469
Molybdenum	钼	Mo	42	95.94(2)	2623
Technetium	锝	Tc	43	97.907	2204
Ruthenium	钌	Ru	44	101.07(2)	2334
Rhodium	铑	Rh	45	102.90550(2)	1963
Palladium	钯	Pd	46	106.42(1)	1555
Silver	银	Ag	47	107.8682(2)	961.93
Cadmium	镉	Cd	48	112.411(8)	321.11
Indium	铟	In	49	114.818(3)	156.63
Tin, Stannum	锡	Sn	50	118.710(7)	231.97
Antimony, Stibium	锑	Sb	51	121.760(1)	630.76
Tellurium	碲	Te	52	127.60(3)	449.57
Iodine	碘	I	53	126.90447(3)	113.5(I_2)
Xenon	氙	Xe	54	131.293(6)	−111.76
Cesium	铯	Cs	55	132.90545(2)	28.39
Barium	钡	Ba	56	137.327(7)	729
Lanthanum	镧	La	57	138.9055(2)	918
Cerium	铈	Ce	58	140.116(1)	798
Praseodymium	镨	Pr	59	140.90765(2)	931
Neodymium	钕	Nd	60	144.24(3)	1021
Promethium	钷	Pm	61	144.91	1042
Samarium	钐	Sm	62	150.36(3)	1074
Europium	铕	Eu	63	151.964(1)	822
Gadolinium	钆	Gd	64	157.25(3)	1313
Terbium	铽	Tb	65	158.92534(2)	1356
Dysprosium	镝	Dy	66	162.500(1)	1412
Holmium	钬	Ho	67	164.93032(2)	1474
Erbium	铒	Er	68	167.259(3)	1529
Thulium	铥	Tm	69	168.93421(2)	1545
Ytterbium	镱	Yb	70	173.04(3)	819
Lutetium	镥	Lu	71	174.967(1)	1663
Hafnium	铪	Hf	72	178.49(2)	2231
Tantalum	钽	Ta	73	180.9479(1)	3020
Tungsten, Wolfram	钨	W	74	183.84(1)	3422

续表

元素名称		符　号	原子序	原子量[a]	熔点[b]/℃
英文	中文				
Rhenium	铼	Re	75	186.207(1)	3186
Osmium	锇	Os	76	190.23(3)	3033
Iridium	铱	Ir	77	192.217(3)	2447
Platinum	铂	Pt	78	195.078(2)	1769.0
Gold, Aurum	金	Au	79	196.96655(2)	1064.43
Mercury Hydrargyrum	汞	Hg	80	200.59(2)	−38.84
Thallium	铊	Tl	81	204.3833(2)	304
Lead, Plumbum	铅	Pb	82	207.2(1)	327.50
Bismuth	铋	Bi	83	208.98038(2)	271.44
Polonium	钋	Pb	84	208.98	
Astatine	砹	At	85	209.99	302
Radon	氡	Rn	86	222.02	−71
Francium	钫	Fr	87	223.02	27
Radium	镭	Ra	88	226.03	700
Actinium	锕	Ac	89	227.03	1051
Thorium	钍	Th	90	232.0381(1)	1755
Protactinium	镤	Pa	91	231.03588(2)	1572
Uranium	铀	U	92	238.02891(3)	1135
Neptunium	镎	Np	93	237.05	639
Plutonium	钚	Pu	94	244.06	640
Americium	镅	Am	95	243.06	1176
Curium	锔	Cm	96	247.07	1345
Berkelium	锫	Rk	97	247.07	1050
Californium	锎	Cf	98	251.08	900
Einsteinium	锿	Es	99	252.08	860
Fermium	镄	Fm	100	257.10	1527
Mendelevium	钔	Md	101	258.10	827
Nobelium	锘	No	102	259.10	827
Lawrencium	铹	Lr	103	260.11	1627
Rutherfordium		Rf	104	261.11	
Hahnium		Ha	105	262.11	
Unnihexium		Unh	106	263.12	
Unnilseptium		Uns	107	264.12	
		Uno	108	265.13	
		Une	109	266.13	

[a] 相对原子质量参见 2001 年原子量表.

[b] 熔点参见 Daivd R. Lide. CRC Handbook of Chemistry and Physics, 73rd ed. (1992~1993), 4-122.

表 D.4-5 水的蒸气压[a]

$t/℃$	p/kPa	$p/mmHg$	$t/℃$	p/kPa	$p/mmHg$
0	0.61129	4.5851	30	4.2455	31.844
5	0.87260	6.5451	31	4.4953	33.718
10	1.2281	9.2115	32	4.7578	35.687
11	1.3129	9.8476	33	5.0335	37.754
12	1.4027	10.521	34	5.3229	39.925
13	1.4979	11.235	35	5.6267	42.204
14	1.5988	11.992	36	5.9453	44.594
15	1.7056	12.793	37	6.2795	47.100
16	1.8185	13.640	38	6.6298	49.728
17	1.9380	14.536	39	6.9969	52.481
18	2.0644	15.484	40	7.3814	55.365
19	2.1978	16.485	45	9.5898	71.930
20	2.3388	17.542	50	12.344	92.588
21	2.4877	18.659	60	19.932	149.50
22	2.6447	19.837	70	31.176	233.84
23	2.8104	21.080	80	47.373	355.33
24	2.9850	22.389	90	70.117	525.92
25	3.1690	23.770	95	84.529	634.02
26	3.3629	25.224	100	101.32	760.00
27	3.5670	26.755	101	104.99	787.49
28	3.7818	28.366	102	108.77	815.84
29	4.0078	30.061			

[a] 引自 Daivd R. Lide. CRC Handbook of Chemistry and Physics, 73rd ed. (1992~1993), 6-14.

表 D.4-6 某些有机物的蒸气压[a]

物　质	温度范围(℃)	A	B	C
乙醇	$-2\sim100$	8.32109	1718.10	237.52
苯	$-12\sim3$	9.1064	1885.9	244.2
	$8\sim103$	6.90565	1211.033	220.790
乙酸乙酯	$15\sim76$	7.10179	1244.95	217.88
环己烷	$20\sim81$	6.84130	1201.53	222.65
丙酮	液相	7.11714	1210.595	229.664
甲苯	$6\sim137$	6.95464	1344.800	219.48

[a] 计算方程式为 $\lg p = A - B/(t + C)$;式中 t 为摄氏温度,p 为 mmHg. 参见 J.A.迪安主编,尚久方等译,蓝氏化学手册 (1991),10-35.

表 D.4-7 汞的蒸气压

$t/℃$	p/Pa	$p/mmHg$	$t/℃$	p/Pa	$p/mmHg$
0	0.0247	0.000185	80	11.839	0.08880
10	0.0653	0.000490	90	21.09	0.1582
20	0.1601	0.001201	100	36.38	0.2729
30	0.3702	0.002777	150	374.2	2.807
40	0.8105	0.006079	200	2304.7	17.287
50	1.689	0.01267	250	9915.9	74.375
60	3.365	0.02524	300	32904	246.8
70	6.433	0.04825	350	89685	672.69

D. 附 录

表 D.4-8 不同温度下水的密度 $\rho/(\text{kg}\cdot\text{m}^{-3})$

t/℃	.0	.1	.2	.3	.4	.5	.6	.7	.8	.9
0	999.8426	8493	8558	8622	8683	8743	8801	8857	8912	8964
1	999.9015	9065	9112	9158	9202	9244	9284	9323	9360	9395
2	999.9429	9461	9491	9519	9546	9571	9595	9616	9636	9655
3	999.9672	9687	9700	9712	9722	9731	9738	9743	9747	9749
4	999.9750	9748	9746	9742	9736	9728	9719	9709	9696	9683
5	999.9668	9651	9632	9612	9591	9568	9544	9518	9490	9461
6	999.9430	9398	9365	9330	9293	9255	9216	9175	9132	9088
7	999.9043	8996	8948	8898	8847	8794	8740	8684	8627	8569
8	999.8509	8448	8385	8321	8256	8189	8121	8051	7980	7908
9	999.7834	7759	7682	7604	7525	7444	7362	7279	7194	7108
10	999.7021	6932	6842	6751	6658	6564	6468	6372	6274	6174
11	999.6074	5972	5869	5764	5658	5551	5443	5333	5222	5110
12	999.4996	4882	4766	4648	4530	4410	4289	4167	4043	3918
13	999.3792	3665	3536	3407	3276	3143	3010	2875	2740	2602
14	999.2464	2325	2184	2042	1899	1755	1609	1463	1315	1166
15	999.1016	0864	0712	0558	0403	0247	0090	9932[a]	9772[a]	9612[a]
16	998.9450	9287	9123	8957	8791	8623	8455	8285	8114	7942
17	998.7769	7595	7419	7243	7065	6886	6706	6525	6343	6160
18	998.5976	5790	56O4	5416	5228	5038	4847	4655	4462	4268
19	998.4073	3877	3680	3481	3282	3081	2880	2677	2474	2269
20	998.2063	1856	1649	1440	1230	1019	0807	0594	0380	0164
21	997.9948	9731	9513	9294	9073	8852	8630	8406	8182	7957
22	997.7730	7503	7275	7045	6815	6584	6351	6118	5883	5648
23	997.5412	5174	4936	4697	4456	4215	3973	3730	3485	3240
24	997.2994	2747	2499	2250	2000	1749	1497	1244	0990	0735
25	997.0480	0223	9965[a]	9707[a]	9447[a]	9186[a]	8925[a]	8663[a]	8399[a]	8135[a]
26	996.7870	7604	7337	7069	6800	6530	6259	5987	5714	5441
27	996.5166	4891	4615	4337	4059	3780	3500	3219	2938	2655
28	996.2371	2087	1801	1515	1228	0940	0651	0361	0070	9778[a]
29	995.9486	9192	8898	8603	8306	8009	7712	7413	7113	6813
30	995.6511	6209	5906	5602	5297	4991	4685	4377	4069	3760
31	995.3450	3139	2827	2514	2201	1887	1572	1255	0939	0621
32	995.0302	9983[a]	9663[a]	9342[a]	9020[a]	8697[a]	8373[a]	8049[a]	7724[a]	7397[a]
33	994.7071	6743	6414	6085	5755	5423	5092	4759	4425	4091
34	994.3756	3420	3083	2745	2407	2068	1728	1387	1045	0703
35	994.0359	0015	9671[a]	9325[a]	8978[a]	8631[a]	8283[a]	7934[a]	7585[a]	7234[a]
36	993.6883	6531	6178	5825	5470	5115	4759	4403	4045	3687
37	993.3328	2968	2607	2246	1884	1521	1157	0793	0428	0062
38	992.9695	9328	8960	8591	8221	7850	7479	7107	6735	6361
39	992.5987	5612	5236	4860	4483	4105	3726	3347	2966	2586
40	992.2204									

a 标记者整数部减去 1. 引自 Daivd R. Lide. CRC Handbook of Chemistry and Physics, 73rd ed. （1992～1993），6-12.

268

表 D.4-9 不同温度下几种常用液体的密度 $\rho/(\text{g·cm}^{-3})$

$t/℃$	苯	甲苯	乙醇	氯仿	醋酸
0		0.886	0.80625	1.526	1.0718
5			0.80207		1.0660
10	0.887	0.875	0.79788	1.496	1.0603
11			0.79704		1.0591
12			0.79620		1.0580
13			0.79535		1.0568
14			0.79451		1.0557
15	0.883	0.870	0.79367	1.486	1.0546
16	0.882	0.869	0.79283	1.484	1.0534
17	0.882	0.867	0.79198	1.482	1.0523
18	0.881	0.866	0.79114	1.480	1.0512
19	0.880	0.865	0.79029	1.478	1.0500
20	0.879	0.864	0.78945	1.476	1.0489
21	0.879	0.863	0.78860	1.474	1.0478
22	0.878	0.862	0.78775	1.472	1.0467
23	0.877	0.861	0.78691	1.471	1.0455
24	0.876	0.860	0.78606	1.469	1.0444
25	0.875	0.859	0.78522	1.467	1.0433
26			0.78437		1.0422
27			0.78352		1.0410
28			0.78267		1.0399
29			0.78182		1.0388
30	0.869		0.78097	1.460	1.0377
40	0.858		0.772	1.451	—

表 D.4-10 不同温度下汞的密度和比体积[a]

$\dfrac{t}{℃}$	$\dfrac{\rho}{\text{kg·dm}^{-3}}$	$\dfrac{V}{\text{cm}^3\text{·kg}^{-1}}$	$\dfrac{t}{℃}$	$\dfrac{\rho}{\text{kg·dm}^{-3}}$	$\dfrac{V}{\text{cm}^3\text{·kg}^{-1}}$	$\dfrac{t}{℃}$	$\dfrac{\rho}{\text{kg·dm}^{-3}}$	$\dfrac{V}{\text{cm}^3\text{·kg}^{-1}}$
−20	13.64461	73.2890	11	13.56797	73.7030	26	13.53114	73.9036
−15	13.63220	73.3558	12	13.56551	73.7164	27	13.52869	73.9170
−10	13.61981	73.4225	13	13.56305	73.7297	28	13.52624	73.9304
−5	13.60743	73.4892	14	13.56059	73.7431	29	13.52379	73.9438
0	13.59508	73.5560	15	13.55813	73.7565	30	13.52134	73.9572
1	13.59261	73.5694	16	13.55567	73.7698	31	13.51889	73.9705
2	13.59014	73.5827	17	13.55322	73.7832	32	13.51645	73.9839
3	13.58768	73.5961	18	13.55076	73.7966	33	13.51400	73.9973
4	13.58521	73.6095	19	13.54831	73.8100	34	13.51156	74.0107
5	13.58275	73.6228	20	13.54585	73.8233	35	13.50911	74.0241
6	13.58028	73.6362	21	13.54340	73.8367	36	13.50667	74.0375
7	13.57782	73.6495	22	13.54094	73.8501	37	13.50422	74.0509
8	13.57535	73.6629	23	23.53849	73.8635	38	13.50178	74.0643
9	13.57289	73.6763	24	13.53604	73.8769	39	13.49934	74.0777
10	13.57043	73.6896	25	13.53359	73.8902	40	13.49690	74.0911

续表

$\dfrac{t}{℃}$	$\dfrac{\rho}{kg\cdot dm^{-3}}$	$\dfrac{V}{cm^3\cdot kg^{-1}}$	$\dfrac{t}{℃}$	$\dfrac{\rho}{kg\cdot dm^{-3}}$	$\dfrac{V}{cm^3\cdot kg^{-1}}$	$\dfrac{t}{℃}$	$\dfrac{\rho}{kg\cdot dm^{-3}}$	$\dfrac{V}{cm^3\cdot kg^{-1}}$
50	13.47251	74.2252	100	13.35142	74.8984	150	13.2314	75.5778
60	13.44819	74.3594	110	13.3273	75.0337	200	13.1120	76.2659
70	13.42392	74.4939	120	13.3033	75.1693	250	12.9929	76.9650
80	13.39971	74.6285	130	13.2793	75.3052	300	12.8736	77.6779
90	13.37554	74.7633	140	13.2553	75.4413			

[a] 引自 Daivd R. Lide, CRC Handbook of Chemistry and Physics, 73rd ed. (1992～1993), 6-125.

表 D.4-11　水和乙醇的折射率[a, b]

$t/℃$	水	乙醇	$t/℃$	水	乙醇
14	1.33348		34	1.33136	1.35474
15	1.33341		36	1.33107	1.35390
16	1.33333	1.36210	38	1.33079	1.35306
18	1.33317	1.36129	40	1.33051	1.35222
20	1.33299	1.36048	42	1.33023	1.35138
22	1.33281	1.35967	44	1.32992	1.35054
24	1.33262	1.35885	46	1.32959	1.34969
26	1.33241	1.35803	48	1.32927	1.34885
28	1.33219	1.35721	50	1.32894	1.34800
30	1.33192	1.35639	52	1.32860	1.34715
32	1.33164	1.35557	54	1.32827	1.34629

[a] 相对空气, 钠光波长为 589.3 nm.

[b] 参见 Robert C. Weast, CRC Handbook of Chemistry and Physics. 69th ed. (1988～1989), E-382.

表 D.4-12　几种常用液体的折射率

物　质	$t/℃$ 15	20	物　质	$t/℃$ 15	20
苯	1.50439	1.50110	四氯化碳	1.46305	1.46044
丙酮	1.36175	1.35911	环己烷	1.4290	
甲苯	1.4998	1.4968	硝基苯	1.5547	1.5524
醋酸	1.3776	1.3717	正丁醇		1.39909
氯苯	1.52748	1.52460	二硫化碳	1.62935	1.62546
氯仿	1.44853	1.44550	甲　醇	1.3300	1.3286

表 D.4-13　不同电解质水溶液(25℃)的摩尔电导率[a]

$\dfrac{c}{mol\cdot dm^{-3}}$	$\frac{1}{2}CuSO_4$	HCl	KCl	NaCl	NaOH	NaAc	$\frac{1}{2}ZnSO_4$	AgNO_3
0.1	50.55	391.13	128.90	106.69	—	72.76	52.61	109.09
0.05	59.02	398.89	133.30	111.01	—	76.88	61.17	115.18
0.02	72.16	407.04	138.27	115.70	—	81.20	74.20	121.35
0.01	83.08	411.80	141.20	118.45	237.9	83.72	84.87	124.70
0.005	94.02	415.59	143.48	120.59	240.7	85.68	95.44	127.14
0.001	115.20	421.15	146.88	123.68	244.6	88.5	114.47	130.45
0.0005	121.6	422.53	147.74	124.44	245.5	89.2	121.3	131.29
无限稀	133.6	425.95	149.79	126.39	247.7	91.0	132.7	133.29

$\Lambda_m/(10^{-4}\ m^2\cdot S\cdot mol^{-1})$

[a] 参见 Daivd R. Lide, CRC Handbook of Chemistry and Physics, 73rd ed. (1992～1993), 5-110.

表 D.4-14 不同温度下 KCl 溶液(不同浓度)的电导率

$t/℃$	$\kappa/(10^2\ \mathrm{S\cdot m^{-1}})$		
	$0.0100\ \mathrm{mol\cdot dm^{-3}}$	$0.0200\ \mathrm{mol\cdot dm^{-3}}$	$0.1000\ \mathrm{mol\cdot dm^{-3}}$
10	0.001020	0.00194	0.00933
11	0.001045	0.002043	0.00956
12	0.001070	0.002093	0.00979
13	0.001095	0.002142	0.01002
14	0.001021	0.002193	0.01025
15	0.001147	0.002243	0.01048
16	0.001173	0.002294	0.01072
17	0.001199	0.002345	0.01095
18	0.001225	0.002397	0.01119
19	0.001251	0.002449	0.01143
20	0.001278	0.002501	0.01167
21	0.001305	0.002553	0.01191
22	0.001332	0.002606	0.01215
23	0.001359	0.002659	0.01239
24	0.001386	0.002712	0.01264
25	0.001413	0.002765	0.01288
26	0.001441	0.002819	0.01313
27	0.001468	0.002873	0.01337
28	0.001496	0.002927	0.01362
29	0.001524	0.002981	0.01387
30	0.001552	0.003036	0.01412
31	0.001581	0.003091	0.01437
32	0.001609	0.003146	0.01462
33	0.001638	0.003201	0.01488
34	0.001667	0.003256	0.01513
35		0.003312	0.01539

表 D.4-15 不同温度下水的粘度(η)和表面张力(γ)[a]

$t/℃$	$\eta/(\mathrm{mPa\cdot s})$	$\gamma/(10^{-3}\ \mathrm{N\cdot m^{-1}})$	$t/℃$	$\eta/(\mathrm{mPa\cdot s})$	$\gamma/(10^{-3}\ \mathrm{N\cdot m^{-1}})$
0	1.787	75.64	19	1.027	72.90
5	1.519	74.92	20	1.002	72.75
10	1.307	74.23	21	0.9779	72.59
11	1.271	74.07	22	0.9548	72.44
12	1.235	73.93	23	0.9325	72.28
13	1.202	73.78	24	0.9111	72.13
14	1.169	73.64	25	0.8904	71.97
15	1.139	73.49	26	0.8705	71.82
16	1.109	73.34	27	0.8513	71.66
17	1.081	73.19	28	0.8327	71.50
18	1.053	73.05	29	0.8148	71.35

续表

$t/℃$	$\eta/(mPa·s)$	$\gamma/(10^{-3} N·m^{-1})$	$t/℃$	$\eta/(mPa·s)$	$\gamma/(10^{-3} N·m^{-1})$
30	0.7975	71.20	60	0.4665	66.24
35	0.7194	70.38	70	0.4042	64.47
40	0.6529	69.60	80	0.3547	62.67
45	0.5960	68.74	90	0.3147	60.82
50	0.5468	67.94	100	0.2818	58.91
55	0.5040	67.05			

[a] 参见 Daivd R. Lide, CRC Handbook of Chemistry and Physics, 73rd ed. （1992～1993），6-10；Robert C. Weast, CRC Handbook of Chemistry and Physics, 69th ed. （1988～1989），F-34，F-40.

表 D.4-16　几种液体不同温度下的粘度[a]

$t/℃$	$\eta/(mPa·s)$		
	苯	乙醇	氯仿
0	0.912	1.786	0.706
10	0.758	1.451	0.625
15	0.698	1.345	0.597
16	0.685	1.320	0.591
17	0.677	1.290	0.586
18	0.666	1.265	0.580
19	0.656	1.238	0.574
20	0.647	1.216	0.568
21	0.638	1.188	0.562
22	0.629	1.186	0.556
23	0.621	1.143	0.551
24	0.611	1.123	0.545
25	0.604	1.103	0.537
30	0.566	0.991	0.514
40	0.482	0.823	0.464
50	0.436	0.694	0.427

[a] 参见 Daivd R. Lide, CRC Handbook of Chemistry and Physics, 73rd ed. （1992～1993），6-166.

参　考　资　料

1. David R. Lide. CRC Handbook of Chemistry and Physics, 73rd ed., CRC Press, Inc. （1992～1993）

2. J. A. 迪安主编，尚久方等译. 蓝氏化学手册，北京：科学出版社（1991）

3. Robert C. Weast. CRC Handbook of Chemistry and Physics, 69th ed., CRC Press, Inc. （1988～1989）